100 百年航空系列科普丛书

丛书主编　周日新

千年梦圆

——征服天空之旅

李成智　编著

北京航空航天大学出版社
http://www.buaapress.com.cn

内容简介

百年航空系列科普丛书(共10种)从不同的角度和侧面展现了百年来人类挑战自我、征服天空的光辉历程。丛书选材新颖、视角独特、内容丰富、史料翔实,使读者既能了解航空航天历程的精彩与辉煌,也能注意到其间的坎坷和艰难,在作者的引导下,共同思索航空航天的深刻内涵和重要启示。本丛书是为广大航空航天爱好者精心策划的一份厚礼,也是为青少年提供的一套精美的航空航天科普读物,同时对航空航天业内人士具有一定的参考价值。

《千年梦圆——征服天空之旅》以梦想成真、活塞时代、技术进步、喷气革命、现代航空及飞向太空为阶段,从中选择若干个亮点进行较为全面、深入的介绍和分析,全景式地展示了人类飞向天空和征服太空的历史画卷。

图书在版编目(CIP)数据

千年梦圆 :征服天空之旅 / 李成智编著 . — 北京 :北京航空航天大学出版社,2003.9
(百年航空系列科普丛书 ;1)
ISBN 7-81077-275-9

Ⅰ.千… Ⅱ.李… Ⅲ.航空—发展史—世界—普及读物 Ⅳ.V2-091

中国版本图书馆CIP数据核字(2003)第046672号

千年梦圆
——征服天空之旅
李成智 编著
责任编辑 蔡 喆
北京航空航天大学出版社出版发行
北京市海淀区学院路37号(100083) 发行部电话:(010)82317024
http://www.buaapress.com.cn
E-mail:bhpress@263.net
河北省涿州市新华印刷厂印装 各地书店经销

开本:787×1 092 1/18 印张:18.6 字数:445千字
2003年9月第1版 2012年3月第10次印刷
ISBN 7-81077-275-9 定价:27.00元

百年航空系列科普丛书编委会

100 序

科学时代的先驱者、哲学家弗朗西斯·培根在1605年所著《学术的演进》一书中说："智慧和学术给人类社会所造成的影响远比权力和统治持久。在《荷马史诗》问世以来的2500年或是更长的时间里，不曾有诗篇遗失，但却有多少宫殿、庙宇、城堡以及城市荒芜或是焚毁？"由此我想到一个"诗篇"，即100年前发生的一个事件：

1903年12月17日上午10时35分，在美国北卡罗来纳州基蒂·霍克南部海滩的一处沙丘上，一架外形古怪的"飞行机器"摇摇晃晃飞离地面，高度不过1米左右。它没有起落架，没有驾驶员座椅。俯卧在这架"飞行机器"上的飞行员和另一个站在机翼旁、穿夹克戴礼帽的人就是后来名扬世界的莱特兄弟。这架"飞行机器"就是他们发明的人类历史上的第一架飞机——"飞行者"1号。

莱特兄弟因其在人类航空史上的创举而载入史册。在美国物理学家麦克·哈特所著《影响人类历史进程的100名人排行榜》中，他们排在第28位。在华盛顿美国航空航天博物馆最显著的位置上，展览着他们发明的世界第一架飞机。

由他们所完成的人类首次飞行纪录是：飞行12秒，飞行距离36.6米。

区区 12 秒，这是何其短暂的飞行瞬间！对于乘飞机已成寻常事、太空遨游也是活生生事实的今天，人们很难理解这 12 秒的意义。但莱特兄弟的飞行瞬间宣告了飞机的诞生和航空时代的发轫，是一件具有划时代意义的大事。此后，在人类科学技术迅猛发展的 20 世纪，飞机一直以令人惊奇的速度发展着，并给我们的世界带来了广泛而深远的影响，可以毫不夸张地说：航空改变了世界，改变了人类历史进程！

——征服三维空间。千百年来，人们总是生活在地面上，面对空中自由飞翔的鸟儿，只有无可奈何地望天兴叹。广阔的地球，为人类生存和发展提供了必要的生活空间，也由于其广阔而使人类把无数时间和精力消耗在跋涉之中。长久以来人类只能在二维空间里活动，最多只能借助舟楫、车马之类节省体力，增加速度。日行千里，夜行八百，在相当长的时间内都是人们理想的行进速度。随着飞机的发明，最方便、快捷、安全的世界第 5 种运输方式——航空运输使人类进入了三维空间，而且速度得到空前的提高。100 年前，欧洲到美国乘船需 7～10 天，而今天，乘民航大型喷气客机只需 7 个小时；100 年前，只有莱特兄弟两人升空，而今天，日平均有 300 万人乘飞机旅行。航空使我们赖以生存的星球大大“缩小”，变成了地球村。由航空到航天，人类实现了宇宙航行，登上了月球，建立了太空站，发射了众多卫星……不远的将来，人类的许多太空梦想将成为现实。

——战争和恐怖活动从地面走向空中。伴随着飞机的轰鸣，诞生了空军，战争从平面走向立体，争夺制空权成了战争最重要的一环。本来平静的天空，从此充满硝烟。仅看下面的数字就够了：第一次世界大战期间共生产军用飞机 18 万架；第二次世界大战期间则生产 100 万架！时至今日，空中力量已经成为决定战争胜负的重要因素。近年来，世界所发生的局部战争中，包括 2003 年的伊拉克战事，空军都是至关重要的军事手段和震慑力量。如果说，航空改变了战争的形式是在人们预料之中的话，空中交通不能逃脱恐怖的威胁则是始料未及的。同样意味深长的是，从实现空中自由飞翔的美梦到飞机成为最先进的战争手段，只用了 8 年时间；而美国出现第一次劫机活动，则在飞机发明半个世纪之后。但空中恐怖活动的愈演愈烈，大大超出善良人们的想像力，9.11 事件把这种针对平民的恐怖袭击发挥到了极至。人们应该永远记住，所有科技发明、发展，如果离开了道德和法律的制约，将会偏离人们最初良好的愿望——为人类的发展和前途造福。因此，绝不能让恐怖的死神插上翅膀。

——带动科学技术发展，推动社会进步。航空航天涉及到的都是最先进的技术，只有相关技术得到发展，才可能取得相应的进步。反过来，由于人们对航空航天技术的新需求，必然带动与之相关技术的发展。勿庸置疑，航空航天技术的需求已经成为整个人类科技发展的重要动力。此外，除用于民航和军事外，航空还广泛用于工业、农业和科学研究领域。飞机被美国国家工程院评为

20 世纪最伟大的工程成就之一。

在航空百年到来的时候，面对五彩缤纷的航空航天器和兴旺发达的航空航天业，我们不能不看到，这是无数可歌可泣的航空航天人奋力搏击、锐意进取的结果。正是他们，使人类飞行王国的疆域不断扩展。但每一次扩展，不要说突破声障、热障之类的重大进展，就是一般的航程延长、载重增加和速度提高等等，都蕴涵着比其他行业大许多的风险，都需要开拓者超凡的智慧和勇气。可以说，航空航天技术的所有进步，都是人们付出了相当的代价后才取得的。从百年前试飞滑翔机献身的李林达尔，到 2003 年初，哥伦比亚号航天飞机事故中牺牲的 7 位宇航员，我们已经无法确切知道到底有多少人为航空航天事业献出了宝贵的生命。但是我们知道他们在使航空航天技术发展的同时，给我们留下了无价的精神财富，并将长久地激励后来的航空航天人，保持创新的锐气，不断开拓未来更为广阔的天地。在飞机诞生 100 年后的今天，我们要让全社会特别是青少年了解这一点。这正是出版这套丛书的初衷。

谈到这套丛书，不能不提及 2002 年 1 月 31 日，在北京航空航天大学出版社的一次会议上，出版社邀我共同策划、编辑出版一套 10 册的百年航空科普丛书，并让我出任丛书主编。尽管担子沉甸甸的，但强烈的航空情结驱使我接受了任务。

过去，我国也出版过多种航空航天科普书籍。如何使这套丛书出新，使我们颇费踌躇。

从一开始，编辑出版这套丛书的想法就得到了我国科学界和航空航天界著名专家学者张彦仲院士、孙家栋院士、屠基达院士、管德院士、李未院士和原空军副司令林虎中将的赞同和支持，他们欣然担任本丛书的编委，并给予指导。特别邀请的编委程不时先生、谢础先生、王直华先生和孟东明先生与我和作者、出版社有关人员共同商讨，确立了这套丛书的指导思想和编写原则，这也是本丛书的特色所在。

——突出思想性。既记述航空航天发展的艰苦历程，更注重对其科学思想、科学方法的探究，发掘杰出人物的内心世界，把人文精神融合到科技知识之中。

——突出行业性、专业性。紧扣航空航天领域的百年发展，充分展示其无限魅力。

——坚持独特视角、精心选材。百年航空，人事纷繁，内容丰富，即使以 10 册规模，也难窥其全豹。必须弘扬这一特色，力争出精品。

在本丛书付梓之际，颇有诚惶诚恐的感觉：究竟我们的初衷能否实现，“心想”能否“事成”，广大读者是最权威的评判者，敬祈不吝批评指正。

周日新

2003 年 8 月

目录

100

飞向太空 211

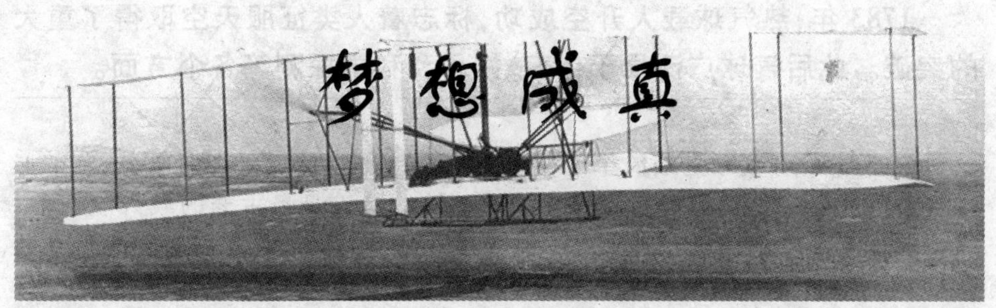

人类向往飞行的理想几乎伴随着整个人类的历史。最初，人们受到鸟类飞行的启发，尝试使用人造翅膀飞上天空，发现并不现实。直到18世纪后期，人们发明了另一种飞行工具，就是轻于空气的飞行器——气球。1783年热气球首次载人升空，19世纪各种气球蓬勃发展。飞艇随后出现，经过发展，在20世纪初投入航空运输。

19世纪初，英国航空之父乔治·凯利开创了航空科学的时代。重于空气飞行器——飞机的探索和研制开始走上科学的道路。美国的莱特兄弟正是在前人研究的基础上，遵循科学的道路，潜心研制成功了“飞行者”1号——人类的第一架飞机。1903年12月17日，“飞行者”1号成功升空。这一天，人类迎来了飞机时代的开始，千百年来人类自由飞行的梦想终于成真！

短短几年间，飞机的发展极为迅速。新的技术不断得到使用，飞机的性能日益提高。更多新的研究和试验者纷纷加入到航空这个充满生机和挑战的新领域。世界航空发展进入了一个前所未有的新阶段。

气球诞生人类升空

1783年，热气球载人升空成功，标志着人类征服天空取得了重大的突破。此后气球广泛用于体育、娱乐和科学探测等各个方面。

在世人眼中，气球是最简单的航空器了。每逢节日或盛大的集会，城市上空就会飘荡着无数五颜六色的气球。殊不知气球正是最古老的载人航空器。人类乘热气球升空至今已经有200多年的历史了。正是它开创了载人航空的新纪元，把人类升空的梦想变成了现实。今天气球已成长为一个庞大的家族，各式各样的气球为人类提供多种不可或缺的服务。常见的玩具和装饰用的气球只是气球家族中最普通的成员。

早在公元前3世纪，人类就发现了气球升空的原理。这就是古希腊科学家阿基米德发现的浮力定律。这个定律告诉我们：物体在流体中所受到的浮力等于它所排开的同体积的流体的重力。据记载，在欧洲中世纪曾有人想利用浮力原理制作气球。其设想是把金属球内部抽成真空，由此产生浮升力。但这在实践上是不能做到的。因为这要求金属球的壳体必须做得很薄，且能够承受巨大的空气压力。

中国早在五代时期就发明了利用热空气升空的“孔明灯”。这种原始的热气球曾传到日本和其他国家，引起了人们的极大兴趣。在1872年法国巴黎的一次博览会上，一些艺人演示了一种日本灯。这种用纸做的小灯笼底部有一个开口，开口处固定有薄薄的竹篾，竹篾上装有蜡烛。将蜡烛点燃后不久，灯笼就会慢慢升到空中。很显然，这种日本灯与“孔明灯”实属同类。这次演示诱发了航空史上第一次伟大的飞跃——载人飞行的成功。

当时观看日本灯表演的观众中有一对法国兄弟，哥哥叫约瑟夫·蒙哥尔费，弟弟叫埃蒂纳·蒙哥尔费。他们都对科学很感兴趣。据说约瑟夫曾经研究过英国化学家普列斯特利论述氢气特性的著作。现场观看使约瑟夫联想到使日本灯升空的很可能是一种比空气轻的气体。他决定做一个实验予以确认。

从巴黎回到昂诺内的家中后，约瑟夫制作了一个大纸袋，将纸袋口朝下放在炉子上，很快纸袋就充满了热空气和热烟，升到了天花板上。约瑟夫又制作了一个丝织的口袋，将热空气和热烟充入口袋后，口袋升到了20多米的空中。实验的成功不仅使约瑟夫非常兴奋，而且也激发了弟弟埃蒂纳的热情。兄弟二人联手投入到对热气球的实验当中。他们的实验惊动了法国科学院。科学院派专人来到昂诺内鼓励蒙哥尔费兄弟当众证实自己的发明。1783年6月5日，在昂诺内镇的广场上挖了一个大坑，坑内放满了稻草和羊毛。蒙哥尔费兄弟将稻草和羊毛点燃，然后将产生的热烟充入一只直径约 11 米的气球中。当气球中充满热烟后，逐渐升到约 457 米高的空中，约 10 分钟后，降落在 1.6 千米以外。

法国蒙哥尔费兄弟首次进行热气球公开飞行表演

法国科学家夏尔一直致力于氢气方面的研究。他认为氢气比空气轻得多，因而肯定可以作为浮升气体，而且效果很可能比蒙哥尔费兄弟的热烟更好。于是夏尔请人帮忙制作了一只直径 3.7 米的气球。1783 年 8 月 27 日，夏尔氢气球试验成功。

氢气球的升空成功，极大地刺激了蒙哥尔费兄弟。他们向公众宣布要制作出一只更大的且能够载人飞行的热气球。国王路易十六知道后，特别邀请蒙哥尔费兄弟到巴黎制作气球，并在凡尔赛宫进行表演。

蒙哥尔费兄弟制成了一只高 17 米、直径 12.5 米的大气球。这只气球被装饰得非常漂亮，还佩有法兰西皇家的标志。1783 年 9 月 19 日一早，国王就带领着王后和满朝文武来到凡尔赛宫。在凡尔赛宫的广场中央堆起一座高台，台上挖有一个大坑，堆满了从全巴黎搜集来的旧鞋、羊毛、腐肉和废旧物品。当坑内燃起大火时，发出的臭味弥漫了整个广场，在场的人无不掩面捂鼻。大约过了一个小时，气球才充气完毕。约瑟夫·蒙哥尔费取出一只大篮子，里面装有一只公鸡、一只鸭子和一只绵羊。约瑟夫把篮子挂在气球下面，三声炮响之后松开绳索，热气球冉冉升起，一直升到约 518 米的空中。8 分钟后，由于内部热气逐渐冷却，气球开始下降，最后落在 3.2 千米外的农田里。除了公鸡的翅膀受了一点伤外，绵羊和鸭子都安然无恙。路易十六大喜，赐名热气球为蒙哥尔费气球。

完成了动物升空的飞行后，蒙哥尔费兄弟着手准备载人飞行的试验。法国年轻科学家罗齐尔自荐成为第一个进行飞行试验的勇士。1783 年 10 月 15 日罗齐尔乘热气球升到 26 米的空中。在以后的几天里，他又分别上升到了 64 米、80 米和 99 米的空中。最后的一次飞行中除罗齐尔外还搭载了另一名乘客。1783 年 11 月 15 日，罗齐尔和达兰德斯在巴黎乘一只高 23 米、直径 15 米的巨大热气球在路易十六国王和许多市民面前进行了升空表演。气球载人飞行成功后，在欧洲掀起了一股气球热潮。后来这股热潮又横跨大西洋传到了英国和美国。

法国人布朗夏尔和杰费利斯乘热气球飞越英吉利海峡

1783 年 12 月 1 日，夏尔和他的助手罗伯特乘坐一只氢气球在巴黎上空翱翔了 2 个多小时。飞行高度达 610 米，飞行了 43 千米。这是人类历史上氢气球第一次载人飞行。

相隔短短的十几天，两种气球相继载人飞行成功，使整个法国处于极度的狂热之中。“气球”已成为法国时髦的字眼。各种各样的气球图案出现在墙纸、招贴画，甚至珠宝上。诗人们赞美气球，艺术家们歌颂气球，记者们宣传气球。大多数人已不再害怕乘气球上天，而且都以能够从天空中一睹大地的风采而自豪。1785 年 1 月 7 日下午，法国人布朗夏尔和美国富商杰弗利斯乘氢气球从英国的多佛尔跨越英吉利海峡抵达法国海岸。尽管这次飞行成功得很勉强，但毕竟是人类第一次从空中飞越大海，所以仍具有巨大的历史意义。

欧洲热火朝天的气球飞行活动很快就引起了大洋彼岸美国人的注意。早在蒙哥尔费兄弟在凡尔赛宫为路易十六表演热气球的时候，就有一位美国贵宾在场。他就是大名鼎鼎的本杰明·富兰克林。当蒙哥尔费气球升空的时候，一位观众不以为然地对富兰克林说：“这东西能有什么用处？”富兰克林反问道：“一个新生婴儿能有什么用？”1792 年，布朗夏尔来到了美国。12 月 26 日上午 10 时，布朗夏尔的气球起飞了。从上向下望去，街道上和周围的村庄里都站满了人，人们都在向他挥手欢呼。这是美国的第一次气球载人飞行。

众所周知，迄今为止对推动航空技术进步作用最大的莫过于战争，气球也不例外。1794 年法国将军乔丹在佛罗拉斯战役中利用系留气球将军官送到半空对敌人阵地进行侦察，从而开创了气球同时也是载人飞行器用于战争的历史。1861 年美国南北战争时期，南军和北军都用气球进行空中侦察。1870 年普鲁士军队围攻巴黎，巴黎守军和市民用气球向城外运送信件和撤退人员。这是历史上最大规模的气球“空运”行动。1894 年，奥地利军队包围了威尼斯。他们制作了 200 余个小型蒙哥尔费气球，下挂 11～14 千克炸弹，企图对威尼斯进行轰炸。

第一次世界大战中，气球扮演了重要的角色，主要用于侦察、拦截飞机等。到了第二次世界大战，由于飞机技术的进步，小型侦察机已完全可以代替侦察气球，但是防空气球仍在使用。

气球在航空器中虽然是最简单的，但用处很多。现在，气球主要用于气象探测、污染监测、科学研究和技术试验。用于气象探测的气球一般都是无人气球。气球下面挂着测量仪器，可以测量大气的压力、温度和流速。气象气球的飞行高度一般在 16～20 千米。大型气象气球的容积可达几十万立方米。为了得到高层空间的气象数据，美国空军研制了一种塑性气球，可以在 16 千米高空运行几天，并把数据发回地面。

随着工业的发展，大气污染愈来愈严重。污染监测是控制大气污染的重要环节。气球用于污染监测有着特殊的优点。第一，气球可以长时间停留在空中搜集数据。第二，由于气球可以随风飘荡，因而特别适合于监测污染物散播情况。第三，气球的制作成本较低。目前气球已成为环境监测部门的重要工具。

除了上述用途外，气球还有许多其他的用处。如做商业广告、开展体育运动、进行军事侦察等等。总之，载人气球从 1783 年开始，经历了 200 多年，发展成为一种多用途的飞行器，其中凝聚了许许多多发明家的才智和心血。特别是当今人类已经能登上月球的时候，更不要忘记这样的辉煌是从一个小小的纸灯笼开始的。

扑翼时代模仿飞鸟

在航空发展的幼年期，简单地模仿飞鸟是探索飞行的一个重要方式。尽管从没有取得成功，但先驱者的努力为后人提供了很大的启发。

人类渴望飞行的理想由来已久。看到鸟儿自由自在地飞翔，古代先人必然会设想人类能否飞行的问题。在飞行探索的早期，那些认为人类可以飞行的人，很自然把人类飞行的方式寄托在模仿鸟类的飞行上。最早认真研究这个问题的是意大利大画家、科学家列奥纳多·达·芬奇。

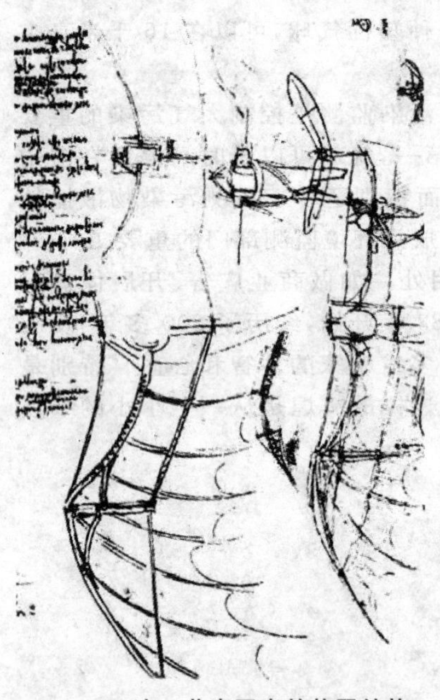

达·芬奇画出的扑翼结构

达·芬奇是举世闻名的画家。对于他在科学上的贡献一般人了解很少。他是一位科学家和工程师，也是航空科学研究的创始人。达·芬奇在科技方面的卓越贡献受到后人的高度评价。许多哲学家、科学家把他看作是近代科学的第一位先知。

达·芬奇在30多岁的时候对鸟的飞行发生了浓厚兴趣，并开始投入很大精力研究航空学问题。这个研究过程持续了20多年。

达·芬奇首先对鸟的飞行进行了长时间认真地观察和解剖研究。他观察了各种飞鸟、蝙蝠、昆虫，甚至还研究了水里游动的鱼类，分析它们飞行或游动的动作和各部位的作用机理。他制作了简单的试验装置，把小鸟吊起来，借以考察鸟的不同飞行姿态和身体各部位的功能。通过仔细观察研究，达·芬奇对飞行问题得出了一些重要认识。

达·芬奇指出："鸟就是一架按照数学原理工作的机器。人有能力仿制这种机器，包括它的全部运动——尽管因为维持平衡的力还不充分，在发出的力量上并非同样的比例。因此我们可以说：人类可以制造这样一种机器——具有鸟各个方面的特征，惟独没有鸟的生命。"他指出，尽管鸟具有生命，能够使它更好地适应飞行的需要，特别是在复杂的保持平衡运动中。但鸟的飞行运动可以分解为各种不同运动的组合，而这些基本的运动人类完全可以通过机械再现出来。从这里可以看出，虽然达·芬奇也强调要模仿鸟的飞行，但他正确地认识到了鸟扇扑翅膀的合成运动特征，认为应当分别模拟这些基本运动，或者说把具有复合功能的鸟的运动分解开来，分别实现。

达·芬奇的另一个重大贡献是，他认为研究飞行问题除了研究飞鸟以外，还应当研究鸟的飞行环境。他认识到研究风力或空气动力对航空科学的重要意义，同时又阐明了空气动力学知识可以通过水动力学研究间接获得。这两个观点都很具有现代意义。现代空气动力学的许多原理和发现确实都是通过水动力学研究获得的。当今的水动力学研究除其自身的意义外，仍然被作为空气动力学研究的一个重要辅助手段。

达·芬奇相信人类最终是可以升空飞行的——“一个带有足够大并正确安装的翅膀的人可以学会如何克服空气阻力，征服天空，他可以成功地调节翅膀飞入天空”。由于强调扑翼飞行是人类飞行的基础，因此他非常重视对鸟的飞行进行深入地观察和研究。经过长时间的研究和积累，达·芬奇已获得了大量有关鸟的飞行的研究心得，撰写了大量笔记手稿，绘制许多草图。1505 年，达·芬奇完成论文《论鸟的飞行》。在书中，达·芬奇阐述了关于鸟的飞行的三个原理。其中第一原理是持续飞行原理，或叫空气的升力原理。他认为，鸟的翅膀在扇动时使翅膀下的空气压缩，从而使翅膀上下形成一个压力差，这个压力差就是升力。

达·芬奇还观察到鸟按环形轨迹扇扑翅膀的现象。他分析认为这种运动可以分解为向后、向下、向前和向上四个部分，其中前两个动作分别产生推力和举力，后两个动作则不产生动力。此外，他还研究了鸟在飞行中的稳定性与可控制性，区分了鸟的各部位的功能。达·芬奇对鸟飞行控制的观察非常细致。《论鸟的飞行》中大部分是关于这方面的阐述。他认为，鸟在飞行中改变方向的方式和动力有多种多样，包括风的影响、翅膀的扇扑方式、飞行惯性的控制、尾巴的利用、引力中心位置的控制、用腿作为减速器等多种。

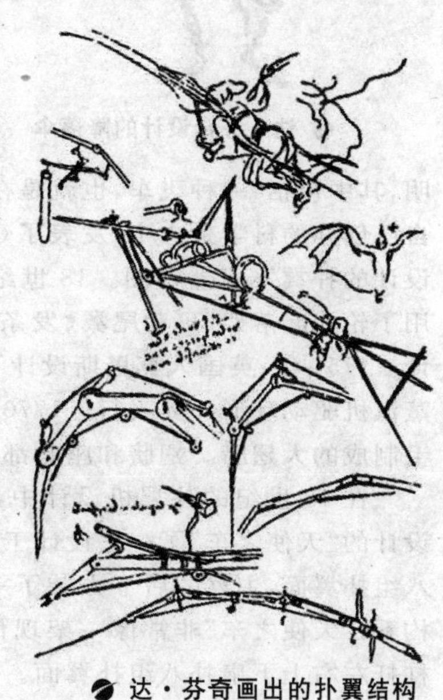

达·芬奇画出的扑翼结构

达·芬奇对机械问题十分感兴趣。运用绘画和机械学知识，他设计了许多飞行机械，包括扑翼机、降落伞和直升机，但投入精力最多的还是扑翼机。设计扑翼机完全是对鸟的模仿。大约在1485年，达·芬奇设计了第一架扑翼机，并在1487年画出了设计草图。他认为人的臂力不足以扇动机翼，便设想使人处于俯伏状态，用大腿肌肉的力量来辅助驱动。但这样仍嫌动力不足，他又研究了当时已有的各种机械动力，包括弹簧和弓弦等。

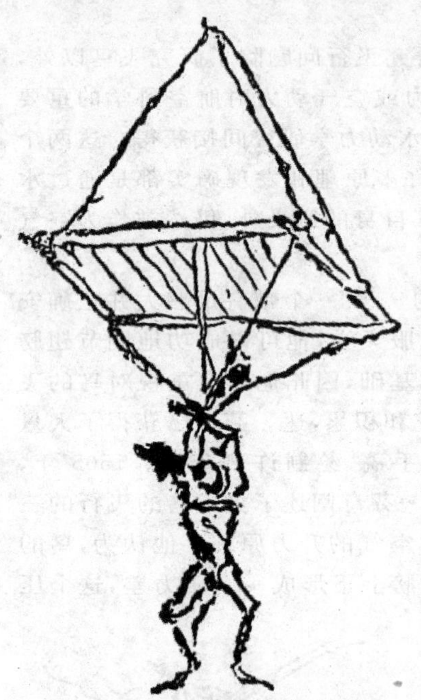
达·芬奇设计的降落伞

在达·芬奇的研究手稿中，还画有降落伞的草图，其外形呈四棱锥形，像一座小金字塔。他还被许多航空史家看作直升机的发明者，并认为这是他对航空学的真正贡献。在一张草图上，达·芬奇画出了一个直升机设计图，它的主要部件是一个螺旋面，其几何图形相当于桨叶旋转与前进合成运动画出的曲面，两个端面间的夹角约540度。中间是一个直轴，上面缠绕弹簧来驱动螺旋面旋转。

17世纪至18世纪，欧洲航空发展处在一个特殊的扑翼机探索和设计阶段。意大利工程师布拉蒂尼是一位重要的扑翼机探索者。1648年，布拉蒂尼设计了一架扑翼机——“飞龙”。他阐述飞行器的可能性依据的是亚里士多德的原理。18世纪瑞典著名科学家、哲学家伊曼努尔·斯威登伯格也曾研究过飞行问题。1714年8月，他在致内弟埃里克的信中，谈到了他自己的14项发明，其中包括“一种飞车，也就是在空气中悬浮及载物的可能性”。1716年，他在自己创办的科学杂志中，发表了《用于在空气中飞行的机器简释》，其中包括他设计的扑翼飞行器草图。18世纪中叶，意大利人格里玛尔蒂设计的扑翼机，采用了轮式起落架、可动尾翼、发条式发动机、鳍骨、可折叠翅膀等一些新奇的设计。1751年，英国人莫里斯设计了一架用骨架和蒙皮组成的圆板形扑翼机，用蒸汽机驱动环形扑翼飞行。1770年，法国人笛弗格设计的扑翼机有着一对用羽毛制成的大翅膀。翅膀和座舱都是框架结构，内部中空，外部有蒙皮。

在18世纪的扑翼机设计中，最具现实性的可能属于德国的梅希尔·鲍尔设计的“天使之车”了。它设计于1764年，有一个长方形水平机翼，下面安装了八组扑翼面，主翼的后下方装了一只舵面，机身下面是四只轮式起落架。从结构看，“天使之车”非常像一架现代飞机。其操纵的方式是人站在轮轴中间，用杠杆左右上下扇扑八组扑翼面。可惜他的设计没有投入制造。

气球诞生后，进行扑翼机设计的人立即减少，大量喜爱飞行的人把眼光和

1809 年奥地利人德尔根设计的一种扑翼机

兴趣放在气球上。这个趋势使扑翼机销声匿迹了。作为航空史的一个特殊时代，扑翼机未能在技术上给飞机发明以很大帮助，但有关飞行器组成方面的探索，仍然给后人留下了有益的启示。

鸟类飞行奥秘何在

从古至今，很多普通人和科学家一道，都在思考鸟儿为什么会飞的问题。然而，这个问题的难度之大，远远超出了人们的想像……

鸟儿为什么会飞？这个问题既古老，又现代。即使在科学高度发达的今天，仍然没有找到非常令人满意的答案。鸟类的飞行在古代人心中既感到向往，又十分困惑。由于无法解释鸟类奇异的飞行本领，古代文化中自然而然地对鸟类产生顶礼膜拜的思想。许多民族塑造的神都有飞行的能力，希腊神话中的天使就长着一对小翅膀。于是在相当长的人类历史中，飞行与宗教、神话天然地结合在了一起——那是凡人所不具备和无法认识的。

西方的文化与科学发展从古希腊开始。当时就有人认真讨论过鸟的飞行问题。罗马时期的卢克莱修是原子论的推行者。他认为空气也具有原子性，同时空气的运动或受力运动会造成真空。鸟在扑动翅膀时，会在身后形成没有空气的区域。普里尼在对鸟的观察中，指出鸟的飞行完全是一种物理机制，是空气作用的结果。

鸟的飞行本领令人类向往

古代杰出医学家盖伦较为系统地研究了鸟的飞行。他认为鸟的飞行是由自身的动力作用和反作用造成的。他指出，由于鸟的肌肉收紧产生翅膀的迅速扑动，可以平衡自身质量的下坠；鸟的翅膀扑动可产生一种力量，其方向是向上的，与下落的方向相反。公元13世纪的德意志国王腓特烈二世在一部书中描绘了各种生物的运动，其中包括对鸟类飞行的描述。最有趣和最有价值的是，他猜测到鸟的翅膀同时具有升举和推进双重功能。他还认识到，空气流动速度对鸟的飞行有重要影响，认为迎风飞行更加有利。

16世纪的法国人贝隆认为鸟在空中飞行是翅膀的运动和空气的反作用造成的结果。17世纪初，意大利学者法布里修斯曾写过一部叫《论翅膀的运动即飞行》的手稿。他指出，鸟展开翅膀能产生更大的升力。他还研究了翅膀具有弯度的作用，认为这是为了网罗更多的空气，以利于飞行。鸟的翅膀可以收缩

和伸展,产生下降或上升的运动。对于鸟在空中的水平飞行,法布里修斯则用船桨划水来解释,此时翅膀的向后运动划动空气产生前向飞行力。他还谈到了鸟的飞行平衡,运用解剖学的眼光认识到鸟的重心正好位于翅膀下。无论怎样把一只鸟扔出去,鸟几乎都会立即摆正身体到正常位置。

18 世纪以前关于鸟的飞行问题最有成就、影响最大的研究工作是意大利学者波莱里做出的。自从其著作《运动的动物》1680 年出版后,一直被广泛地引证,很具权威性。首先,他详细描述了鸟及其翅膀的解剖结构,并计算了一些典型的尺寸和各部分的相对大小;接着,他分析了鸟的飞行原理,指出鸟的飞行是空气的弹性力作用的结果,“翅膀的迅速扇扑将空气粒子压缩,其弹性力所产生的效果是反向提供弹性作用使自身压缩。由于这个力,整个活动的机器(鸟)被弹向空中,产生一次新的跳跃而通过空气,飞行问题只是由一系列不断重复地通过空气的跳跃运动组成的连续运动”。波莱里还分析了鸟的滑翔,得出了鸟能不扇动翅膀在空中滑翔是由于上升气流造成的。

白头鸠的飞行

18 世纪前对鸟类飞行的认识,可以总结出 7 种观念:第一,空气具有固有的轻和上升的品质,使鸟的飘浮和飞行成为可能;第二,鸟翅膀推动空气产生作用与反作用效应,使鸟上升并向前飞行;第三,空气与翅膀之间形成类似于斜面的作用与反作用,反作用力是鸟飞行的动力;第四,鸟在空中可以感受到并利用空气中存在的升力;第五,如果把空气看作是水,鸟就如同鱼可以在其中浮起并游动;第六,自己利用空气的弹性产生的漂浮力并辅之以羽毛的弹性实现飞行;第七,鸟利用肌肉的张力和机械作用,在向后运动的同时使自己向前飞。

在研究鸟的飞行机制的同时,欧洲有不少学者也在关注人类能否实现飞行,以及飞行将会对人类社会产生的影响。在这个问题上,人们最初往往以感情、伦理或宗教的方式发表议论。有些人认为,由于飞行对人类安全和生存带来很大威胁,同时对上帝的荣耀也是很大的伤害,因此,上帝决不会使人拥有这种本领。德国的梅杰在 1670 年出版的一本书中指出:“如果人类飞行的本领用于军事,世界将会受到比……指南针、火药和印刷术的不良使用带来的后果更大的灾难。”意大利的洛布科维茨在同年出版的著作里也说:“上帝禁止人类拥有飞行本领,以使世界保持安宁、和平的生活,因为如果人类懂得怎样飞行,那么他们将处在永久的危险中。谁能从危险中生活下去?哪座房子能在窃贼控制之下仍然安全？哪座城市会在天敌的侵略下是安全的？事实上，没有任何办法和手段足以使人类免于特别是晚上从天而降的飞敌。”

中世纪后期，中国的风筝传入欧洲。一时间风筝为欧洲人探讨飞行的可能性提供了一个重要的新参照。虽然风筝在空中的姿态很难与鸟的自由自在相比，但这毕竟是一种人造飞行器。借助于风筝的飞行原理，人们至少懂得飞行不是自然物的专利，也不是上帝的特许安排；人类既然能够造出可以进行简单飞行的风筝，那么借助于某种机械也有可能实现真正的升空飞行。随后，有不少人开始用风筝的原理或结构去尝试滑翔或扑翼飞行。

海鸥的飞行

英国大科学家胡克始终对人类的飞行持乐观态度，但他认为，利用人的肌肉是不能实现飞行的，原因是人的肌肉占体重的比例太小。他认为，人纵然长出坚强的翅膀，要想飞起来，他的胸部还必须有 2 米宽，并长出丰满而强有力的肌肉才行。1658—1659 年间，胡克一直致力于研究所谓“人造肌肉”（弹簧），以增强人的力量。

早期讨论飞行问题时，抱乐观态度的人都认为只有模仿鸟的扑翼飞行才能使人飞上天空。但是，随之而来的许多冒险试验都没有获得成功。到了 19 世纪，大量的研究表明，鸟的扑翼飞行太复杂了，甚至是人类无法认识到的；即使从原理上弄清了，也很难用机械装置进行模仿。也就是说，人类要想实现飞行，必须探索全新的方式。在众多航空先驱者的努力之下，定翼飞行思想终于出现了——利用固定的机翼产生升力，利用螺旋桨产生拉（推）动力。当莱特兄弟发明飞机成功之后，人们普遍相信定翼飞行思想是人类飞行获得成功的惟一可行之路。

自然界有数不清的奥秘，飞行生物的飞行本领就令空气动力学家迷惑不解。人类在经过多年对鸟的片面模仿失败后，终于成功选择了用固定机翼实现升空飞行的道路。在整个20世纪，人类在改进、提高飞机性能的过程中几乎完全把鸟和昆虫抛在了一边。鸟和昆虫的许多飞行奥秘没有很多人去关心和研究，航空界更是如此。然而空气动力学理论的进展，使人们重新关心和研究起鸟和昆虫的飞行原理和翅膀产生升力的机制。

鸟类和昆虫的飞行之谜至今尚未大白于科学家面前。有朝一日，当鸟的飞行之谜揭开之时，必将推动航空技术发生新的革命。那时，天空将出现一种全新的载人飞行器——仿生飞行器。借助这种小巧的飞行器，人们可以自由自在地在空中翱翔，城市内的交通拥挤问题也可以有效解决。这种仿生飞行器将成为名副其实的“空中轿车”。

航空科学走上舞台

19世纪初,英国航空之父乔治·凯利发表了几篇航空研究的科学论文,标志着航空科学的正式开始。

自1783年热气球和氢飞球诞生以后,人们把目光一下子都移到了轻于空气飞行器上。当时在法国形成了一个气球试制、飞行和使用的热潮。重于空气飞行器研究和飞行冒险尝试的人不那么多了。但在英国,由于航空之父乔治·凯利的开创性工作,航空研究进入了科学时代。在这一时期,英国成了重于空气航空器研究的中心。在英国,凯利首先开创了航空学特别是空气动力学的实验研究,并进行了滑翔机的设计和飞行实践;汉森在飞机设计实践中使现代飞机基本布局得以确立。由于这些因素的影响,英国成立了世界上第一个研究航空学的学术团体,使航空终于成为一门科学学科。

英国航空之父乔治·凯利

英国航空之父乔治·凯利使飞机研究走上了真正科学的道路。由于他做出的开创性贡献,凯利受到后人的高度评价。1846年,英国航空先驱汉森尊其为“航空之父”。1909年,美国飞机发明者威尔伯·莱特在一次演讲中说:“在一百年以前,乔治·凯利爵士把航空技术推向了前所未有的高峰。在整个19世纪,这个高峰没人能够逾越。”1909年,法国航空学会主席贝尔热在其著作中写道:“乔治·凯利爵士是真正的航空之父,他的名字值得用金字书写在航空史册的第一页。”航空大师冯·卡门也评价说:“目前所知的关于刚性飞机的飞行原理,可以说是由凯利所首先宣布。”

乔治·凯利于1773年12月27日生于英国约克郡的斯卡巴勒城一个贵族世家。1857年12月15日,在约克郡家中去世,享年84岁。他很小就对飞行产生了浓厚的兴趣。他的第一项航空研究是仿制和改进中国古老的玩具竹蜻蜓,时间大约是1796年。有趣的是,他对竹蜻蜓的兴趣一直保持到晚年。他去世前 3 年时，还将一个自己改进的竹蜻蜓送给法国朋友杜布·代克。他对竹蜻蜓的兴趣不仅仅因为它的飞行非常迷人，更主要的是从这个简单的玩具中能获得许多有用的航空知识，特别是螺旋桨原理。

为了进行航空研究，凯利也对鸟的飞行作了大量的观察和研究，包括测量鸟翼面积、鸟的质量和飞行速度，并在此基础上估算速度、翼面积和升力之间的关系。通过对鸟的飞行的分析研究，他第一个明确认识到：人造飞行器应当分别实现升举和推进两种功能，而首先应当解决的是升举问题。这是摆脱片面模仿鸟类，实现定翼飞行的重要思想和基础。此外，他还认识到鸟翼弯曲形状的重要性、鸟翼具有迎角的重要性、重心与升力中心的关系以及对飞行稳定性的影响。根据这些研究成果，凯利于 1799 年设计了第一架滑翔机。

Mechanics' Magazine,

MUSEUM, REGISTER, JOURNAL, AND GAZETTE

No. 1520.] SATURDAY, SEPTEMBER 25, 1852. [Price 3d., Stamped 4d.

Edited by J. C. Robertson, 166, Fleet street.

SIR GEORGE CAYLEY'S GOVERNABLE PARACHUTES.

Fig. 2.

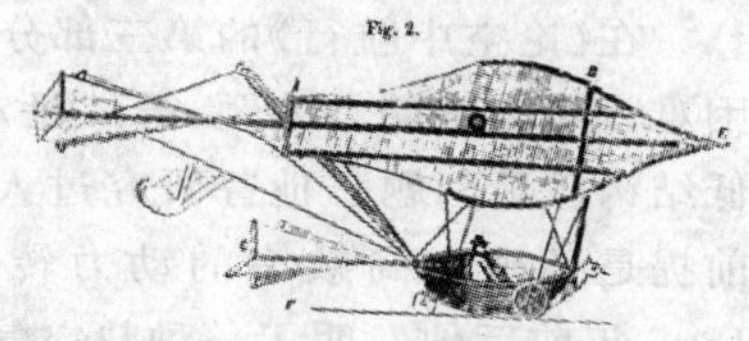

Fig. 1.

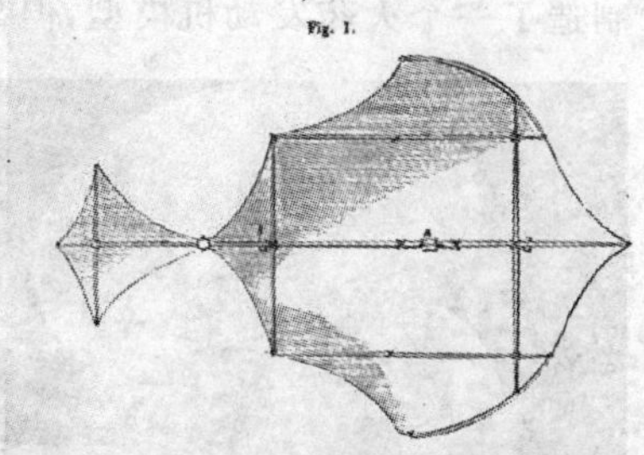

凯利设计的滑翔机

设计和试验滑翔机单靠对鸟的飞行的定性观察是不够的，必须进行空气升力和阻力的定量研究。凯利已经意识到这一点，并首先开创了航空空气动力学的实验研究。他于 1804 年 12 月自己动手设计和制造了一架旋臂机，用于研究平板的升力和阻力。凯利得到了第一批关于升力和运动速度方面的数据，并推导出机翼的升力半定量公式。他在 1804 年 12 月 1 日的笔记中总结说：空气升力“与空气介质密度成正比，与平板面积成正比，与运动速度的平方成正比，与迎角的正弦成正比”。根据这一认识，1805 年他设计了一架滑翔机，它包括了飞机的各主要部分，不仅有垂直尾翼，机身前端还有金属配重。

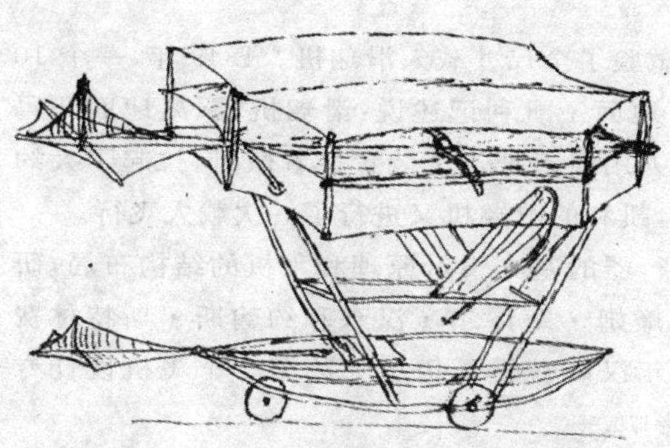

凯利设计的滑翔机

1809—1810 年，凯利把他的研究成果分三次发表在英国《自然哲学、化学和技艺》杂志上，题目是《论空中航行》。这篇论文在航空史上占有极其重要的地位。它的问世被看成是现代航空学诞生的标志。

在论文中，凯利阐述了制造一架飞机的基本组成部分和基本要求，并且给飞行下了一个明确的定义：机械飞行的“全部问题是给一块平板提供动力，使之在空气中产生升力并支持一定的质量”。他通过平板升力估算，给出了一架飞机的设计参数，其中机翼面积需要 18.6 平方米。在描述了飞机的基本原理后，凯利又分析了飞机的稳定性、安全性和操纵性的重要性。他第一次提出了“机翼上反角”这一重要概念。在操纵方面，他提出在尾翼上装可转动的垂直翼面，通过它的旋转运动保证飞机具有良好的操纵性。他还首次提出了多翼机思想。

在《论空中航行》的第三部分里，凯利着重分析了设计飞机面临的几个主要困难。第一是动力问题，第二是动力转换问题，第三是飞机提高结构强度和降低结构质量问题。他曾研究过人肌肉的力量，认为人靠自身的力量可以飞行，前提是必须有高效率的动力转换装置。他为此研究了多种新的动力装置。1805 年前后他发明了一种热空气发动机，甚至设想使用液氢为燃料，1807 年他制造了一个火药发动机模型，但都没有取得成功。

凯利设计的直升机

1849—1853 年间，凯利设计并试验了全尺寸载人滑翔机。1849 年，一个 10 岁的小男孩乘坐他的滑翔机离开了地面。凯利记述说：滑翔机“飘离地面几码后，从小山上滑下来，而且通过一些人用绳索把这个装置逆着微风，拉起了大约同样的高度”。据记载 1853 年 6 月，凯利的滑翔机又进行了一次载人飞行。

乔治·凯利建立了重于空气飞行器的基本飞行原理和飞机的结构布局，研制飞机的工作由另外两个英国人威廉姆·塞谬尔·汉森和约翰斯·斯特林费罗继续进行。值得称道的是，1843 年汉森获得了历史上的第一个飞机设计专利，并且在当时就产生了相当大的影响。

1842年9月29日，汉森申请了他的飞机设计专利，名称是“用于空中、陆地和海上的蒸汽动力装置”。在专利申请以前，汉森在1842年曾同斯特林费罗进行了一些讨论。他们形成了研制飞行器的所谓“空中蒸汽车”共同计划。1844年，汉森和斯特林费罗合作进行模型动力飞机的设计和研制。1845年6月17日，空中蒸汽车模型进行了首次地面试验。据估计，发动机驱动螺旋桨产生了约24.5牛顿的推力。1847年，这架模型在查尔德城外的巴拉进行了飞行试验。由于无法支持本身的质量，模型在弹射后便慢慢地落回了地面。试验失败后，斯特林费罗继续进行模型飞机改进，1848年他们的模型飞机成功地飞行了20米。

1866年1月12日，大不列颠航空学会正式成立。该学会举办了航空展览会，进行了模型飞机试验。与此同时，维纳姆等人则在进行空气动力学研究。1871年，维纳姆设计并建造了世界上第一座用于气动试验的风洞。后来，菲利普斯对风洞作了进一步改进，改善了试验气流的均匀性和平衡性，并通过风洞试验积累了大量空气动力试验数据。菲利普斯在研究翼型方面也做了许多工作，试验过的翼型多达上百种，有单弯度，各种双弯度，甚至还有菱形的。通过这些试验他发现，双弯度翼型即使没有迎角也能产生升力。这也是一个重大发现！

维纳姆、菲利普斯等人还进行了飞机设计，但没有取得很大突破。尽管如此，他们还是对增进航空知识、完善空气动力学实验方面做出了重大贡献。他们除了广泛进行空气动力学实验研究外，还发表了大量演讲和许多有价值的论文。这些工作对于传播航空学起到了很大作用。自凯利以后，航空基础和实验研究并重的做法由维纳姆等人进一步发扬光大，并取得了新的突破，他们的工作也是对航空科学和飞行器研究设计方法的重大贡献。在英国，航空研究终于发展成一门科学。

人力不济动力发端

无数次失败的尝试和科学的研究证明，人仅依靠自身的力量无法实现升空飞行，必须借助于机械动力装置。那么，发动机是怎样发明和改进的呢？

自古以来，人类就知道利用自然力弥补人力的不足——利用畜力、水力、风力、火力等等，但真正的机械动力出现得很晚。17世纪后期，一场动力技术革命正在欧洲发生，这是人类历史上最伟大的事件之一，这就是蒸汽机革命。1680年法国人巴本采用活塞和缸筒，发明了蒸汽机的汽缸。这是一种原始的单缸活塞式蒸汽机，在汽缸底部放少量的水，将汽缸加热，水可以变成蒸汽将活塞推至顶部；停止加热，蒸汽又凝结成水使活塞下落；活塞的上下运动可提供动力，带动机械运动。这是最原始的机械动力装置。后来，英国人纽可门在巴本汽缸的基础上，把活塞和连杆联接起来，又用冷水喷到汽缸外部加速冷却，于1705年发明可实际投入使用的间歇式工作的蒸汽机。它虽然效率很低，但仍可以大大减轻工人的劳动强度。到1769年，英国北部各煤矿已采用了上百部这种蒸汽机用于抽掉矿井积水。

1763年，身为修理工的瓦特受命修理一台纽可门蒸汽机。他借这个机会仔细研究了纽可门蒸汽机的结构，发现这种蒸汽机的效率太低的原因是在汽缸冷却过程中大量的热散失掉了。于是他开始思考如何改进纽可门蒸汽机的问题。1765年，他终于想出在汽缸之后再加一个冷凝器，并在冷凝器与汽缸间加一个可调节的阀门的办法。瓦特式蒸汽机大大提高了效率。1781年，他引入齿轮装置使活塞的直线运动转化成旋转运动，扩大了蒸汽机的使用领域。1782年，他又设计出双向汽缸，使蒸汽交替从活塞两端进入，热效率又提高了一倍。

利用新型蒸汽机，1806年美国人富尔顿制造了第一艘蒸汽客轮。到1833年，蒸汽动力轮船确立了水上航运的地位。1814年英国的斯蒂芬逊制成第一辆真正的蒸汽机车。1847年，他研制的一辆功率达735千瓦的蒸汽机车，可运输120吨货物，速度达96千米每小时。

蒸汽机的出现和逐步完善，使许多航空先驱者开始考虑将其用作航空动力的可能性。1843年英国人汉森在获得的飞机设计专利中，就提出采用两台蒸汽机作为动力装置。1852年法国人吉法尔制造的第一艘飞艇也采用了小型蒸汽机，但这艘飞艇只能顺风飞行，逆风时因蒸汽机功率太小而飞不动。19世纪后期，许多动力飞机的探索者都采用经过大量改进、性能相当不错的蒸汽机作动力，结果却没有一人取得成功。他们的失败证明了这样一个事实：蒸汽机天生就不适于作为航空动力。

蒸汽动力能用于机车、轮船，为什么不能用于飞机呢？原因是蒸汽机自身有以下几大缺陷。第一，蒸汽机的功率质量比很低，提高功率将以大大增加自重为代价。第二，蒸汽机热效率太低。蒸汽机是一种外燃机，外部燃烧热能散失严重，效率难有很大提高。通常蒸汽机的热效率约在5%～8%。为保证蒸汽机长时间工作，必须携带大量煤炭，我们看到火车蒸汽机车个头很大，其中一大半是用作贮煤箱。第三，蒸汽机使用煤作燃料，本身能量很低。火车和轮船在地面和水上行驶，不大在乎煤的体积和质量；飞机则不然，使用煤不但不方便，而且要大大增加飞机的总质量，以至于根本飞不上天。

英籍美国人马克辛研制的飞机用蒸汽机

在蒸汽机发明和不断改进的过程中，人们发现蒸汽机效率低的根本原因在于它是一种外燃机。18世纪末，利用蒸馏煤炭的方法产生了一种新的气体燃料——煤气。于是人们纷纷提出利用煤气作燃料实现内部燃烧驱动活塞的设想。1833年英国人赖特就提出了内燃机设想。1860年法国人勒努瓦制造成功第一台用煤气作燃料的内燃机。他把这种内燃机装在一辆车和一只船上，效果很好。但这种内燃机燃料消耗极大，体积也很庞大。

1862年，法国人德夏罗根据热机循环理论，提出了四冲程内燃机的设想。四冲程依次是吸气冲程、压缩冲程、膨胀冲程和排气冲程，排气冲程结束后，准备进行下一循环。德夏罗指出，内燃机运用快速往复四冲程循环，可以取得最大热效率。

德国的奥托为改进内燃机独自摸索了20多年，屡遭失败。直到1876年才

美国兰利的助手曼利设计的飞机用汽油机

偶尔看到四冲程理论，深受启发。他以此为基础重新研制内燃机，很快取得成功，当年就制成了一台新的内燃机，热效率提高到14%。奥托不断对内燃机进行改进，到1880年，他研制的内燃机功率已提高到14.7千瓦。与此同时，石油的大规模开采、分馏和使用，使内燃机的性能大幅度提高。1883年，德国人戴姆勒研制成功第一台以汽油为燃料的内燃机。1892年，德国人狄塞尔研制成功第一台以柴油为燃料的内燃机。汽油和柴油的燃烧值远远高于煤气，因而汽油机和柴油机的功率很大，热效率也提高到27%～32%。从此，汽油机和柴油机以功率大、质量轻、效率高、适应性强和可靠性好的优点成为交通工具和工作生产的重要动力形式。

汽油机诞生仅过了5年，戴姆勒的一个雇员沃尔夫特就将一台1.47千瓦的汽油机装上飞艇并进行了试飞。1898年桑托·杜蒙利用内燃机研制成功第一艘完全可操纵的实用飞艇，证明内燃机才真正适于作为航空动力装置。

航空发动机是飞机的心脏。一架飞机的性能和可靠性如何，除飞机本身的设计、构造和材料等因素外，发动机也许是最重要的一个因素。在第二次世界大战结束以前，航空发动机几乎全部被汽油机所垄断。这一时期，汽油机的发展异常迅速，性能和可靠性不断提高。

1908年活塞式航空发动机领域发生了一次重大革新，这就是法国的甘塞兄弟研制出格诺姆旋缸式发动机。他们将发动机驱动轴固定在飞机上，而螺旋桨固定在汽缸上。这样，发动机在工作时汽缸旋转，并带动螺旋桨转动。汽缸在旋转过程中，可以通过高速气流冷却，因而省去笨重的冷却系统，大大提高发动机性能。20世纪

莱特兄弟的助手泰勒为“飞行者”1号研制的汽油发动机

20 年代初以前，旋缸式发动机在全部飞机发动机中占了 80%以上的份额，对航空事业的发展产生了巨大影响。

旋缸式发动机也有自身的缺陷，一是耗油率高，二是旋转的汽缸惯性很大，使飞机的操纵性变差。20 年代初随着气冷式发动机的日益成熟，旋缸式发动机逐步被淘汰。气冷式星形发动机的性能提高很快，到 1922 年已出现了功率达 492.45 千瓦的发动机。1925 年出现的狮式发动机的功率高达 643.13 千瓦，而自重只有 420 千克。

格诺姆旋缸式发动机

20 世纪 20 年代末至 30 年代初，航空活塞发动机的性能更是突飞猛进。1929 年发动机的功率达到 1 135.58 千瓦，1931 年功率又达到 2 045.51 千瓦，而平均产生 1 千瓦功率的发动机质量则降到 0.36 千克。第二次世界大战期间，活塞式发动机的发展已近乎达到了极限，最大功率提高到 2 572.5千瓦。随着高度的增加大气密度和含氧量都会降低。发动机要正常工作，汽缸内必须吸入足够的空气。为此，活塞式发动机引入增压技术，增压器旋转使空气在进入汽缸前压缩以提高空气的密度。这样汽缸可以在更高的气压下工作，从而改善发动机高空性能或提高起飞时发动机的功率。到了 40 年代中期，由于各种原因，活塞式发动机和螺旋桨式飞机难以再向前发展，开始逐渐被新型动力装置所取代。航空涡轮机时代接踵而来。

飞艇问世昙花一现

飞艇是一种可控飞行的轻航空器，应用范围也大大拓展。20 世纪 30 年代以前，飞艇的研制、革新和使用都进入了一个空前的高峰。

热气球或氢气球自诞生之日起，缺点就非常明显：飞行无法控制，只能任凭它随风飘荡。从实用性方面考虑，不可控制就很难进行利用，安全性也得不到保障。要使气球成为可控的航空器，必须增加新的技术成分——操纵技术和推进技术。于是气球就演变成另一种更实用的轻航空器——飞艇。

1784 年法国军官芒斯纳埃设计出第一艘飞艇，迈出了从气球到飞艇的重要一步。芒斯纳埃的设计基本保留了气球的特征，但有重要创新：采用椭圆气囊代替球形气囊，以减少飞行阻力；设计了水平安定面以改善飞艇的稳定性；采用三只人力驱动的螺旋桨推进飞艇。由于缺少经费，芒斯纳埃飞艇没能制造出来。1784 年，法国的罗伯特兄弟建造了一艘与芒斯纳埃的设计相类似的飞艇。它依靠人力螺旋桨驱动，可以产生 623 牛顿的推力，可惜这一点推力根本无法控制飞艇的飞行。

从早期的探索可以看出，发明飞艇的关键是找到合适的发动机。1851 年，法国的吉法尔制造了一台小型蒸汽机，功率为 2.24 千瓦，重约 160 千克。他设计制造的飞艇长 43.6 米，最大直径约 12 米，采用煤气作为浮升气体。1852 年 9 月 24 日，吉法尔驾驶飞艇从巴黎起飞，飞行了约 28 千米后在特拉普斯附近降落。这是人类历史上第一次成功的飞艇载人飞行，吉法尔也从此名垂史册。吉法尔的飞艇已经有了一个较完整的技术结构，但是由于动力不足，在首次飞行成功后无法逆风回到起飞地点，只好用火车运载。

法籍巴西人桑托·杜蒙设计制造的第一艘汽油机动力飞艇

第二次技术革命给人们提供了两种动力装置：电动机和内燃机。第一个把汽油发动机成功地用在飞艇上的，是侨居法国的巴西人桑托·杜蒙。自 1899 年开始，他共建造了 14 艘以汽油发动机为动力的小型飞艇。1901 年 10 月 19 日，他驾驶第 6 号飞艇围绕艾菲尔铁塔飞行了一周后安全返回原地。飞行时间 29 分 30 秒。后来，他又制造了多艘小型飞艇，在试飞过程中取得了很大成功。

从吉法尔到杜蒙，飞艇基本上沿用了气球的结构形式，即"软式结构"。采用一个气囊，内部充入比空气轻的气体并使之达到一定压力，这样气囊就可以产生一定的浮力，同时保持一定的形状。"软式飞艇"结构刚度较差，且无法做得很大，运载能力和飞行时间都受到很大影响。硬式飞艇技术是由德国人齐伯林开创的。从 1887 年开始，齐伯林就计划建造一只不同以往的、能够完成长途运输和空中作战等多种任务的大型飞艇。为了达到这一目的，齐伯林大胆地采用硬式结构。这种结构的特点是：艇身全部采用铝制框架制成，框架外部有织物蒙皮。框架把飞艇分成十几个舱室，每个舱室中放置一个气囊，一艘飞艇的气囊就是由十几个小气囊组成的。隔框又分为主框和中间框，主框的强度和刚度都较高，可以承受较大的载荷。这种结构上的革新使飞艇的运载能力大为提高，但也使飞艇自身的质量和体积大大增加。因此硬式飞艇要求具有更大功率的动力装置。

1896 年齐伯林建立了飞艇飞行推进协会，筹集了一笔资金，正式开始建造 LZ－1 号飞艇。它全长 128 米，直径 11.7 米，每个舱室内放一个气囊，内充氢气。气囊总容积为 11 300 立方米。艇身后部下面有两个刚性吊挂的发动机吊舱，每个舱内安放一台 11.8 千瓦的戴姆勒汽油发动机。LZ－1 号共进行了 3 次试飞，均未获得完全的成功。不过这种新型飞艇的优点已十分明显。1906 年秋，齐伯林又建造了 LZ－3 号飞艇，在 10 月 9 日和 10 日的试飞中取得了完全的成功。飞艇操纵性能良好，持续飞行了 4 小时以上。

齐伯林飞艇开创了轻航空器新时代。1909 年齐伯林创办了世界上第一家民用航空公司——德莱格飞艇公司，利用飞艇开始了空中运输业务。航空史上的飞艇时代从此开始了。到第一次世界大战爆发停止营业为止，德莱格公司在德国共运送旅客 34 028 人次，总航程达 173 682 千米，总飞行时间为 3 175 小时。更难能可贵的是，期间没有发生过一次乘客死亡事故。

第一次世界大战中，齐伯林飞艇大规模用于战争，主要担负空中侦察、轰炸等任务。由于飞机尚不成熟，飞艇的威力显得非常突出。战争初期，齐伯林公司向前线交付了近百艘飞艇，飞艇体积也逐步增加到 6.8 万立方米。但后来，由于飞机性能迅速提高，飞艇作为攻击性武器越来越不安全了。战争实践证明，飞艇由于自身的弱点，不适于作为一种攻击性武器。

齐伯林飞艇虽然在战争中被击败了，但是硬式飞艇在设计和工艺上却更趋于完善。战争后期，LZ－104 号飞艇以自己出色的飞行记录证实了齐伯林飞艇用作空中运输工具的巨大潜力。战争结束后，英、美等国纷纷发展大型硬式飞艇，用于运输任务。当然，德国的飞艇仍然一路领先，技术日益完善。1926 年，

德国齐伯林 LZ－113 硬式飞艇

齐伯林公司制造了一艘巨型硬式飞艇，它就是历史上赫赫有名的 LZ－127“齐伯林伯爵”号飞艇。它长 236 米，最大直径 30 米，气囊容积为 110 450 立方米。上装 5 台 418 千瓦的发动机，最大速度 128 千米，航程 16 955 千米。除 40 名服务人员外，可搭载旅客 20 人（短途 55 人），或携带货物 15 吨。

齐伯林伯爵号果然不负众望，自出世以来屡建功勋。它多次飞往北极，建立了大西洋两岸的空中客运走廊，但影响最大的还是 1929 年 8 月 8 日至 29 日的环球飞行。齐伯林伯爵号从美国新泽西州赫斯特湖出发，飞越欧洲和西伯利亚抵达日本，然后又越过太平洋飞至洛杉矶，最后横跨美国大陆回到出发地，历时 286 小时 26 分钟，航程 31 500 千米。

1936 年，齐伯林公司又建造了更大的 LZ－129 兴登堡号飞艇。它比“齐伯林伯爵”号更大更重，全长 245 米，最大直径 41 米，总气囊容积 20 万立方米，可携带载荷 19 吨。1936 年 3 月 4 日“兴登堡”号飞艇首次试飞成功。巡航速度为 121 千米每小时，续航时间为 200 小时。在舒适程度上兴登堡号也居飞艇之首。艇内设有豪华的旅客卧室、餐厅、休息室、吸烟室和散步走廊，完全可以和高级客轮的二等舱相媲美。从第一次试飞到 1937 年失事，兴登堡号共进行了 63 次商业飞行，其中 37 次是横渡大西洋的。在 1936 年德国奥运会期间，这艘银白色的、尾翼上漆有纳粹标记的空中巨鲸，在柏林上空盘旋，大出风头。

然而，就在齐伯林公司为胜利而陶醉之时，灾难却悄悄降临了。1937 年 5 月 6 日，当兴登堡号来到美国新泽西州赫斯特湖飞艇场准备降落时，突然起火爆炸。不到 1 分钟，这艘名噪一时的空中巨鲸就变成了一堆废墟。这次事件中共有 36 人遇难。

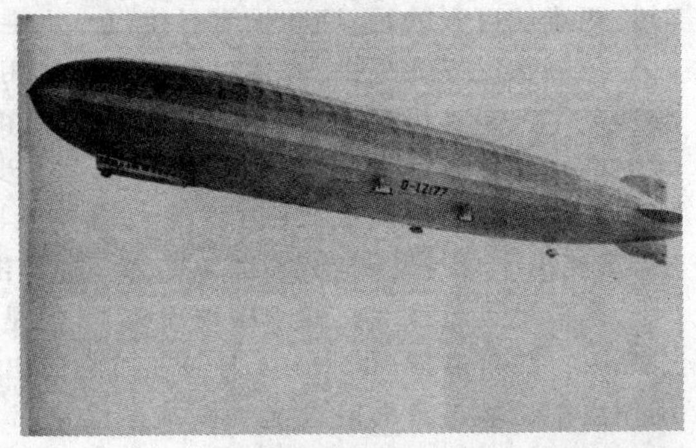

德国齐伯林 LZ－127 硬式飞艇

在此之前，美国的阿克隆号和英国的 R－100 曾相继出事，使英美人对飞艇失去了热情。兴登堡号的失事，彻底葬送了硬式飞艇。然而，飞艇退出历史舞台的根本原因并非几次事故，而是它自身的缺陷造成的，事故只是导火索而已。飞艇究竟有哪些缺陷呢？

首先，飞艇个头太大，起降十分困难；其次，飞艇制造成本太高，运输效益不大；第三，由于结构和使用氢气方面的原因，使飞艇安全性不高；第四，飞机的迅速发展，使飞艇的优势不再明显。

美国研制的现代软式飞艇 AT-10

然而到了 20 世纪 70 年代，飞艇又有了复兴的迹向。1972 年和 1973 在当时的西德召开了再造飞艇的国际会议。不少国家表示对飞艇技术有兴趣。飞艇再度崛起有着优越的技术条件，又有着深刻的社会背景，如能源危机、环境污染等。飞艇耗能低，污染排放量少，载重能力强，可垂直起降，可长时间停留在空中，飞行平稳，甚至可以贴近海面飞行，这些都是飞机无法比拟的优点。这些优点使之可以在客、货运输，商业广告宣传，海岸巡逻、海上救生和海洋研究，空中预警、反潜，环境监测，高空遥感，通信及电视转播等方面获得广泛应用。总之，飞艇将在许多方面同飞机优势互补，共创航空未来的新局面。

动力飞行前赴后继

19世纪后期到20世纪初，欧美有一批探索动力飞行的航空先驱者，都取得了不同的成就和进展。他们虽然没有取得最终成功，但他们的业绩已经载入航空史册。

“飞机是工匠的事业”——这是人们对飞机早期发展历史的评价。飞机发明成功之前，航空研究缺乏科学性，航空发展走了很大的弯路。由于科学界保守势力的影响，科学家不大参与这种遭人非议的事业。从事飞机探索的大多是没有科学包袱的人，如军人、医生、发明家、工程师和钟表匠等。他们虽然有勇敢的探索精神，但缺乏科学知识，也不注重科学原理的运用。

法国动力飞机设计与试验尝试的开端始于海军军官坦卜尔。他在19世纪40年代初进行过模型飞机的试验。1857年，坦卜尔设计了全尺寸动力飞机。从外表看，它几乎完全是模型飞机的放大物。它的翼展将近30米，从上面看下来，它的形状像一只巨鸟。飞机的中间是发动机舱和驾驶舱。前面是一个直径达4米的14叶螺旋桨。这架全尺寸飞机设计上虽然不太科学，但在具体部件上却有不少新奇之处。第一，机翼和机身骨架用铝合金制造；第二，采用了三轮式起落架，带有橡胶减震器并且是可以收放的；第三，通过方向盘、方向舵和软索实现复合操纵。

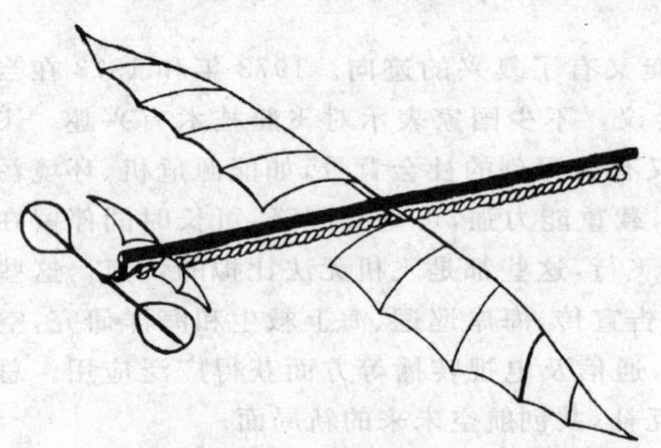

法国人佩诺设计的橡筋动力飞机模型

大约在1874年，坦卜尔的全尺寸飞机由一名水手驾驶进行了一次飞行。由于是沿山坡下滑起飞的，下滑力提高了滑跑速度。据称它在下滑过程中，曾跳跃着飞了一段距离。尽管结果不太理想，但也算是相当不错的成绩了。这架飞机的设计于1857年获得了专利。

在法国早期航空先驱者中，阿方索·佩诺是一位伟大人物。他的伟大之处在于他的航空探索方法和提出的重要概念——首先进行理论研究；然后进行模型试验；最后过渡到全尺寸飞机的研制。航空史学家们对佩诺的赞誉颇高，有人甚至认为佩诺是在凯利和莱特兄弟之间一个时期内最伟大的天才、最富有创

造精神的航空先驱者。1870 年，佩诺发表了一篇论文《稳定性理论》。文章阐述了保持飞机模型自动平衡和稳定的重要性，以及实现稳定的方法。为此，他还给出了直升机和飞机模型的稳定性原理并予以说明。这一点对飞机研制是极其重要的。

1871 年，佩诺制作了几架模型直升机，都采用橡筋的扭劲产生动力。大约在同一年，佩诺又制造了一架橡筋动力飞机模型。它虽然简单，却体现了现代飞机的主要特征。模型在试验飞行时，获得了很大成功，飞行距离超过 30 米，并且具有很好的稳定性。

从 1873 年起，佩诺致力于全尺寸飞机的设计。按照他的设想，这架飞机质量达到 1200 千克，装一台 15.2～22.4 千瓦的发动机。这项设计于 1876 年获得了专利。这架飞机有许多先进的特点：具有上反角机翼；具有固定的垂直尾翼；具有可转动的方向舵；具有水平升降舵；具有单杆操纵手柄；具有玻璃座舱罩；具有可收放起落架和压缩气体减震器；以及可以在水面上着陆等等。可惜的是这架飞机并没有制造出来。佩诺自幼体弱多病，后来健康状况又一度恶化。失望、多病等多种因素使他失去了生活的勇气。1880 年 10 月，佩诺在不到 30 岁时便自杀了。

在航空史上，法国电气工程师阿代尔的试验或许是争议最大的事件之一。1889 年前后，在法国官方资助下，阿代尔设计并制造了一架飞机，取名“风神”。它的外型极像蝙蝠。这架飞机于 1890 年 10 月 9 日在一个小山村进行了一次秘密试飞。飞行的结果如何当时没有透露。1892 年阿代尔开始制造第二架飞机，但工作尚未完成就放弃了。继而他又制造了第三架飞机。他给这架飞机起了个后来被广泛采用的名称：飞机，并按顺序将其命名为“飞机三号”。“飞机三号”与“风神”的外型非常相似，只是尺寸有所增加。1897 年 10 月 12 日和 14 日，“飞机三号”进行了两次秘密试飞。后来的研究表明，阿代尔在 1890 年没有进行过持续的飞行，他的“飞机三号”在 1897 年的两次试飞时只短暂地跳跃了一下便失败了。

法国人阿代尔设计的“风神”飞机

莫扎伊斯基是俄国海军军官，曾晋升为少将。他于 1856 年开始研究飞机，后来开始设计全尺寸动力飞机。1880 年 6 月 4 日，这项飞机设计申请了专利。1881 年 11 月，他的“空中飞行器”正式被批准授予发明专利。“空中飞行器”以当时的标准来看可谓庞然大物。它的矩形机翼翼展 22.8 米，翼弦宽 14.2 米，飞机总质量近1吨。它装有两台蒸汽发动机，分别驱动机翼后面安装的两个推进式螺旋桨。1882年7月，莫扎伊斯基的“空中飞行器”在圣彼得堡附近的红村，由其助手格鲁耶夫驾驶从小山坡上下滑，跃飞了约二三十米。

在众多的航空先驱者中，旅居英国的美国人马克辛或许是最有趣的一位。他有多种发明，著名的马克辛机枪就是出自他手。这些发明使他成为极其富有的人。他在发明创造方面，似乎从来不知道疲倦。他的助手说：“没有什么事这个老人不能做。”他很早就对飞行机器发生了浓厚的兴趣。从1889年开始，马克辛就利用旋臂机试验了不同形状的机翼和螺旋桨。后来又决定制造一架飞机，其目的是靠自身的动力离开地面。在发动机选择上，尽管他在减轻汽油机的质量方面取得了不少进展，但不知为什么他最终选择了笨重的蒸汽机。

俄国人莫扎伊斯基设计的飞机

1891年，马克辛开始建造他的飞机。1894年，飞机制造完毕。由于它的个头很大，人们都称之为“马克辛巨型飞机”。这架飞机机长28.96米，翼展31.7米，翼面积371.6平方米，总质量达3 629千克。飞机上安装了两台蒸汽机，起飞方式是利用导轨滑行起飞。

1894年7月31日，马克辛的巨型飞机进行了首次试验，飞机由于受到保护杆的限制，只在轨道上跳跃了几次。后面的几次结果类似，飞机都明显地离开了导轨。马克辛对这样的试验结果感到满意，因为已经达到了“利用自身的动力离开地面”的目标。因此，马克辛放弃了飞机的进一步研究。

1910年，受欧洲航空热潮的影响，马克辛又制造了一架双翼飞机。这架飞机吸收了不少莱特兄弟和寇蒂斯飞机的设计特点。由于广泛的宣传，这架飞机自然又引起了一阵轰动。有一位记者写出了8页文字外加21幅照片的报道。但这架飞机从未离开过地面。马克辛在飞机研制上花费了约20 000英镑巨额资金，取得的成就却微不足道。

19 世纪，动力飞行的探索者往往有急于求成，轻视理论而又不注重吸收前人成果的缺憾。这些特征注定了他们成功少而失败多的命运。不过，由于先驱者们的探索性工作，不断掀起一个又一个高潮，使“飞机”这个新名词不断深入人心。

马克辛设计的巨型飞机

滑翔飞行风光一时

在飞机诞生之前的19世纪后半叶，滑翔飞行曾经风行一时。无论出于娱乐目的还是科学研究目的，滑翔飞行为飞机最终发明成功做出了不可估量的贡献。

19世纪中期，许多人对飞机的观念发生了很大变化。看到模型飞机、竹蜻蜓能够在空中作短暂的飞行，许多人都对飞机能够最终发明成功持乐观态度。问题是，发明飞机的正确道路是什么。由于先驱者们的认识不同，飞机发明过程自然而然分成了两条道路：一是先研制动力飞机，解决升空问题，然而设法改进稳定性与操纵性；二是先研制滑翔机，解决稳定性与操纵性，然后加装动力装置，成为一架真正的飞机。历史告诉我们，第二条道路最终取得了成功。

滑翔飞行也是航空之父乔治·凯利开创的。19世纪80年代，法国人穆亚尔在1881年出版了一本有名的著作《空中王国》。这部书除了论述航空将对社会产生的巨大影响外，还以全新的姿态考察了鸟的飞行。他认为，在飞行控制问题得到解决之前，不要盲目进行动力飞行试验。穆亚尔本人从1856年开始设计制造滑翔机，进行滑翔试验。他前后共造了6架滑翔机，时间跨越1856年到1896年整整40年。但他的滑翔机性能不佳，没有取得多少成功。不过他仍然坚信滑翔机的研究和试验对航空的未来是至关重要的。在他的后继者李林达尔的实践推动下，滑翔飞行终于在19世纪最后10年进入了一个异常活跃的时期。

德国滑翔机设计家李林达尔进行滑翔的飞行

奥托·李林达尔是一位德国工程师，向往飞行由来已久。他长期观察研究鸟的飞行，积累了一些关于鸟的翅膀形状、面积以及升力大小的数据。1861—1873年间，李林达尔和弟弟古斯塔夫制造了大量动力飞机模型。后来，他们用旋臂机进行气动力实验，获得了机翼迎角、面积、速度与升力之间的关系数据。1889年，李林达尔把这些研究和试验结果整理出版,题为《作为航空基础的鸟类飞行》。这部著作集中讨论了鸟翼的结构、鸟的飞行方式和体现的空气动力学原理,并且论述了人类飞行的种种问题。他特别讨论了人造飞行机器翼面形状、面积大小和升力的关系。这部书几乎成了他同时代或比他稍晚的航空先驱者的必读书,为航空发展做出了相当大的贡献。

从 1891 年到 1896 年,他先后制造了 18 种不同型式的滑翔机,其中有 12 种是单翼机,6 种是双翼或多翼机。他的滑翔机除了翼面积的大小和布局不同外,机翼形状几乎是一样的,即用肋条制成弯曲的辐射状骨架,然后再蒙上蒙皮,构成很像天空中飘忽飞行的大鸟的翅膀。李林达尔从事滑翔飞行的主要目的是积累飞行经验并且寻找在空中保持稳定和可靠的操纵方法。在进行了两年的滑翔试验后,他从 1893 年开始在悬挂滑翔机上加装水平和垂直安定面;前者用

李林达尔进行滑翔飞行

于保持纵向稳定,后者用于保持横向稳定。在飞机操纵方面,李林达尔主要运用身体摆动方式,即当两只手臂支承在滑翔机上时,身体下部和腿可以前后、左右摆动,依靠惯性和重心的移动达到操纵目的。后来,他又在滑翔机上加装了可动的升降舵,从而改善了操纵性能。1893 年后,李林达尔进行了大量滑翔飞行试验,距离一般都在 100～250 米左右。为了更好地开展试验,他在柏林附近修建了一个试验场,利用一座小山丘的下坡辅助加速,使滑翔机飞入空中。

李林达尔在滑翔上取得了前所未有的成就。从 1891 年到 1896 年,他进行了 2 000 多次滑翔飞行,其中最远的可达 300 米。为了对滑翔机进行研究和改进,将许多滑翔飞行的情况拍成照片,然后加以分析和研究。李林达尔留下了大量极其珍贵的飞行历史照片,在当时就产生了广泛而积极的影响,不仅为同

时代提供了极其有益的借鉴，而且也为航空史研究留下了宝贵的第一手资料。他的照片、试验情况、记者描述、个人访问记等文章成了当时十分热门的话题，经常出现在报纸上。李林达尔成了19世纪末名副其实的“空中飞人”。

1896年8月9日，李林达尔在试飞他的11号滑翔机时，开始阶段似乎一切正常，但几分钟后，一阵大风突然刮来，将滑翔机吹得失去了控制，李林达尔重重地摔在了地上。第二天，他在医院中死去。据说，他去世前说的最后一句话是：“必须做出牺牲。”

李林达尔进行滑翔飞行

1897年1月21日，李林达尔的学生皮尔彻在都柏林发表题为《飞行机器试验》的演讲。他一开始便开门见山地说：“迄今为止，飞行机器试验的历史或多或少是灾难的历史。”他认为，李林达尔滑翔机存在不少问题，翼面积太小、人与机器距离太远，这样很容易导致前向和后向失速，而且落地时往往头部朝下。他对李林达尔的双翼机设计提出了批评。他认为放置翼面的位置不该大大高于重心，否则在恶劣天气下很难操纵，也容易翻转，由于种种设计上的缺陷，李林达尔的滑翔机从未进行过真正的水平飞行。

1895年初，皮尔彻制造了第一架滑翔机。它有一副类似鸟翅膀的机翼，尾部只有垂直翼面。后来，皮尔彻设计出了“蝙蝠式”滑翔机。这架飞机在飞行过程中，已能达到100米左右的滑翔距离。1896年，皮尔彻又设计了一架“鹰式”滑翔机。它带有轮式起落架、水平和垂直安定面，机翼和机身采用张线支柱结构。皮尔彻驾驶它进行了多次成功的飞行，最远的曾飞行了300米。1899年9月30日，皮尔彻在滑翔飞行时失事受伤，于10月2日离开了人世，年仅33岁。

在莱特兄弟之前，最后一位卓有成就的滑翔机名家是查纽特。从1890年起，查纽特在美国铁路杂志上发表系列文章。1894年，他将这些文章汇集出版，题为《飞行机器的发展》。他明确阐述了飞机固有稳定性、操纵性的重要意义。他对凯利、汉森以及皮尔彻等先驱者的成就进行了评述和介绍，对航空先驱者有很大的指导意义。

在李林达尔的指导下，查纽特于1896—1897年设计和试验了全尺寸滑翔机，由助手试飞。经过反复试验，他发现双翼机具有较好的稳定性。他把机翼几何形状制成矩形，上下两翼采用张线和支柱支承，间距大大减小，布局精巧，结构合理。查纽特十分关心操纵问题，他指出“一架飞机要想成功，必须始终处于可靠的操纵之中”。因此他设计的滑翔机的尾翼组件是柔性的，可进行柔性操纵。这比李林塔尔的进了一大步。另外，驾驶位置由李林塔的悬挂式改为坐式，大大减轻了驾驶员的负担。可以说，查纽特的双翼机是莱特兄弟之前最优秀的滑翔机。查纽特的助手曾驾驶它进行了700次安全的滑翔飞行，最远距离为120米。

美国的查纽特研制的双翼滑翔机

李林达尔等人的滑翔机试验产生的影响十分深远。但由于他和皮尔彻相继因试飞滑翔机献出了生命，又为欧洲航空的发展蒙上了一层阴影。在19世纪最后两年，欧洲重于空气飞行器的发展几乎陷入停顿状态，人们的热情似乎彻底磨灭了。然而美国却异军突起，肩负起了飞机发明的最后重任。最终，莱特兄弟遵循滑翔飞行之路成功发明了飞机。

美国兰利功亏一篑

兰利是莱特兄弟之前最接近发明成功飞机的人。那么，他取得了什么样的成就，又存在哪些不足呢？

在航空史上，兰利是一位很有争议的人物。19世纪90年代后期，他的航空研究工作不为一般人所了解；20世纪以后，他的航空研究成就得不到正确的评价。实际上，他是一位无论在唤起人们对航空的兴趣，还是在航空基本理论研究及设计实践上都做出很大贡献的伟大先驱者。他是为数不多的研究航空问题的职业科学家之一；他是少数在理论和实践结合的基础上研制飞行器的人之一；他是在莱特兄弟之前最接近发明成功动力飞机的人。

美国航空先驱兰利

塞谬尔·兰利1834年8月22日生于美国的马萨诸塞州，1906年2月27日在南卡罗来纳州的埃肯逝世。兰利年轻时是一位铁路勘测和土木工程师，后来靠顽强自学，成为一个在数学、天文学、物理学领域都具有良好造诣的人。兰利很小就对鸟的飞行产生了极大的兴趣，曾经带着奇异的思绪观看鹰的美妙飞行。1886年，他开始认真研究飞行问题。为此，他设计了旋臂机并进行空气动力学实验，研究平板和鸟翼在空气中运动产生升力和空气阻力的规律。由此他得出了许多定量的结论，也指出了前人包括牛顿的错误结论。他得出了平板升力规律：升力与平板面积成正比，与速度平方成正比，与迎角的正弦成正比。

1891年，他把这些研究结果总结写成《空气动力学试验》一书，在华盛顿史密森研究院出版。这是较早的航空基础理论著作之一，受到查纽特和兰彻斯特等人的高度评价。兰利在书中明确地说："通过过去几年的研究结果，我认为，可以制造出一种机器，当它的倾斜平面以一定的速度运动时，完全能够在空气中支持比空气重得多的全部机器，并且能够以极高的速度飞行"，而且"这种机器不仅在理论上是可能的，在工程上也是可以实现的”。这一明确结论对航空研究者无疑是巨大的鼓励。

兰利在理论研究的同时，开始进行实际的设计工作。他首先着重解决的一是动力问题，二是机翼（升力面）问题。到 1901 年，他先后制造了大约 40 架模型，有单翼、双翼、平面翼、弯曲翼等各种机翼布局。1891 年 3 月 28 日，他的一架橡筋动力模型进行了成功的飞行，取得的比较好的结果是留空时间为 8 秒，飞行距离 30 多米。

但橡筋动力模型太小，飞行不稳，动力不足，飞行时间很短，因此兰利开始研究更好的动力装置。他研究了各种动力装置，还实验测量了各种燃料所含的能量。这些燃料包括酒精、汽油、火药等；动力装置包括压缩空气式、碳酸气式电池，蒸汽机和汽油机等。最后，他把精力集中在蒸汽机飞机模型上，他称之为空中旅行者。他设计的第一架“空中旅行者”模型编号为第 0 号，总质量约 22 千克，发动机的设计功率为 0.746 千瓦。尔后他又设计了第 1、2、3 号“空中旅行者”，但都因发动机功率不足而放弃了。

兰利研制的四分之一比例飞机模型试飞成功

1894 年兰利设计了第 5 号飞机模型，采用了前后安装的两副机翼。1894 年 5 月 8 日和 6 月 7 日，第 5 号模型进行了飞行试验，但未获成功。10 月 25 日和 11 月 21 日，它在试验中只飞行了 5～7 秒。其后他又对发动机和结构进行了改进。1895 年 5 月 9 日，第 5 号“空中旅行者”模型在试验时，飞行了近 40 米远，留空时间 7.2 秒。1896 年 5 月 6 日的下午，第 5 号模型飞机进行了一次非常成功的飞行。它上升到约 20 米的高度，飞行距离达 760 米，飞行轨迹是螺旋状的，一共飞了 3 圈。那天在场观看飞行的还有著名发明家亚历山大·贝尔。11 月 28 日，第 6 号模型飞机进行了非常成功的飞行。它的留空时间长达 2 分 45 秒，飞行了 1 500 米，经历了数次下滑和上升以及转弯飞行，直线飞行距离超过 520 米。

兰利完成了动力模型飞行试验，证明了重于空气飞行器的可能性后，准备放弃进一步发展载人动力飞机的工作，而留待后人研究。美国西班牙战争爆发后，美国总统威廉·麦金利指定美国陆军和海军成立专门机构，考察兰利的试验工作并研究“制造能用于战争的全尺寸载人飞行机器的可能性”。他指示兰利承担大的“空中旅行者”的研究、制造和试验工作，提供 50 000 美元的经费，同时，史密森研究院也提供了 20 000 美元经费。

兰利在设计载人“空中旅行者”过程中，遇到的第一个重大问题是没有可用的发动机。兰利在美国进行了多方面的考察，最后，同纽约的发动机设计师巴尔采尔签订了生产功率为 8.9 千瓦，质量不超过 45 千克的发动机合同。但巴尔采尔花费了许多资金研制出的发动机，性能不稳定，也达不到要求的指标。最后曼利承担了这项任务。他借鉴了巴尔采尔设计的旋转式发动机的某些部件设计和有价值的特点。最终，他于 1902 年完成并试验了新型 5 缸星型水冷式汽油机，其功率达到 38.8 千瓦，质量只有 86 千克。

兰利研制的全尺寸飞机准备进行飞行试验

载人的"空中旅行者"全尺寸数据为：机长 15.84 米，翼展 14.63 米，翼面积 96.6 平方米；垂直安定面面积为 17.65 平方米；飞机总质量约 331 千克。

1903 年 10 月 7 日，曼利驾驶"空中旅行者"飞机在波托马克河上进行首次飞行试验。采用的起飞方式是在一艘船上安装一个吊挂的弹射装置，飞机沿这个装置向前上方弹射而出。大约在午间 12 点，发动机点火并检验工作正常后，弹射装置释放并将飞机弹出。这时，只见"空中旅行者"倒栽葱式头部朝下直扑河面，曼利挣扎着逃出水面。新闻记者立刻围住曼利，要求解答一个个问题。曼利简要地说明了试验的情况，并指出这次试验没有取得成功的原因是由于在弹射时飞机尾部的张线挂在了发射架上。

1903 年 12 月 8 日，修复后的"空中旅行者"再次进行了试验。这次仍然没有取得成功。据目击者声称，机身后部碰到了发射架。曼利说他在飞机弹射后感到尾部出现了强烈摇摆。整个飞机头部上仰，在一股风的吹动下立刻呈垂直状态。曼利在操纵舵面时飞机毫无反应。结果飞机尾部折断，垂直落入水中。

这次试验失败后，美国陆军和海军军械局写了一份措词谨慎的报告，指出这架飞机的设计基本是正确的，稳定性良好。同时还指出，鉴于即使飞机试飞能够取得成功，其价值也不是很大，因此建议中止政府资助。由于兰利的试验完全是公开进行的，他的每一次失败都遭到新闻界的大肆嘲笑。如果兰利的工作能够做到保密，而没有外界干扰的影响，政府的财政支持可能不会终止，这样兰利的工作就能得以继续，那么他取得最后成功不是不可能的。兰利在美国是个十分有名的科学家，他的一言一行都可能成为人们关注的焦点，这实际上对研究和试验工作是不利的。从这个意义上说，莱特兄弟比他幸运得多。

兰利飞机在弹射试飞过程中失败

兰利在 1904 年给史密森研究院的年度报告中，详细描述和分析了这两次试验的情况。他最后指出，它们不能被看作是失败，因为问题出在发射装置上，而不是飞行器本身。

官方取消财政支持以及新闻界的批评和嘲笑，极大地刺伤了兰利的心。两年后即 1906 年 2 月 27 日，这位伟大的航空先驱者默默地离开了人世，享年 72 岁。

兰利是一位伟大的航空先驱者。他在航空学理论、设计、试验方面，以及在唤起人们对重于空气飞行器的信心方面都做出了巨大贡献。他虽然没有最终完成载人飞机的发明工作，但他在航空发展史上取得的成就和做出的贡献是伟大的。

莱特兄弟终获成功

在经过几代人的不懈努力和失败后，莱特兄弟最终成功发明飞机。作为飞机的真正发明者，莱特兄弟的创举体现在哪些方面，他们取得成功的秘诀是什么?

1903年12月17日是人类历史上意义深远的日子。在美国北卡罗来纳州的基蒂·霍克发生了一件永远载入人类史册的伟大事件：飞机诞生了！

那天清晨，天气阴冷，寒风刺骨。威尔伯·莱特和奥维尔·莱特兄弟俩早早起床了。上午10点左右，他们请来附近救生站的三个人以及另外两人，还有一名男孩帮助搬运飞机，安装起飞滑轨，并为飞机试飞作证。上午11时左右，奥维尔·莱特作第一次试飞。“飞行者”1号的发动机暖机后，奥维尔在飞机上俯伏就位。这架样子奇特的飞机没有起落架，用弹射装置驱动辅助起飞。发动

1903年12月17日莱特兄弟“飞行者”1号飞机试飞成功

机启动后，飞机开始向前滑跑。一开始滑跑得很慢，由于当天风速很大，威尔伯·莱特一只手扶着飞机翼尖跟着奔跑，使飞机稳定，直到飞机获得足够的速度，能够有效地操纵为止。接着，滑行速度越来越快，奥维尔·莱特驾驶“飞行者”1号终于成功地飞上了天空。“飞行者”1号首次飞行留空的时间很短，只有12秒，飞了约36.6米远，但这是一项伟大的成就：它是人类历史上第一次有动

力、载人、持续、稳定、可操纵的重于空气飞行器的首次成功飞行，具有深远的历史意义，为人类征服天空揭开了新的一页，也标志着飞机终于发明成功。

莱特兄弟用了比许多先驱者少得多的时间研制成功动力飞机，这是非常耐人寻味的。一方面由于时机已经成熟；另一方面，也许更为重要的是他们研制飞机完全遵循了科学的道路。这一点和众多航空先驱者不同。莱特兄弟有丰富的机械设计经验，动手能力很强，他们把飞机研制当作一项极为困难的任务循序渐进地进行，他们有效地运用了前人的成果并加以鉴别，同时结合了自己的实验研究成果。他们把理论、设计和试验完善地结合起来，最终取得了成功。这些都是他们高于许多航空先驱者之处。

莱特兄弟自小喜好新奇的事物，他们的青少年时代生活丰富多彩。他们创办过报纸、杂志，玩过竹蜻蜓，制作、放飞、改进过风筝。成年后他们开始创业，修理、设计、制造自行车。这些活动使他们积累了丰富的机械知识和技能。

威尔伯和奥维尔在家中排行老三和老四。他们两人的性格并不相同，但两人的关系非常好，几乎形影不离，合作也非常融洽。在飞机发明过程中，每一个想法、每一个部件和每一件工作都无法分出是谁具体做出的，而是二人合作的结果。威尔伯·莱特在 1912 年 5 月 30 日去世前不久曾说："从很小的时候开始，我弟弟奥维尔就和我生活在一起，玩耍在一起，工作在一起，事实上思考也在一起……在我们生活中所做的几乎每一件事都是我们交流、商量和讨论的结果。"正因为他们俩在后来的合作中几乎像一个人一样，所以许多人都这样认为：如果他们中只有一个进行飞机研制的话，那么飞机可能不会诞生于他们任何一个人之手。

李林达尔 1896 年因滑翔失事牺牲的消息促使莱特兄弟对航空和飞行问题给予了极大的关注。他们当时想了解的是：人类在飞机发明的道路上已经做了哪些工作？为什么会发生那么多死亡事故？困难究竟出现在什么地方？于是，他们找来能够找到的书试图找到答案。他们开始并没有奢望能解决前人无法解决的问题，成功地发明飞机，只是出于一种好奇。但当他们对飞行问题了解得越深入，就越加着迷，以至于后来越陷越深，不愿放弃了。到最后他们放弃了一切活动而专心于飞机的研究和设计了。

在开始认真对待飞行问题后，他们便发觉问题不那么简单。他们回忆说："我们无法理解，究竟有什么秘密使一只鸟能够飞行？而人为什么就不能制造和使用更大些的类似装置？"威尔伯·莱特说，当时对我们来说，并没有什么飞行艺术，而"只有飞行问题"。1899 年 5 月，威尔伯·莱特写信给史密森研究院，索取与航空有关的资料。他在信中表达了他们对飞机最终会发明成功的信心。信中写道："我的观察……使我坚信人类飞行是可能的，也是现实的……我准备以实际的工作系统地进行这一课题的研究。"

史密森研究院给他们提供了一张清单，有查纽特的《飞行机器的发展》、兰利的《空气动力学试验》、李林达尔的《作为航空基础的鸟类飞行》以及《航空年鉴》。在仔细阅读有关文献后，他们“惊奇地发现，在人的飞行问题上已经花费了大量时间和金钱，而且有那么多杰出的科学家和发明家都在这方面进行过研究”。对他们帮助最大的文献是《航空年鉴》和《飞行机器的发展》。他们甚至还把《飞行机器的发展》称做是航空学的《圣经》。

对他们而言这些历史文献起到了极好的引路作用。他们回忆说，通过研究这些资料，他们至少在两个方面获得了重大教益：一是学到了许多基本的也是比较系统的航空知识，特别是设计飞机所必须的基本部件和空气动力学知识，使他们一开始就有了较高的起点，避免了走很多弯路；二是他们认识到飞机研究所面临的困难，以及飞机研究所应采取的正确道路。

莱特兄弟利用自行车进行机翼翼型试验

在莱特兄弟之前，探索动力飞机的人很多，虽然没有取得最终成功，但积累了大量有益成果。先驱者们在飞机结构、空气动力学、升力与阻力关系、平衡与操纵、发动机等各方面已经取得了程度不同的突破。他们认识到，之所以还没有人能够制造出一架能够持续飞行的飞机，是因为他们往往都只关注飞机的某一个或几个方面问题，并孤立地看待和解决这些问题，而没有从整体上，从一架完整飞机的角度上寻求解决的办法。也就是说，这些先驱者也许是某一方面的专家，但他们不懂得或忽视了各环节之间的协调关系，没有真正用整体的观念看待飞机设计问题。一句话，他们都称不上是飞机设计师。

在短短的两个多月中，他们完全弄清了一架成功的飞机所应具备的三要素：升举、推进和控制。对于这三要素，在过去一百年间几乎没有一个人从整体上对待和协调解决。清楚地认识到这些问题使他们在航空研究的一开始就在思想和方法上比许多航空先驱者都高了一筹。

通过学习，他们越来越感到解决飞机的平衡问题是关键中的关键。1899 年 7 月，他们在长期对鸟进行观察的基础上，发明了机翼翼尖翘曲平衡与操纵方法，即通过两个翼尖向不同方向的扭曲改变气动力实现飞机的稳定与操纵。

1900 年 9 月，莱特兄弟设计制造了第一架全尺寸双翼滑翔机，采用的是李林达尔提供的升力数据。他们在试飞时发现，滑翔机升力太小，载人时根本飞不起来。1900 年冬天，莱特兄弟又制造了第二架滑翔机，增大了机翼面积。1901 年 7 月 27 日，第二架滑翔机在基蒂·霍克进行了试验，性能比第一架有了较大提高，滑翔飞行的最大距离达130米。但莱特兄弟并没有因此而满足。他们把性能仍不理想的原因归结为机翼升力数据不准确。于是他们决定单独进行机翼翼型实验，以确定升力和阻力方面的数据。1901年9月至1902年8月，他们用自制风洞进行机翼翼型和升力特性试验。利用新的数据，1902年8月至9月他们又制造了第三架滑翔机。机翼翼展为9.08米，机翼面积93平方米。1902年9月末，第三架滑翔机由奥维尔·莱特驾驶进行了首次滑翔飞行，取得了成功。在进行了多次试验后，他们决定加装垂直方向舵。此后的飞行试验取得很大成功，前后共飞行了700余次，滑翔飞行稳定、安全，能操纵左右转弯。

滑翔机试验取得的极大成功表明，莱特兄弟已经解决了飞机发明的几大关键问题：升力、稳定与操纵、驾驶，剩下的就是发动机了。1902年底，威尔伯·莱特在一封给查纽特的信中，谈到了他们今后的打算。威尔伯说：“我们的意图是，明年制造一架比目前这一架大得多的飞行器，差不多有这架的两倍重。我们准备用它来解决重型飞机的起飞和操纵问题。如果在飞行中它的操纵令人满意，接着我们就将在这架飞行器上安装一台发动机。”

莱特兄弟进行滑翔机试验

设计动力飞机的最后难关便是轻型大功率发动机和螺旋桨。按照他们的设计，载人飞机总质量约283千克，发动机最小功率应达到6千瓦，自身质量不能超过89千克。莱特兄弟向几家发动机制造厂写信求助，但都被拒绝。无奈他们决定自己动手制造。莱特自行车公司技师查理·泰勒在发动机制造上发挥了主要作用。泰勒设计了一台四缸水冷式汽油发动机。它最初只能工作1～2分钟，功率6.75千瓦。在进行气缸润滑后，性能有了较大提高，稳定功率9千瓦，最大功率可达12千瓦。这台发动机的质量只有75千克，大大超过了他们预期提出的指标。

螺旋桨也完全是他们自行设计的，通过试验他们选择了螺旋桨形状。最后制造的螺旋桨直径为2.59米。两副螺旋桨分别安装在机翼后方两侧，通过链条同发动机转轴相连。

莱特兄弟设计的第一架动力飞机被命名为“飞行者”1号，翼展12.3米，机翼面积47.4平方米，机身长6.43米，连同驾驶员在内飞机总质量约为360千克。它的基本结构同第三架滑翔机相似：双翼结构，前面有两只升降舵，后面有两只方向舵，操纵的绳索集中连在操纵手柄上。发动机安装在下机翼中部。驾驶员趴在发动机旁边进行操纵。飞机采用轨道滑行辅助起飞方式。

1903年9月，莱特兄弟携带“飞行者”1号来到基蒂·霍克。由于工作棚受损、螺旋桨轴损坏等原因耽搁了一些时间，直到12月12日试飞准备工作才得已就绪。12月14日，他们打算把飞机搬到小山上，准备依靠向下滑跑辅助起飞，以补偿风力的不足。威尔伯驾驶“飞行者”1号沿轨道滑行进行首次试飞。飞机过早地升起，转弯过头，机头一直上仰，最后出现失速落回地面，摔坏了一根滑橇。飞行持续了3.5秒时间，跃飞了32米，成绩很不理想，而且是沿山坡下滑，不能证明飞机具有平地起飞能力，因而莱特兄弟坚决否认这是他们的第一次动力飞行试验。

莱特兄弟研制的实用飞机——“飞行者”3号

1903年12月17日，“飞行者”1号再次试飞时终于取得了成功。它以其有动力、载人、可操纵、持续飞行为特征，标志着飞机终于发明成功，揭开了航空史的新篇章。当天，威尔伯驾驶“飞行者”1号作了第二次飞行，也取得了成功，留空时间约11秒，飞行距离约60米。奥维尔作了第三次飞行，留空时间15秒，飞行距离61米。第四次也是当天最后一次飞行，由威尔伯驾驶，也取得了成功并创造了当天的最好成绩：留空时间59秒，飞行距离260米。

1904年1月～5月，莱特兄弟制造了“飞行者”2号。当年5月23日到12月9日间，“飞行者”2号总共飞行了105次，累计时间约45分钟，最长的一次飞行了5分钟，飞行距离4.4千米。1905年6月“飞行者”3号制造完毕，试验于6月23日至10月16日间在霍夫曼草原进行。这架飞机的性能远远超过了前两架。在先后50次飞行中，10月5日的最后一次飞行成绩最好，持续飞行了38分钟，距离达38.6千米，速度达60千米每小时。试飞表明，“飞行者”3号已具有重复起降能力、倾斜飞行能力、转弯和圆周飞行能力、8字飞行能力。能进行这些复杂的机动飞行表明，“飞行者”3号已具备了实用性，因此被看作是第一架实用动力飞机。

1906年，莱特的飞机获得了专利。1907年春，莱特兄弟又制造了一架新飞机。威尔伯·莱特携带这架飞机来到欧洲，商谈专利仿制事宜，但未取得成功。1907年12月23日，美国政府有意同莱特兄弟签订制造一架飞机的合同。1908年2月，美国国防部同意观看莱特兄弟的飞行表演并于3月与莱特兄弟签订了制造飞机的协议。这样，莱特兄弟决定分别在美国和欧洲进行公开飞行表演。在欧、美两地的飞行表演吸引了成千上万的观众，一时间激起了公众对航空的极大热情，激发了欧洲人对航空的热爱，唤起了更多的人投身航空事业。莱特兄弟和他们的伟大成就终于得到欧洲和美国的广泛承认。他们成了全球瞩目的英雄式的人物。英国航空学会秘书甚至说："莱特兄弟掌握了能操纵各个国家命运的力量……"的确，他们的伟大发明预示了人类交通运输历史的一场革命，是人类征服自然取得的又一伟大胜利。莱特开创了航空新时代，他们的名字永远同飞机联系在一起。

欧洲天空百机竞飞

受莱特兄弟的巨大影响，20 世纪初在欧洲出现了飞机设计、制作和试飞的热潮。一时间，欧洲的天空成为飞机频繁飞行的场所，航空发展步伐大大加快了。

李林达尔因滑翔事故牺牲，给欧洲飞机发展带来沉重打击。19 世纪末和 20 世纪头几年，兰利和莱特兄弟研制试验飞机之举，对欧洲特别是法国的航空先驱者产生了强烈的刺激和影响。出于一种民族情绪和自尊心的激励，法国开始了新一阶段的飞机研制和试验。他们从仿制莱特兄弟的滑翔机开始，并进而结合了欧洲自己的技术传统，取得了一定成就。他们的工作对复兴欧洲航空产生了极大的促进作用。

法国人阿克迪康和伏瓦辛 1905 年研制的水上滑翔机

受莱特兄弟的激励，费尔伯、阿克迪康、埃斯诺-贝尔特利纷纷开始仿制莱特滑翔机。由于莱特滑翔机的操纵机构过于复杂，他们仿制的滑翔机都不太成功，但影响却很大。在他们的引导下，夏布里埃·伏瓦辛、布雷盖、布莱里奥等人走了飞机研制之路。

伏瓦辛对欧洲航空大发展做出了杰出贡献。他最初是在费尔伯和阿克迪康的影响下从事航空研究和试验的。1904 年，在费尔伯的指导下，伏瓦辛驾驶阿克迪康制造的莱特式滑翔机进行了试飞,没有取得很大成功。于是他同阿克迪康一道对它进行了改进,制造了第二架滑翔机。1905 年 3 月 26 日,这架滑翔机进行了不载人飞行试验,未获成功。4 月 2 日,修复后的滑翔机又进行了一次试验,效果也不理想。他于 1905 年又设计制造了浮筒式滑翔机,飞行距离 150 米。1905 年 7 月 18 日,滑翔机又进行了第二次飞行试验,滑翔距离达 300 米。伏瓦辛在 1905 年还同路易·布莱里奥合作研制过浮筒式滑翔机,但成就不大。

1906 年在欧洲航空史上是成就卓著的一年。首先 1906 年 1 月的法国《航空爱好者》杂志刊登了莱特兄弟飞机专利的主要内容,平息了欧洲关于莱特兄弟是否真正取得成功的争论。其次,欧洲通过专利说明了解到莱特飞机机翼翘曲结构的意义。另外,同样具有深远意义的是,法国的列昂·拉瓦瓦索欧研制的著名发动机“安东尼特式”18 千瓦和 37 千瓦功率型问世。它对欧洲第一架飞机的诞生和实用化发展做出了巨大贡献。

桑托·杜蒙设计研制的欧洲第一架飞机——14 比斯飞机

经过几年的实践,欧洲航空已经形成了自己的模式,克服了莱特兄弟飞机的缺点。这些重要突破有:完全抛弃了莱特式飞机的固有不稳定结构模式;继承和发展了凯利开创的固有稳定技术;抛弃了莱特兄弟的前向升降舵、后向方向舵模式,继承和发展了尾翼组件结构;研制成功实用的航空动力装置。有了这些重要的技术基础,飞机发展工作终于走上了正轨。最后,欧洲第一架动力载人飞机的研制工作由阿尔贝托·桑托·杜蒙完成了。

在 19 世纪末和 20 世纪初,桑托·杜蒙的名字在欧洲可以说是家喻户晓。研制和试飞飞艇取得的成就早已使他扬名四海。1904 年他造出了第 7 号飞艇,1905 年他又制造了第 14 号飞艇,它虽然不大,但飞行速度却很快。大约在这一时期,桑托·杜蒙开始研制飞机。他于 1906 年春制造了一架直升机,用两副水平安装的螺旋桨作旋翼,但试飞没有成功。

1906 夏,桑托·杜蒙制造了第一架动力飞机,取名“捕猎鸟”。“捕猎鸟”飞机没有多少创新,却充分显示出桑托·杜蒙的发明天才。他把莱特飞机、哈格里夫盒式风筝、伏瓦辛水上滑翔机、埃斯诺-贝尔特利的副翼的优点集中起来,构成了当时来说是非常完美的机型:机翼在前、盒式风筝式机翼和尾翼、带有上反角的机翼、双叶螺旋桨、张线式加强索。“捕猎鸟”的首次飞行是由第 14 号飞艇携带进行的，因此获得了新的名称——“14 比斯”，意味着它是 14 号飞艇的兄弟。1906 年 9 月 13 日，桑托·杜蒙驾驶 14 比斯进行了第二次试飞。在换装了 37 千瓦的安东尼特 8 缸水冷 V 型发动机后，1906 年 11 月 12 日，桑托·杜蒙驾驶它成功地进行了欧洲首次持续、有动力、可操纵的飞行，产生了深远影响。

半年后，桑托·杜蒙又制造了第二架飞机。1907 年在试飞时，发生了事故。桑托·杜蒙本人没有受伤。1907 年他制造了一架“飞机飞艇组合式”的航空器，可惜它被毁于地面。当年 11 月，他研制了一架尺寸很小的飞机，翼展仅 5 米，取名“蜻蜓”。它的速度竟达到 97 千米每小时，具颇为机动灵活。杜蒙声明，他不申请专利，任何人都可以仿制。

1907—1909 年短短 3 年间，飞机的发展极为迅速。过去，航空先驱们完全是在充满未知的道路上探索。现在有了各方面的样板可以借鉴，甚至可以直接花钱购买某些部件用于飞机研制。这样，飞机的发展加快了，新的技术不断得到采用，飞机的性能越来越好。在这种形势下，新的研究和试验者纷纷加入这个充满生机的领域。于是，在 1907—1909 年间，欧洲和世界航空发展进入了一个前所未有的新阶段。1907 年，伏瓦辛兄弟俩创办了第一个飞机研制工厂，标志着“飞机工业”诞生了。

14 比斯飞机 1906 年飞行试验成功

1908 年 10 月 16 日，卡第驾驶双翼机在范堡罗进行了英国第一次正式的动力飞机飞行，飞机留空时间 27 秒，飞行距离约 460 米。这一成就使他成为英国航空界非常有名的重要人物。阿·维·罗伊在 1908 年也驾驶自制飞机试飞成功。在美国，受莱特兄弟的影响，一批飞机爱好者走上航空舞台。1908 年，电话发明人贝尔、寇蒂斯和其他人一道创立了“航空试验协会”，开始研制飞机。经过几年的锻炼，寇蒂斯成长为出色的飞机设计师。在航空领域，他活跃的一生中创造了许多第一。例如，他在美国开办了世界第一家飞行学校，在航空早期阶段训练了不少飞行员；他是第一位对水上飞机感兴趣并做出很大贡献的专家；他首次提出航空母舰设想，并且最早开始了试验，被人们誉为海军航空之父。

1909 年 7 月 25 日凌晨 04:35，布莱里奥驾驶“布莱里奥”11 型飞机从法国飞越英吉利海峡到达英国，用大约 36 分钟时间飞行了 41.9 千米，完成了飞机的第一次国际间飞行，具有巨大的科学和军事意义。

1909 年 8 月 22 日，在法国兰斯举行了第一次大型航空博览会。这次博览会共有23架飞机参加飞行竞赛，会上设立了飞行速度、飞行距离和续航时间三项大奖。这次是飞机的首次竞赛。兰斯航空博览会确实标志着航空发展的一个阶段的结束，是航空技术成果的一次大检阅。参展的共有38架各种飞机，有23架进行了飞行，飞行120次，有87次飞行距离超过5千米，最长的一次达180千米。在这次博览会上，除了飞行表演外，还有速度和高度竞赛。高度竞赛由拉汉姆取得冠军。他驾驶安东尼特飞机飞达155米高度。寇蒂斯驾驶"金鸟"号飞机赢得平均飞行速度大奖，平均速度为75.8千米每小时。最大飞行速度奖则被布莱里奥夺得，他驾驶单翼机飞出了97千米每小时的高速度。飞行家在大约50万参观者面前作了激动人心的飞行表演。一批批飞机环绕着标杆，以大约60千米每小时的速度，几十米的高度穿梭飞行。这种前所未有的场面对于推动航空的发展和深入人心起到了良好的作用，对技术交流也起到重要推动。

1909年至1910年间，欧美又涌现一批性能优良的飞机。值得指出的是，水上飞机也在这一时期出现。1909年，法国的法布尔设计了一架水上飞机，但试飞时没有飞起来。他又设计了第二架水上飞机，并把它命名为"水机"。1910年3月28日，法布尔在马赛附近驾驶"水机"作了一次飞行。飞机不但顺利升空，而且以60千米每小时的速度飞了约500米。

法国布雷里奥1909年驾驶"布雷里奥"11型飞机飞越英吉利海峡成功

飞机经过改进、试验和应用探索，开始向大型化方向发展。1913年，著名飞机设计家西科尔斯基设计制造成功世界第一架大型多发动机飞机"俄罗斯勇士"号，总质量达5 000千克，能载飞行员1名，旅客8名，最多时可载客16名。它的续航时间为7小时45分，最大速度为95千米每小时。飞机座舱布置豪华，有带玻璃窗的封闭式座舱、洗手间、电灯和取暖设备。西科尔斯基后来又设计了"伊利亚·穆罗梅茨"号，飞机的翼展31米，总质量5.6吨，最大速度115千米每小时，限续航时间6小时。1914年2月11日，它载16名乘客作了一次成功的飞行。

从1903年到1913年，在各国飞机设计师、制造商、飞行家研制飞机并进行飞行竞赛、空中表演、空中游览、各种飞行试验的同时，飞机技术也一直在不断地向前发展。10年的时间是短暂的，但发展的速度却异常惊人。1903年飞机还像一只走路摇摇摆摆的小鸭子，到了1909年，飞机则像是凌空自由翱翔的大

1909年法国兰斯航空博览会的飞行表演

雁。到了1913年，飞机的各项性能指标都翻了一番以上。另外，在这10年当中，飞机的应用价值和潜力不断得到挖掘，其意义已经远远超过飞艇。很快，第一次世界大战的爆发将飞机推上了军用舞台。它不再是娱乐工具，而成为极为可怕的武器了。

活塞时代

飞机发明成功的前 10 年，各国都在不断研制新飞机。在进行飞行竞赛、空中表演、空中游览、飞行试验的同时，人们也在不断挖掘它的实用价值。

欧美很早就开始了航空军事理论研究，并开展了大量飞机作战试验。第一次世界大战的爆发将飞机真正推上了军事历史舞台。第一次世界大战不但使飞机各方面的性能有了大幅度的提高和改善，确立了飞机作为武器的历史地位，也使航空科研、设计、制造、使用体系更加完善。

20 世纪 30 年代前后，航空技术的重大突破主要包括全金属结构、单翼布局、应力蒙皮技术、可收放起落架、变矩螺旋桨、发动机涡轮增压技术，及空气动力学上的增升装置、新型翼型以及减阻技术等。这些技术的使用对降低飞机阻力、提高飞行速度、改善飞机适应性、增大飞机尺寸和提高载重十分有利。

第二次世界大战期间，作战飞机发挥了巨大作用，在太平洋战场上，更是决定战争胜负的主要力量。由于飞机威力巨大，一时间，其生产数量之大，也可谓空前绝后。据统计，英、德、美、苏等国在第二次世界大战期间共计生产了 50 万架各类飞机。

第二次世界大战结束前，航空技术以活塞动力为基本特征。在此基础上，通过改进材料、改进机翼设计以及完善仪表技术等实现飞机性能的提高。但是，活塞式发动机具有体积大、质量大、功率低、故障率高等许多天然的缺陷。由于必须通过螺旋桨产生推动力，极大地影响了飞机速度的进一步提高。所以第二次世界大战的结束也意味着飞机的活塞时代走到了尽头，代之而来的将是喷气技术革命。

军事理论由地及天

飞机究竟有什么用途？军事学家首先看到它可能用于侦察、轰炸、空中指挥等方面。于是，航空军事理论出现了，天空也成了军事学家倍加关注的新战场。

人类的历史始终与战争相伴。人类创造的许多发明都用在了军事上：青铜、铁器、弓箭、火药、火箭、船只等，都在战争中得到广泛的运用。这些发明改变了战争的面貌，也在战争中不断得到完善。

第一次世界大战末期英国使用的 V /1500 大型轰炸机

早期的战争基本都是地面战争，交战双方在战场上面对面地实行肉搏战，经常是场面残酷，但作战的效能并不高。在冷兵器和早期热兵器时代，兵力的多少是获胜的关键因素，武器的作用在其次。那时，前方交战可能十分激烈，但相距不远的后方就很安全，因为所用的武器都是近距离的，如果不将近前的敌人彻底击溃就无法深入敌人后方。

然而，飞行突破了地面的局限。鸟儿可以自由自在地从空中到达另一个地方，可以不依靠船只越过江河，往来速度可以轻易地超过任何地上的走兽。这种高超的本领必定令人们羡慕不已。于是，在人类对飞行问题还所知甚少之时，便幻想借助飞行造福自身或用于战争。古代舜帝借羽衣从空中逃生，张良

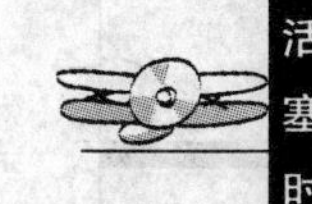

乘风筝进行空中侦察，代达罗斯用翅膀从孤岛逃生，威兰德用羽衣升空把仇人从高处摔死，都体现了“航空军事思想”。由于飞行突破了人类身体条件的束缚，可实现在空中活动，因此它的价值是显而易见的。古代流传下来的许多有关飞行的神话和传说，往往都与军事和战争有关，其表现是空中侦察、空中大战和空中逃生等等。这些传说故事后来也对航空军事思想的形成产生了一定影响。

首次论述航空军事思想的人也许是17世纪的德·拉纳一特尔奇，他是一位牧师。他曾依据浮力定律天才地设计出气球式飞行器——空气舟。他设想将4只直径6米的铜球抽成真空，可以产生很大的浮力使空气舟上升到空中。他指出，如果空气舟能够制成，可能会产生巨大的破坏力，包括军事入侵，从空中摧毁堡垒、舰队和城市。在描述空气舟的作战方式后，德·拉纳提出：“上帝不会允许这样一种发明问世，原因是它将会引起人类社会文明的混乱和不安定。上帝不希望看到任何城市在这样的攻击下被摧毁，因为我们的空气舟能在任何时候直接飞临城市上空，空降武器和士兵；房屋和海上船只也同样会受到这种攻击，因为我们的空气舟能从空中降落到海上船只上……它能颠覆船只，杀死船上人员，利用人工火器和火球将其焚毁。这样的空中攻击不仅可以对准船只，而且还可威胁大型建筑、堡垒和城市，攻击者由于在高空远离炮火所及的范围之外投掷火器因而是安全的，而被攻击的地面目标却完全无力防御。”德·拉纳的这段议论预言了军事航空可能的作战方式。

第一次世界大战末期英国使用的SE-5战斗机

在德·拉纳之后不久，意大利一位牧师也预言到气球可能用于对城市、建筑物和船只进行空中攻击。他还提出了对空袭的防御方法。他指出：英国为了防范气球的空中袭击，采用在地面悬挂大量气球拦截网的方式阻止敌人气球进入或将其击落。有趣的是，英国在第一次世界大战中还真的采用过这种防御措施阻截飞机。

气球出现后，人们同时也在探索它的各种应用。1783年在一本叫《空中帝国的一支气球部队》的书中，讨论了航空气球兵的作战模式。里面的插图十分形象有趣。有一幅画着气球部队空袭的情景：一只只巨大的气球携带着备有战马的骑兵向前线飞去；还有一幅画更有趣：一个法国士兵和一个英国士兵各自背着一只气球在空中斗剑。

在飞机的早期探索中，有许多军人扮演了很重要的角色，如坦卜尔、布里斯、莫扎伊斯基等。马克辛虽不是军人，但他对飞机的兴趣更着眼于飞机的军事应用价值。阿代尔也不是军人，但他却是因为飞机的军事应用潜力而得到政府资助设计飞机的。在飞机还没有诞生的 1893 年，英国的富尔顿首次提出“制空权”概念，并指出：制空权将是未来陆地和空中战争的重要前提。

飞机诞生后，探讨军事航空学的文章和书籍不断出现。由于人们能亲眼看到，甚至亲自驾驶飞机飞行，因而能够了解飞机性能并对其短期发展和可能的应用做出预言，因而讨论军事航空学问题便有了最基本的技术基础。研究工作也能够做到比较准确和系统。应当说，在第一次世界大战前的 10 年，诞生了比较系统的航空军事思想和基本理论。

英国的卡伯是早期著名的航空军事学家。他后来担任了英国范堡罗飞行学校的司令官。1911 年，卡伯发表题为《战争中的飞机》论文。他首先对当时飞机的性能和弱点进行了分析，然后提出了飞机的如下军事应用：空中侦察，空中轰炸，攻击敌人飞机和飞艇，利用机上武器直接攻击地面部队，快速运送指挥官和军事要件。

根据这些应用，他又提出了飞机作战应当考虑的一些因素：炮火和来复枪的影响和可能的攻击；从飞机上进行地面目标观察的精度；从飞机上进行轻武器射击的精度；从飞机上空投炸弹或爆炸物攻击目标的精度；收集到信息的记录和传递问题。

被誉为第一次世界大战最优秀战斗机的英国“骆驼”式战斗机

卡伯指出，对于现代地面火力，飞机很容易受到攻击。减少飞机损失的方式是增加其飞行高度，实施机动。在利用飞机进行空中作战时，首先一定应当考虑飞机能否在敌人地面火力的攻击下保证安全。他考虑到各种可能的因素，包括飞机的性能，敌人火炮和机枪的性能以及作战战术等，最后指出：考虑到所有的因素，可以得出这样的结论，尽管飞行机器的拥有者在飞临敌人阵地上空时总是要冒一定的风险，可能还是很大的风险，但这种风险不会大到使整个国家的利益受到威胁的程度。

1911 年后，英国的迪克逊上校承担了“如何保证英国有足够的空中生存力量”课题的研究。他指出：“在欧洲未来的战争中，双方都将配备大量的飞行中队。每一方都试图获取另一方的情报，隐藏自己部队的行动。每一方都试图努

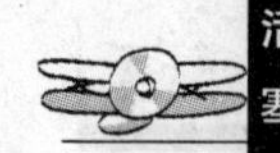

力阻止对方来刺探情报……这不可避免地会导致空中战争，依靠自己武装飞机来消灭另一方，取得空中霸权地位。在未来战争中，夺取空中霸权的战斗将是第一位的，也是最重要的。"迪克逊的这段论述实际上已经隐含了争夺制空权的思想。

英国的兰彻斯特在航空学方面有许多重大成就，包括独立提出了著名的关于机翼升力的环流理论。除此之外，他还广泛研究了军事航空问题，提出了著名的军事运筹学理论框架。早在 1908 年他就指出：制空权至少将与制海权同等重要。1914 年 9 月至 12 月间，他在英国《工程》杂志上发表系列文章，并于 1915 年将这些文章汇集出版，名为《战争中的飞机》。该书详细而系统地论述了军事航空学和航空战术，航空部队的战略和战术运用，飞机武器和武器装备，飞机对地攻击，飞机轰炸，在飞机上装备火箭和鱼雷，飞机反潜等问题。他甚至还在书中讨论了研制航空母舰的可能性和未来应用的问题。他明确地把航空兵作为第四种武装力量，指出独立空军的重要性以及航空兵与海、陆军协同配合作战等问题。

20 世纪初，德国的飞艇技术获得了很大发展，其他国家与之相比深感落后。于是，许多有识之士都呼吁本国政府注意这一动向，敦促发展本国的飞艇和飞机。英国的《每日邮报》还开辟专栏，刊登各种关于飞机、空战、防空方面见解的文章。有人认为，飞机在空中投掷汽油弹很容易摧毁城市；有人指出，飞艇能够在夜间飞临城市上空，实施对地攻击；还有人眼光异常敏锐地指出：应当开展一项"国际限制空中战争"的运动。

飞机是科学家和工程师发明和完善的，但飞机的使用却是他们所不能控制的。在 20 世纪第二个 10 年，特别是在第一次世界大战中，飞机投入了战场。战争的立体化使战争变得更加残酷，破坏性更大，后方平民也不再是安全的了。这个后果是爱好和平的人所不愿看到的，但它的的确确发生了。

广泛试验探索应用

20 世纪最初十几年，尽管飞机性能不高，也极不稳定。但许多有识之士已经开始进行飞机应用的各种试验了——用飞机投弹，用飞机摄影，用飞机侦察，还将飞机引上军舰，原始航空母舰诞生了。

勉强能够在天上摇摇晃晃飞一阵子的飞机究竟有什么用？当然人们的直觉是飞机可用于娱乐、侦察等，但要想发掘飞机的应用潜力，必须进行试验。第一次世界大战前，许多人开始进行飞机的军事应用实践。1910 年 6 月，美国的寇蒂斯在纽约州考卡湖上进行了空投假炸弹试验。1911 年 1 月 7 日，美国的克里斯和帕默利在旧金山从一架莱特式飞机上进行了活性炸弹空投试验。同一年，意大利的圭多尼从自己设计的飞机上首次进行了空中发射鱼雷的试验。1910 年 8 月，美国人费克尔首次进行了空中来复枪射击试验。早期的飞机作战试验千奇百怪。在飞机上空投的武器除炸弹外，还有手榴弹、铁器甚至标枪，也有从飞机上面投掷武器试图击落飞机的。英国的吉布斯、迪克逊和富尔顿在 1910 年进行了多次空中侦察试验。1910 年 8 月，美国人麦克迪驾驶“寇蒂斯”式飞机在纽约成功地进行了首次空中与地面的无线电通信试验。

德国在飞艇技术上大大领先于其他各国，但飞机的发展较慢。德国总参谋部早就考虑先进技术应用于军事上的可能性，并始终关注飞机在可靠性、速度和载重方面的发展。1908 年 10 月 1 日，德国总参谋部成立一个特殊部门，研究先进技术包括航空的发展动向。1910 年 9 月和 10 月，德国进行了飞机在军事应用中的适应性研究，并开始拨款筹建军事航空部门，包括总参谋部军事运输部和军事航空及运输调查局，并计划训练飞行员。1911 年间，德国已拥有 37 架用于军事目的的飞机。

比德国更早，法国国防部早在 1906 年就同莱特兄弟商谈过购买飞机生产许可权的事宜。1908 年，莱特式飞机终于在法国生产。1909 年 7 月 12 日，法国国防部购买了第一架仿制的莱特式飞机。由于种种有利因素，法国的飞机很快在数量和质量上开始领先，同时得到军方的青睐。在兰斯航空展览会上，法国军事首脑和炮兵部都来参观。炮兵部首先认识到飞机的作用之一是为炮兵指示目标和校准弹着点。军事部布伦将军指示炮兵购买飞机进行试验。不久，法国先后出现了几个航空军事部门，并开始各种航空军事试验。当时，法国的飞机生产量相当大，仅 1911 年就生产了 1 350 架；1912 年生产了 1 427 架；1913 年生产了 1 294 架。当然，当时军方采购的并不多。

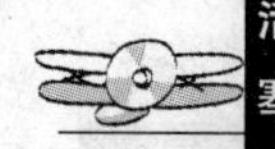

基于多方试验和理论研究成果，英国国防部决定扩大原气球学校的规模，给飞机以试验的机会。1911 年 2 月 28 日，英国国防部成立了隶属于皇家工程师协会的“空中战狮队”。它分成两个部分，一是气球飞艇部队，一是飞机部队，由富尔顿领导。但英国的努力远远不如法、德两国。当看到这两个国家投入大量资金研究和试验飞机时，大英帝国防御委员会于 1911 年 11 月展开是否应保存有相当实力的空中力量的讨论，结论是：应当建立统一的空中力量。这促使英国后来加快了航空兵和飞机的发展步伐。

第一次世界大战爆发前的几次局部战争中，飞机真的投入了实战。1911 年 9 月底爆发的土耳其和意大利战争中，意大利陆军动员 9 架飞机，11 名飞行员组成航空部队参战。9 架飞机中有 2 架“布莱里奥”、2 架“法尔芒”式、3 架“纽波特”式、2 架“鸽”式。1911 年 10 月 23 日，队长皮亚扎上尉驾驶布莱里奥飞机飞往特黎波里与阿齐齐亚之间的土耳其阵地上进行了 1 小时的侦察，揭开了飞机空中侦察的序幕。11 月 1 日，加沃蒂少尉驾驶“鸽”式单翼机在北非塔吉拉绿洲和艾因扎拉地区，向敌军阵地投下了 4 颗各 2 千克重的手榴弹，开创了历史上首次飞机空中轰炸的先例。1912 年 1 月 10 日，意大利飞机投下了数千张传单，规劝当地的阿拉伯人投降。2 月 23 日，皮亚扎利用固定在座椅上的照相机进行了空中照相侦察的试验。

1911 年意军飞行员加沃蒂首次驾驶飞机向土耳其方投掷手榴弹

1912 年，意军投入的飞机更多。1912 年 5 月，意军向战区增调了 35 架飞机。5 月 2 日，第二航空队队长马连戈上尉首次进行了半小时的夜间侦察。6 月 11 日黎明前，他又向土耳其军队进行了夜间轰炸。这次战争中飞机的应用尽管很有限，作战方式也很原始，但却都是飞机在军事上的首次运用，创造了许多个第一，更为军事航空战略战术的发展指明了方向。

1912 年至 1913 年发生的第一次巴尔干战争中，巴尔干同盟（包括：保加利亚、塞尔维亚、希腊和门的内哥罗）和土耳其双方都匆忙购买飞机组建航空部队，进行空中轰炸和侦察。这些国家的飞机都来自法国和德国，飞行员也是由其他国家训练或从国外雇佣的。从实际效果看，飞机在这场战争中的作用并不很大，但却给双方产生了很大的心理威慑。

飞机能够不受地理因素的影响，快速飞往敌人阵地实施攻击。但是，早期飞机飞行时间和距离都很短，难以跨海进行远程作战。如何延长飞机的作战距离呢？方法有两个：一是飞机自身性能的改进和提高；一是通过与船只配合，增加作战半径。美国的寇蒂斯一直在考虑研制水上飞机。1910 年，他曾在“六月甲虫”双翼机上安装浮筒，并重新将其命名为“潜鸟”号。但这架飞机在水上起飞没有成功。受法布尔水上飞机的启发，寇蒂斯于 1911 年又将陆上飞机改成水上飞机。他在机身中部下方安装了一只大浮筒，机翼上各安装一只小浮筒，用于在水面滑行时保持稳定不致翻倒。这架飞机被看作是第一架实用的水上飞机。1911 年 2 月 17 日，寇蒂斯驾驶它访问了停泊在圣迭戈湾的“宾夕法尼亚”号军舰。

1911 年土意战争时意大利使用收音机进行侦察

水上飞机只能在水面上起落，不易同舰船配合行动，互相支援，发挥更大的效能。为了解决这些问题，有识之士便有了航空母舰的设想。1910 年，美国海军想把飞机用于海上侦察。为了进行飞机在军舰上起落试验，在“伯明翰”号巡洋舰上安装了长 25.3 米，宽 8.53 米的木质平台。1910 年 11 月 14 日，尤金·伊利驾驶一架寇蒂斯“金鸟”号双翼机，从平台上起飞，在 4 千米外的韦罗贝岬降落。这样，原始的航空母舰诞生了。

1911 年 1 月 18 日，艾雷又作了一次更为惊人的飞行。这天，他驾机从旧金山海岸起飞，着陆于“宾夕法尼亚”号巡洋舰上特别建造的甲板上。着陆时，他用飞机起落架的钩子正好钩住甲板上预先横越甲板安置的长绳。绳端系有沙袋，起减速作用。飞机拖着沙袋在甲板上滑行了一段短距离后就停住了。现代舰载飞机也正是按照这一原理在航空母舰上着陆的。

短短的几年，新生的飞机已经历了最初军事化的风风雨雨。航空军事思想的建立，军事航空兵的组建和训练，飞机作战飞行试验，局部战争中飞机的首次应用尝试，所有这些都预言了飞机的巨大军事应用潜力，并且在试验和实战中

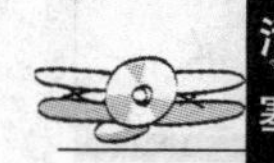

得到了初步证明。可以说，在第一次世界大战前，飞机的军事应用价值已得到了普遍承认。

1911 年美国人艾利驾驶飞机从军舰上起飞，原始航空母舰诞生

但是，持怀疑态度或不同观点的人仍然存在，特别是那些传统的高级将领。例如，法国著名军事家，陆军总司令福煦元帅曾宣称："航空是一种良好的运动，但对于陆军却是无用的。"1914 年 9 月，德国总参谋部的一份报告说："经验表明，像新闻记者和小说家所描绘的那种空中战斗，应当看作不过是神话。飞行员的任务是观察而不是战斗。"无论如何，飞机的技术基础已经建立，航空军事思想已经形成，试验已取得了初步成效，航空军事化已成为不可逆转的也是十分不幸的潮流和趋势了。这在第一次世界大战中充分显露出来了。

飞机参战威力倍增

1914 年，尚属童年的飞机匆忙投入了战场。实战表明，飞机具有地面武装不可比拟的天然优势。飞机可能会彻底改变战争的形式。

1914 年 8 月，第一次世界大战爆发了。战前虽然英、法、德等主要国家已开始筹建空军，注意加强空中力量，购买飞机并进行各种试验，但也未能料到飞机会如此之快地投入大规模作战。因此在大战爆发时，真正意义上的军用飞机尚不存在。战争爆发时，各国军事首脑首先很自然地看到飞机具有两种军事用途，一是空中侦察，二是同炮兵配合校正炮弹落点。其他方面的作用和效果还有待于进一步摸索和验证。

1914 年，法国在本土有 23 个中队，在海外有 4 个中队。每个中队有 6 架飞机。第一线的总兵力大约为 160 架飞机、15 艘飞艇和 200 名飞行员。英国皇家飞行队派往法国的飞机有 73 架。法国利用"莫拉纳一索尔尼埃"单翼机和"法尔芒"双翼机组建了一支侦察机部队。1914 年 9 月英法联军和德军在法国巴黎和凡尔登一线的马恩河会战中，侦察机起到了重要作用。

第一次世界大战德国使用的 VGO-Ⅱ轰炸机

空中侦察对飞机性能有了专门的要求，一是飞行要平稳，并且可携带一名观察员；二是观察精度要尽可能地高。各国都为这两个主要目标进行努力。英

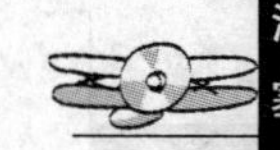

国的格林、德·哈维兰和巴克斯都建议研究飞机的固有空气动力学稳定性，制造出飞行平稳的侦察机。为了提高观察精度并增加信息量，德、法、英都开始在飞机上安装照相机。德国利用其技术优势，还专门研制出用于飞机的侦察照相机。到第一次世界大战最后阶段进行大型攻击作战战役时，德国飞机每天拍摄约 4 000 张侦察照片。这些照片为探明对方的行动、部署，为己方部队的行动提供了大量有用情报。这些改装或专门研制的用于获取情报的飞机就成了侦察机。

法国 MS-N 型战斗机

空中侦察对敌对双方是相互的。正像人们所预言的，双方都要全力阻止对方获取情报。这就不可避免导致空中战斗。最早的空战只是在双方侦察机上展开，由于最初飞机上没有装武器，这种空战便带有非常原始、粗野同时也有着骑士般的风格。例如，英国飞机在攻击德国齐伯林飞艇时，就直接采用撞击的方法。随着空中战争的深化，人们意识到应当在飞机上安装武器，于是便诞生了最初的战斗机或驱逐机。

法国首次在当时使用的侦察机上安装机枪。由于当时还没有供飞行员射击的固定式机枪，所以机枪便装在活动座上，由观察员操纵。1914 年 10 月 5 日，法国飞行员约瑟夫·弗朗茨和观察员路易·凯诺驾驶一架“伏瓦辛”飞机巡逻，发现一架德国飞机正在侦察法军防线。弗朗茨逼近这架飞机，凯诺成功地利用机枪将其击落。这大概就是航空史上第一次真正的空战。

对于战斗机而言，前向射击是有利的，因此推进式飞机在安装前射机枪上具有优势。但大战时推进式飞机由于性能不好已不多见，拉进式飞机由于前射的子弹经常击中螺旋桨桨叶而导致事故。因此早在大战前，法国的雷蒙·索尔尼埃、德国的弗朗茨·施奈德就在设计简单的滑弹板。1915 年，索尔尼埃在他设计的 L 型飞机上安装了机枪，并给木质桨叶包上金属片。这样击中桨叶的子弹反弹向四

第一次世界大战中期英国使用的 FB-5 型战斗机

第一次世界大战中意大利卡布罗尼公司研制的Ca-46轰炸机

周，不致损坏桨叶，其余的子弹可穿过螺旋桨面向前射出。1915年4月1日，法国飞行员罗兰·加罗斯驾驶这种飞机击落了一架德国的“信天翁”式侦察机。尔后，他又以同样方法击落4架德机。加罗斯在十多天内一举击落5架德国飞机，成为第一个王牌飞行员。

1915年，德国福克公司三位工程师发明了更先进的射击协调器。福克公司在M5K飞机上首次装设了射击协调器，将飞机重新命名为“福克E.Ⅰ”。从实战意义上讲，“福克E.Ⅰ”才是世界上第一种真正的战斗机。它一投入战场，便有惊人的表现和业迹，证实了出色的作战能力。1915年7月1日，德国飞行员温特根斯驾驶福克E.Ⅰ击落了一架法国的“莫拉纳”战斗机。接着，著名飞行员奥斯瓦尔德·伯尔克、马克斯·伊梅尔曼、马克斯·米尔希等也先后驾驶福克E.Ⅰ战斗机在空战中取得了胜利。伊梅尔曼兴奋地说：“这才是真正的战斗机!”法国专家亦承认：法国最好的“纽波特”飞机与之相比几乎立即黯然失色。新型战斗机的出现，主动出击战术的运用，使德国很快取得了空中优势。

1915年秋，福克公司推出了新型福克E.Ⅲ战斗机，最大速度140千米，升限3 500米。该机投入使用后，很快给英法飞机造成严重损失。虽然福克E.Ⅲ只生产了300架，但德国飞行员驾驶它击落了1 000多架协约国飞机，造成了航空空战史上有名的所谓“福克灾难”。

英国和法国也在努力研制新飞机并改进战术来削弱德军的空中优势。1915年8月，法国的哈伯采用了一种“方格编队”形式。三四架战斗机的尾部机枪在射击时构成一个火力网，以此来抵御德军战斗机的攻击。1915年底到1916年初，英国维克斯公司推出F.B.5“枪车”式战斗机，德·哈维兰公司研制出D.H.2战斗机，皇家飞机工厂研制出F.E.8战斗机，布里斯托尔公司研制出“巡逻兵”D型战斗

第一次世界大战初期德国使用的著名的福克E.Ⅲ战斗机

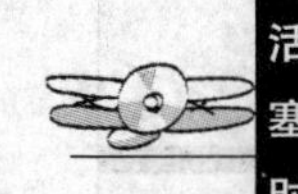

机，最大速度达161千米每小时。法国纽波特飞机公司也先后推出了“纽波特”11和12型战斗机。这些高性能飞机的出现，加上数量的优势，对于结束“福克灾难”起了重要作用。1916年5月，当装有射击协调器的“索普威斯”式战斗机投入使用时，“福克灾难”最终被遏制。

第一次世界大战中，虽然航空兵没有影响到战争进程，但在局部战役上仍发挥了重要作用，起到了军事倍增器的作用。有些战例后来为制空权理论提供了实战依据。

伴随着空战的深入和航空兵的大规模使用，许多人开始通过实战经验探讨航空兵的战略和战术问题。英国著名航空军事学家，当时的第一航空队司令特伦查德认为，为了有效地配合地面部队作战并保证最终取得胜利，航空兵应当不惜一切代价进行空中作战，甚至纵深进入德国腹地消灭德国的战斗机和侦察机，为地面部队提供最大的支援。这段论述构成了特伦查德航空军事思想和理论的核心——争夺制空权，取得空中优势。基于这一思想，特伦查德决定在索姆河战役中，开辟空中战场，与德国飞机交锋。

在1916年6月24日—11月18日的索姆河战役中，航空兵又一次大规模投入使用。在这次战役中，空战已达到了相当的规模。为了争夺制空权，英法飞机每天从黎明到黄昏持续在战场上空巡逻。因而，它们常与德机相遇，空战接连不断。在这场战役中，英法航空兵完全掌握了制空权，不仅能完成战术任务，而且还能对德军纵深的战役后方和战略后方进行空袭。对空防御在战役中也有所发展，包括组建火炮和机枪对空火力网，用于防空目的的观察哨、报知哨和通信哨。在组织航空兵同步协调方面也采取了初步措施。英法联军的战斗机飞行员还用机枪扫射敌军战壕和炮兵部队以及小型地面目标。这些战术对于遏制德军尖刀部队的快速机动有良好的效果。

第一次世界大战德国使用的著名的三翼战斗机——福克 Dr.1

第一次世界大战还发展和验证了飞机轰炸的效用。在大战刚刚开始时，法国和德国就建立了专门的轰炸机中队。德国还用齐伯林飞艇对英国实施轰炸。俄国参战后，则组织“伊利亚·穆罗梅茨”大型飞机对波兰的目标进行了轰炸。

早期轰炸机实际上就是战时匆忙拉上战场的普通飞机，如法国组建的轰炸机中队采用的是“伏瓦辛”Ⅲ型双翼机。这类飞机载弹量小、飞行距离短，在作战中没起到很大的破坏作用，却给对方造成很大的心理压力。军事首脑也开始

第一次世界大战中英国广泛使用的 AVRO-504K 战斗机

注意到轰炸机的效能。

1915 年后，战场上开始出现专门用于轰炸的轰炸机或侦察轰炸机。随着轰炸机飞行距离的不断增长，轰炸规模的不断扩大，对轰炸机的研制也提出了新的要求：增加载弹量、提高自卫能力、增加速度和提高升限。到大战后期，新型轰炸机不断问世，性能迅速提高。例如，英国 1917 年装备部队的汉德莱·佩季公司"0/100"轰炸机载弹量达 700 千克，续航时间为 6 小时，还可选装 4～5 挺机枪，基本上可以实施远程轰炸。在战争末期，各国又研制出几种著名轰炸机，英国的"V/1500"轰炸机重达 13.6 吨，载弹量 3 390 千克。

空中战役是极其残酷的。由于空中战场的开辟，后方也变得不安定起来。这导致了防空设施的建立。为了更好地协调空中战役、对地空袭、对空防御的关系，航空兵仅仅作为陆海军的辅助兵种的策略便显得力不从心了，这就最终导致独立空军的诞生。

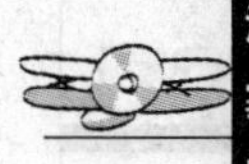

飞机性能一日千里

受在战争中运用的刺激，飞机设计师想尽各种办法提高飞机性能。我们可以看到，各种飞机的性能在第一次世界大战期间都得到了迅速提高。

1909年在法国兰斯举行的大规模航空展览会是当时航空技术水平的一次大检阅。正是在这次展览会的飞行竞赛中，诞生了首批飞行性能记录。首批飞行记录如下：

性能指标	性能数据	飞机型号	记录创造者
飞行速度	75.79千米/时	“金鸟”号	寇蒂斯
升　限	155米	“安东尼特”Ⅵ单翼机	拉汉姆
飞行距离	180.32千米	“法尔芒”双翼机	法尔芒
飞行时间	4.1小时	“法尔芒”双翼机	法尔芒
载乘客数	2名	“法尔芒”双翼机	法尔芒

从1909年到1911年的两年间，由于航空竞赛、越野飞行以及航空展览的刺激，飞机性能迅速提高。我们可以列举1911年的飞机性能数据进行对照：

性能指标	性能数据	飞机型号	记录创造者
飞行速度	108.8千米/时	布莱里奥单翼机	莱布兰克
升　限	3 278米	“伏瓦辛”双翼机	塞戈诺克斯
飞行距离	272千米	“霍华德·莱特”双翼机	索普威斯
飞行时间	8.6小时	“法尔芒”双翼机	塔布泰恩
载乘客数	12名	自行设计的双翼机	索　默
跨海航程	210千米	布莱里奥单翼机	巴格尔
越野航程	587.7千米	“法尔芒”双翼机	塔布兰克

在短短的两年时间里，飞机性能有了如此之大的提高是有多方面原因的。首先，飞机制造技术有了很大发展；其次，发动机功率和稳定性能都有了较大的提高；第三，飞行员的驾驶技术更加娴熟；第四，航空工厂企业的建立和批量生产也有助于飞机的标准化、严格化和生产科学化，使飞机达到较高的生产质量。

航空发动机是飞机的心脏。在第二次世界大战结束以前，航空发动机几乎全部被汽油机所垄断。这一时期，汽油机的原理虽然没变，但它的发展却异常

第一次世界大战后期英国研制的 RE-8 战斗机

迅速，性能和可靠性不断提高。改善汽油机的性能指标可以采取多种方式，如增加气缸数量，提高气缸温度和压力，提高燃烧效率，提高机械强度，改进冷却技术等。新技术的探索和运用以及飞机发展的要求成为促进发动机发展的直接动力。

第二次世界大战前出现的各式飞机比发动机更加丰富多彩。在结构方面，从单翼机到双翼机，再到多翼机；安装的发动机有单发、双发、多发；螺旋桨有拉进式、推进式和混合式；座舱有暴露式和非暴露式等等。之所以出现这种情况，主要是因为当时无论从哪方面讲，飞机设计和制造都还处于探索阶段，主要依赖于设计师的经验。当时出现的空气动力学理论还只能初步用于机翼和螺旋桨设计。

材料问题也是早期飞机设计和制造中面临的一个重要问题。由于发动机功率一般不是很大，因此飞机不允许采用强度较高但质量较大的金属材料；而强度足够且质量较轻的铝材当时造价很高，也不能大规模采用。尤其，早期的飞机研究主要还是私人投资，对于太高的花费他们往往承担不起。因此在第一次世界大战前，一般飞机除了一些承载较高的骨架偶尔采用钢管或铝材料外，主要的仍是木材、张线、支架和蒙皮结构。

第一次世界大战前的飞机机身还没有考虑空气动力学特性。一般认为机身只起连接飞机升力面、控制面和发动机以及飞行员座椅等各部件的作用，因此早期的飞机外形极其粗糙。也有少数例外的情况，如法国 1912—1913 年出现的竞速飞机“迪伯杜辛”号首次采用了单元硬壳结构机身，具有良好的流线形外形，可以大幅度减少飞行时的空气阻力。这对于提高整体结构强度和提高飞行性能都是非常有利的。

当时造成灾难性事故较多的另一主要原因是飞行员的操纵失误。减少甚至避免这类事故的方法除了使飞行员得到充分有效的训练——包括了解飞行知识、飞机原理、结构设计，提高驾驶技术，保持稳定的情

第一次世界大战后期德国研制的福克 D-7 战斗机

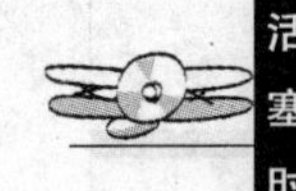

绪和增强驾驶信心等所谓“人的因素”外，还有对飞机设计提出要求——包括良好的稳定性，操纵系统结构简单、可靠，易操纵等。如果把飞机结构、操纵系统和“人的因素”都有效地解决，很多与人和操纵有关的事故就可以避免。

这一时期，航空发展的重要标志是，航空飞机生产企业纷纷建立。这使飞机设计、制造、飞行全部由一人或几人承担的时代一去不复返，航空变成了一个集团的事业。这有助于飞机及发动机的专业化和快速批量生产，同时还能使飞机的性能和品质得到保证。这时，还出现了专门从事新飞机研究和设计的专业人员。他们利用科学知识指导飞机设计，并且探索新机型。由于设计、制造过程的专业化分工，使得设计人员在飞机设计阶段就能估计出飞机性能，从而根据不同的要求设计新飞机。

第一次世界大战后期法国“斯帕德”公司研制的SPAD－13单翼战斗机

人类历史的第一架飞机和20世纪头10年出现的各种飞机，是经验的积累和反复使用“试错法”设计的。在飞机诞生之后，空气动力学也取得了巨大进展，突出的标志是升力理论的建立。1909年，英国组建了第一个航空理论研究机构——航空咨询委员会，旨在进行航空学理论研究，协调空气动力学和其他航空课题的研究活动。航空咨询委员会对飞机的研究和设计工作产生了深远影响。美国于1915年成立了航空研究与协调部门——国家航空咨询委员会(NACA)。该委员会下设若干专业研究实验室，为美国航空技术的迅速崛起做出了卓越贡献。不久，德国和法国也相继建立了国家航空研究院。1918年，苏联在茹科夫斯基的直接领导下创建了中央流体动力研究院。至此，空气动力学理论、试验研究开始与飞机设计真正结合，标志着航空发展史上一个新时期的到来。从此，飞机的研制逐步成为一门科学，航空的发展最终走上健康、快捷的道路。

经过几年的官方试验和个人探索，飞机在结构、材料、设计、生产和发动机各方面取得的进步使其性能又有了长足提高。这一点可以通过1914年飞机性能的典型数据看出来：

性能指标	性能数据	国家和飞机型号
飞行速度	165千米/时	法国的“莫拉纳”N型飞机
飞行高度	4 572米	英国的索普威斯“药片”式

飞行高度	4 877 米	英国的阿弗罗公司的504K战斗机
飞行距离	540 千米	俄国的“伊利亚·穆罗梅茨”号

飞行员在空中激烈交战，设计师则在绘图桌上展开竞争。随着战争的深入，作战的需要使各国技术人员不断推出新型高性能作战飞机。英、法方面有D. H. 2、F. E. 2d、F. 2B，以及“纽波特”17、27、28，“斯帕德”S. Ⅶ、S. Ⅷ。后者速度达222千米每小时，升限6 650米。德国方面有“信天翁”D. Ⅱ、“汉莎·布兰登堡”D. 1等。1917年底到1918年间，这三国又不断推出性能更加优良的战斗机，代表性的有英国的SE5，索普威斯“骆驼”式；德国福克Dr. 1，“法尔茨”Dr. 1型，福克D. Ⅲ等。骆驼式战斗机机动灵活，火力很强，在投入战斗时间里，共击落敌机1 300架，是第一次世界大战中击落敌机最多的战斗机。德国1917年推出的福克D. Ⅶ，速度200千米每小时，升限6 000米，被誉为第一次世界大战中性能最优秀的战斗机。

第一次世界大战英国研制的O/100轰炸机

在轰炸机方面，早期改装的轻型轰炸机载弹量小、飞行距离短。1915年后，战场上开始出现专门设计的轰炸机或侦察轰炸机，如英国的R. E. 5轰炸机、B. E. 2a轰炸侦察机、“阿弗罗”504A战斗机，法国“斯帕德”S. Ⅺ侦察轰炸机、高德隆G4轰炸机，“法尔芒”F40轰炸机，德国西门子一舒克特R. 1轰炸机，意大利卡普罗尼Ca46轰炸机等。到大战后期，新型轰炸机不断问世。英国汉德莱·佩季公司的V/1500轰炸机载弹量达3 390千克。

经过第一次世界大战战火的洗礼，尚处在幼年的飞机迅速成长起来。这大致反映在四个方面：第一，飞机按作战方式不同明确形成了不同的军用机种，并按各自的要求迅速发展；第二，飞机和发动机生产厂迅速发展壮大，并且朝着专

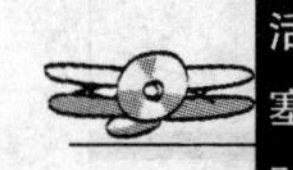

业化方向发展；第三，大战中飞机的数量剧增；第四，飞机的性能迅速提高。到1918年，全世界已有2 000个专业飞机制造公司和80个发动机公司，5年间共生产飞机183 877架，发动机235 000台，其中英国生产了47 800架、法国生产了67 982架、德国生产了47 637架、意大利生产了20 000架、美国生产了15 000架。飞机性能有了长足的进步。下面是1914年和1918年有关性能数据的对比：

性能指标	1914年	1918年
速　度	80～165千米/时	180～230千米/时
升　限	3 000～5 000米	8 000米
爬升率	0.7～1.5米/秒	3～5米/秒
航　程	200～600千米	800～1 200千米
发动机功率	52～90千瓦	313千瓦
起飞质量	300～700千克	14 000千克
载　重	20～50千克	3 400千克
续航时间	1～4小时	8～10小时

独立空军独立地位

1918年,英国皇家空军正式成立,标志着独立空军的诞生。空军作为与陆军、海军平行的独立军种,是飞机军用价值进一步得到验证的表现。

第一次世界大战初期,英国一直处于传统意义上的大后方。但从1915年起,英国本土经常受到德国齐伯林飞艇的轰炸。空中力量的出现改变了过去地面作战的思想和一切经验,使前方和后方没有地理的界限,飞行器可以轻易突破任何坚固的地面防线,直接飞入后方实施攻击。面对着来自空中的威胁,英国匆忙建立原始的防空设施,包括拦截气球等。但从1917年6月13日开始,德国先进的“哥达”式轰炸机经常对英国进行日间空袭,使英国人遭受到空前的心理大恐慌。英国不得不在一些大城市的防空力量中配备一些飞机。但由于指导思想问题,防空飞机数量少,飞行员素质低,对德国“哥达”式轰炸机没有构成很大威胁。当时,用于防空的飞行中队往往在敌人来轰炸后,才飞上天空拦截或攻击,许多飞行员甚至找不到敌机的踪迹。在整个前期德国飞机的对英轰炸中,只有一架被击落。

英国军事战略家和理论家特伦查德

由于德国的空袭,英国本土有1 000多人被炸死,3 000多人受伤,其中平民占90%。这种在后方受到战争威胁的事例在战争史上是很少见的。英国民众强烈要求英国抵御德国明目张胆的空中袭击,并且对德国进行报复性轰炸。在民众的强烈呼吁下,英国政府决定重新建立防空中队,并从法国前线调回两个中队用于空防,加强地面防空设施的建设,同时采取主动攻击和防御相结合的战略。这些措施和要求都不可避免地需要扩大航空兵的规模。

英国航空兵在战时损失巨大的原因之一是飞行员得不到充分训练,经验不

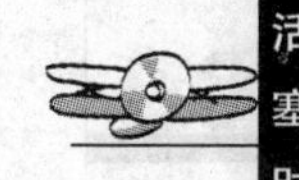

足。飞行员的训练时间最短只有十几个小时。他们往往还没有对飞机的基本特征和飞行性能有全面了解就匆忙上天作战，远不是训练有素的德国飞行员的对手。这要求英国尽快建立完善的飞行训练机构。

随着1917年陆海军航空兵飞行队数目和飞机数量很快膨胀，英国政府成立了防空和航空兵组织委员会，任命杰出的南非军事家、陆军中将让·斯姆茨为委员会主席。该委员会对战争局势特别是英国航空兵的势力、作战、组织等问题作了充分的研究和评估。他们于1917年7月19日提交了一份关于防空问题的报告。8月17日又提交了一份关于航空兵组织问题的报告，建议组建一支包括陆、海军航空兵在内的独立空军，由航空部集中统一领导。

1917年8月24日，英国内阁批准了斯姆茨委员会的报告，任命陆军中将、皇家航空飞行队司令戴维·亨德森协调空军的组建工作。1918年1月3日，英国航空部正式成立，由罗森默尔勋爵担任部长，亨德森担任副部长。航空部下设航空委员会和航空参谋部。杰出的航空军事家特伦查德少将被任命为参谋部首脑。罗森默尔指出，独立空军在各个方面都和航空兵截然不同，它已渗透到导航、机械、气象、航空工业、研究单位，能够形成从研究、制造、使用等综合性体系。他的观点深入到英国内阁，产生了很大影响。

美国空军军事理论家米切尔(右)

在特伦查德的领导下，英国航空参谋部立即开始进行皇家海军航空兵和皇家陆军航空兵的合并工作，以原有的战略轰炸部队第八旅为基础，组建独立的英国皇家空军。1918年4月1日，世界上第一支独立空军——英国皇家空军正式成立。德国为了在美国远征军最终抵达欧洲战场之前，迅速解决战争，在西线孤注一掷，进行了最后一次大规模的袭击。这次袭击对英国皇家空军的建立起了刺激和催化的作用。

经过第一次世界大战的实际考验，航空军事思想得到了检验和发展。航空兵集中使用和制空权争夺在许多战役中得到运用。在索姆河战役中，仅协约国一方就有 1 481 架飞机参战，创造了飞机参战的最高记录。大战结束时，航空兵集中使用的原则已基本确立。

由于航空兵对战争胜负的影响日益明显，许多国家都在积累有关航空兵作战使用的经验，在此基础上开始对航空兵的任务、使用原则、作战方法等进行系统研究，并见诸于文件和战斗条例、条令中。在原则上，战斗机普遍采用了集中使用、隐蔽封锁、空中阻击、空中游猎等战术；轰炸机主要采用集中使用，编队梯次出击等原则。

米切尔在进行飞机轰炸军舰试验

战后，人们在对空中力量首次使用的经验教训进行了系统地总结和研讨，提出了完整的制空权理论。这方面的代表人物是英国的空军之父特伦查德、美国的米切尔和意大利的杜黑。特伦查德对制空权有过多次论述，并在战争期间运用过。他认为，为了保证战略轰炸的实施，战斗机机队应不惜一切代价夺取制空权，失去制空权就意味着失去了战争。美国的米切尔在《空中国防论》等著作中，系统论述了航空兵作战、航空母舰、防空等战略和战术问题。他也认为，在未来战争中，争夺制空权是极其重要的。他的一句名言是：“没有制空权就没有制海权。”

意大利军事家杜黑是现代制空权理论的代表人物。早在 1917 年，他就在《航空问题》一文中指出：“天空将成为重要性不亚于陆地和海洋的另一个战场。现在所有人都认识到了制海权的重要性，但在不久的将来，制空权的获得将变得同等重要。”1912 年他担任了意大利第一个航空营营长，主持编写出第一本航空兵作战教材。1921—1930 年间，杜黑发表了四篇航空军事理论著作：《制空权》、《未来战争的可能面貌》、《扼要的重述》、《19××年的战争》。这四篇论文奠定了完整的制空权理论基础。他认为，空中战场是决定性的战场；空中战役的出现是不以人们的意志为转移的客观趋势，“未来战争将由越来越令人生畏的空军来打”。杜黑指出：为了夺取制空权，应当增加空军部队，建立独立的空军，使空军在建制和作战使用上独立于陆、海军之外；空中力量应该成为陆军和海军的第三位兄弟。陆海空三军应成为国家武装力量的整体，是一件“三刃的战争工具”，“空军具有突出的进攻特征，空军的最好防御永远在于进攻，进攻才

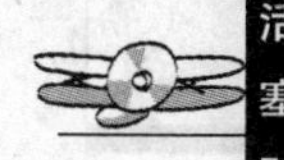

能占据主动，防止被动，进攻的目的是为了夺取制空权”。

二三十年代以后，虽然对杜黑的制空权理论还存在一些争议，但制空权的核心已得到检验和发展并被各个国家所重视。第二次世界大战中，创建独立的空军思想已被军事航空大国所接受，空军的战略地位已显而易见。时至今日，有的国家仍把《制空权》一书同克劳塞维茨的《战争论》和马汉的《海军对历史的影响》并列为军事科研和军事工作人员的必读书。受英国独立空军的成立以及制空权理论的影响，加拿大、意大利、法国、德国、西班牙等国也先后建立了独立的空军。耐人寻味的是，飞机的故乡美国却直到第二次世界大战结束后的 1948 才建立起独立的空军。

意大利空军军事理论家杜黑

空中交通影响深远

第一次世界大战结束后，飞机失去了军事应用的支撑，却在空中运输中找到了更加广阔的应用领域。立体化的空中交通极大地方便了人们的交往。

现代大型民航机载客几百人，以每小时约1 000千米的速度飞翔于万米以上的高空，其速度之快是火车的十几倍，舒适程度和服务水平也大大优于其他交通工具。我们从北京到广州，坐火车要花上近一天一夜的时间，而坐飞机只消不到3小时。除了速度快、服务好、乘坐舒适外，坐飞机旅行还有其他交通工具无法相比的乐趣。在万米高空向下俯瞰大地，山川、河流、湖泊尽收眼底，令人心旷神怡，遐思无限。大型客机在高空飞行时，白云就在脚下，看着不断变幻的云海，任何人都不能不为之激动。所以坐飞机旅行可用这样的词句描绘：快捷、舒适、安全、富有情趣。当然，民航发展到今天离不开飞机性能的不断提高。飞机为地球两地架起了便捷的空中通道，空中交通对社会发展产生了深远影响。

民航开创早期使用的英国维克斯公司的维梅式运输机

在第一次世界大战以前，欧洲已经开始了民用航空飞行试验。1910年6月，德国首次用硬式飞艇开辟了客运航空线；1911年2月18日，法国也进行了航空邮递飞行试验；1911年7月4日，英国进行了第一次航空货运飞行，并于同年8月10日，进行了航空邮递运输的试验；1911年9月19日，意大利也进行了航空邮递飞行试验。1914年，美国佛罗里达的贝内斯特公司开辟了第一条飞机航空客运定期航线，起止点是圣匹茨堡和坦帕，航线全长35千米，单程飞行时间23分钟，每次只载1人，收费5美元。当年1月1日，由飞行员托尼·詹纳斯驾驶“伯努瓦”号水上飞机进行了首航，到3月底航线因亏损被迫关闭，共运送了1 200名乘客。

第一次世界大战结束后，新生的航空工业遇到了第一次打击。一方面是战

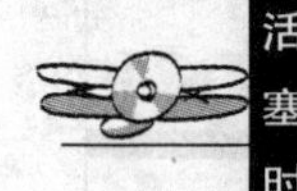

时遗留下来的大量的军用飞机；另一方面是战时形成的大量过剩的生产能力，过剩危机使欧洲航空事业陷入了困境。军事需求的锐减迫使航空工业向民用方面寻找出路。一个有利条件是航空技术在第一次世界大战中取得了很大进步，使人们可以清楚地看到民用航空的光明前景。飞机运送军用物资、军事人员和军用邮件，充分展示了速度快、效率高的优点，使战后有更多企业投资于航空运输业。第二个有利条件是各国政府对民航事业的支持。在和平时期扶助民用航空，是各国保持和发展航空工业的重要策略。

第一次世界大战后最先发展民用航空事业的是德国。在停战后不到两个月，德国就建立了第一条国内商业航空线，从汉堡到阿莫瑞卡。1919 年 2 月 5 日又开通了从柏林到魏玛的航线，采用五座的双翼飞机和三翼飞机。从柏林飞到魏玛航程 192 千米，飞行时间 2 小时 18 分钟。3 月 1 日，柏林—汉堡间的航线开通。4 月 15 日柏林—法兰克福航线开通。1919 年里德国共开辟了 9 条商业航线，运送旅客 1 574 人次。由于德国民众对航空的积极态度，以及企业界的支持和政府的资助，商业航空的效益很高。1920—1921 年间又增开了许多新航线，运送了约 5 500 人次旅客和 500 吨货物，总航程超过 100 万千米。到了 20 世纪 20 年代中期，德国已经建立起密集的国内航线网和通向欧洲各国的航空干线。

德国 F-13 全金属旅客机

法国民用航空几乎是与德国同时起步的。法国政府设立了主持航空运输的专门机构，负责航空技术研究、飞机生产、空中导航以及航空气象方面的工作。与其他欧洲国家相比，法国官方对航空事业的支持是最为有力的。1919 年，法国航空公司共进行了 2 400 次商业飞行，建立了 8 条航线，所有航线都得到政府的慷慨资助。

英国政府对本国民用航空的发展在相当长时期内袖手旁观。尽管新闻界大力报道民用航空活动，但是民航公司却不能从政府那里拿到一分钱。直到 1921 年，英国政府决定向经营伦敦—巴黎航线的汉德莱·佩季公司提供 25 000 英镑的资助。这标志着英国政府终于认识到对于极有前途的航空工业，政府有责任进行扶植。由于有了政府的支持，1923 年汉德莱·佩季公司在伦敦—巴黎航线上共运送了 7 197 人次旅客。其他一些英国航空公司也投入到伦敦—巴黎航线的运营中来。1924 年，这些公司合并成立了帝国航空公司，成为第一家由政府支持、在全国占据垄断地位的航空公司，使英国在航空运输业的国际竞争中占有较大的优势。

除了德国、法国和英国外，其他欧洲国家也纷纷建立起自己的民航事业。特别是意大利发展很快，在 30 年代其客运量仅次于德国和法国居于欧洲第三位。

民用航空的发展使欧洲各主要城市间都建立了航空运输线，一个遍布欧洲的航线网已经形成。当时的主要航线有 31 条，各种飞机 762 架。根据 1930 年的统计数据，按照客运量计算，民航最发达的是德国，1930 年的客运量是 125 000人次；其次是法国，为 55 000 人次；第三是意大利，为 40 000 人次；第四是英国，为 30 000 人次。

民航早期曾用作运输机的德哈维兰 DH-4飞机

自从载人航空器问世后，从空中飞越大洋和征服极地就成为富有冒险精神的飞行家们的志向。无论是气球、飞艇还是飞机，在这方面都留下了可歌可泣的动人故事和业绩。越洋飞行为世界范围航线网的建立开辟了道路，向世人证明了飞机作为长途运输工具的巨大潜力和优势。

在飞越大西洋、太平洋以及南极、北极的同时，环球飞行成为最引人注目的探险活动。1924 年 4 月 6 日清晨，4 架道格拉斯公司“世界巡航者”飞机从华盛顿西雅图起飞，进行环球飞行。其中的两架飞机经过 175 天的飞行，回到了西雅图，航程 41 860 千米。环球飞行途经日本、香港、越南、马来亚、缅甸、印度、波斯、美索不达米亚、土耳其、罗马尼亚、匈牙利、奥地利、法国、英国、冰岛和格陵兰。

当然，这些越洋飞行都不是直飞，而是一站一站接力式飞行，有时还要依靠船只。1927 年 5 月 21 日，美国飞行员林白成功地完成了纽约至巴黎的单人不

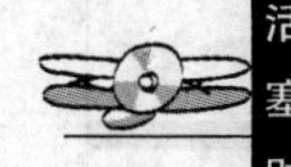

着陆飞行。飞行时间 33.5 小时，航程 5 810 千米。这架飞机命名为“圣路易斯精神号”，是专为越洋飞行设计的。为了能达到如此长的航程，其机翼和机身都装满了油，全机载油量 1 705 升，简直就是一个飞行的大油箱。林白在抵达巴黎时受到全城人民的热烈欢迎，成了举世瞩目的英雄。时至今日，人们仍将林白的名字与航空探险精神联系在一起。

冒险家们一次次越洋飞行向企业家们证明了在世界范围内建立商业航线是完全可能的。于是各大航空公司也开始尝试把自己的触角延伸到世界各大洲。到 20 世纪 30 年代中期，一个世界性的航空网已经初见端倪。

在美国方面，最大的航空公司是泛美航空公司。它成立于 1927 年 3 月 14 日，前身是美国航空公司。在美国政府的支持下，泛美航空公司于 1928 年 9 月正式运营美国到哈瓦那的航线。1929 年 5 月 21 日，迈阿密到巴拿马运河区的航线开通。10 月这条航线又延伸到委内瑞拉的西班牙港。到 1929 年底，整个加勒比地区的航空邮政都控制在了泛美的手中。30 年代以后，泛美公司又开始向亚洲扩张。1935 年 1 月泛美航空公司太平洋分公司成立，主要负责中国的邮政。航线经过夏威夷、中途岛、关岛和马尼拉，最后抵达上海。欧洲各大航空公司也积极地开辟洲际航线。英国帝国航空公司把航线延伸到了印度及南太平洋。1926 年，法国航空公司开创了飞越南大西洋直达智利的航空邮政业务。1929 年底，欧洲到印度的定期航班通航。1932 年，伦敦到好望角的航线开通。1933 年欧洲到新加坡的航线通航。1934 年英国帝国航空公司宣布，英联邦所有国家间的邮件都将采用空运。

洲际航线网的建立，使世界各大洲的联系加强了，地球变小了，飞机在国际间政治、商业中的作用日益显著。但是，早期民航飞机的航程有限，载客量不大，诞生只有 30 年的飞机远远不能满足迅速扩大的需要。正是这种需要，促使飞机研究和发展工作跃上新的台阶。航空科技的进步和社会的需求，终于在 20 世纪 30 年代促成现代民航客机的出现。

航空邮政引领民航

美国最先把飞机引入邮政领域。正是航空邮政的蓬勃发展，使美国的民航事业很快壮大起来，并迅速走在了世界前列。

众所周知，美国是当今世界上航空客运最发达的国家。但在第一次世界大战结束后，美国人对航空的兴趣集中在邮政运输而不是旅客运输上。这可能是由于美国的铁路运输很发达，当时的航空客运无论从舒适程度、安全性、运载量，甚至速度方面都无明显优势。然而，正是航空邮政事业的发展为美国民用航空开辟了道路，奠定了基础，使美国的民用航空事业在 20 世纪 20 年代末就超过了欧洲。

早在 1911—1912 年，美国邮政部就在国内 25 个州进行了 50 余次航空邮递试验。尽管并非所有试验都很成功，却足以证明用飞机运送邮件是大有可为的。1912—1913 年，一些国会议员先后几次提出议案，要求政府拨款继续进行航空邮政的试验，但是都未能获得通过。因为大部分议员对飞机都不了解，很多人甚至根本没有见过飞机。

美国航空邮政使用的寇蒂斯 JN-4 飞机

1914 年第一次世界大战爆发，飞机在战争中广泛使用，愈来愈受到重视，人们开始认识到飞机的重要性。在这种情况下，美国国会终于通过了从轮船、火车等其他交通工具的拨款中抽出 50 000 美元支持航空邮政试验。由于未找到合适的飞行员和飞机，当时竟无人投标。

1918 年，美国国会又拨专款 10 万美元建立华盛顿与纽约间的航空邮路。同年 5 月 15 日，美国总统威尔逊和夫人出席了航线开通仪式。当天上午 10 点钟，一架寇蒂斯“珍尼”教练机从华盛顿起飞。按计划它应当向北飞往费城和纽约，但起飞后飞行员迷失了方向，向南飞去。有趣的是第一个航空邮包最后还是用火车运抵费城又转往纽约的。幸好由纽约起飞的一架飞机准时到达费城，加油后又正点到达了华盛顿。尽管出了些问题，美国政府还是宣布航空邮政试

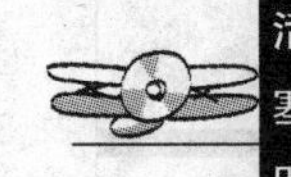

验成功。因此 1918 年 5 月 15 日就成为了美国航空邮政和商业航空的诞生日。

1918 年底，邮政部从美国军方手中购买了一些战争中剩余下来的飞机，其中包括 100 架德·哈维兰 D. H. 4S 型飞机。它可以装载 227 千克邮件，是美国航空邮政的主力机种。

航空邮政飞机在这个时期只运送邮件，不载旅客。所以对飞机的安全性、可靠性和舒适性的要求都远低于旅客机。同时对载重的要求也不十分迫切。但是对于固定航线和服务配套设施的要求是紧迫的，否则就不可能有准确的航空邮政时间表。

1918 年 5 月 15 日美国正式开始航空邮政业务

1919 年美国邮政部着手开通航空邮政航线。其首要目标是打通由美国东海岸到西海岸的空中走廊，建立一条像贯穿东西部的铁路干线一样的空中干线。1919 年 5 月 15 日从克里弗兰到芝加哥的试飞成功，同年 7 月 1 日纽约到克里弗兰段的空邮线路开通。这两条航空线的通航使纽约到芝加哥之间的邮件往来时间缩短了 16 个小时。1919 年 7 月 31 日，旧金山与莱诺之间的航线开通。1920 年 5 月 15 日芝加哥到奥马哈的航线开通。同年 9 月 8 日横贯美国东西海岸的邮路的最后一段奥马哈到莱诺段通航。

虽然横贯东西的航空邮政线路已经开通，一时却无法全线通航。原因是飞机上没有导航设备、地面没有灯光机场，飞机无法在夜间起降和航行。因此邮件只能在白天由飞机运送，晚间改用火车运输。对此全国上下议论纷纷，特别是国会中许多议员开始抱怨是否值得花那么多钱来建立一条空中邮政线路。在各方面沉重的压力下，邮政部准备铤而走险，进行横贯大陆的昼夜飞行试验。在夜间飞行段用地面灯火为飞机导航。

1921年2月22日，两架德·哈维兰飞机从旧金山起飞飞往纽约，与此同时，另两架德·哈维兰飞机从纽约起飞飞往旧金山。从纽约起飞的飞机在芝加哥遇到了坏天气而停飞。旧金山的两架飞机于早晨4点半起飞，途中一架飞机失事，飞行员丧生，另一架飞机经过33小时51分的飞行于次日下午4点51分飞抵纽约，实际飞行时间25小时16分。这次成功改变了舆论对航空邮政的态度，国会立刻决定拨款125万美元用于航空邮政系统的基本建设。

1919年美国波音公司首次进行跨国航空邮政业务，右为波音

1922年，美国邮政部开始着手建立夜间航行系统。首先是在纽约—旧金山航线的夜航段芝加哥—切尼航线上建立夜间机场。这些夜间机场分为常规机场和紧急降落机场。在常规机场上建有一座15米高的航标塔，塔上装有高亮度旋转式航标灯。在晴朗的夜间，其光亮可在160千米外看到。另一只同样大小的灯泡用来给跑道照亮。跑道的两侧安装两种颜色的标志灯，跑道尽头是一排红色的标志灯。紧急降落机场的灯光设备与常规机场相同，只是航标灯亮度稍小，但光亮也可在100千米外看到。在芝加哥和切尼之间共有289座灯塔、5个常规机场和34个紧急降落机场。夜航飞机上也装上了导航灯、着陆灯和带伞照明弹。

1923年8月21日至23日，进行了为期4天的昼夜飞行试验。飞行记录为：从旧金山到纽约26小时14分钟；从纽约到旧金山为29小时38分钟。1924年7月1日，旧金山和纽约间的航线全线开通，邮件横跨美国大陆的时间比原先缩短了两三天。到1925年，整个航线都建立了夜间机场和夜间导航灯塔。至此，美国航空邮政的主干线已经建立，基础设施也已齐备。航空邮政的地位已经不可动摇了。

1925年美国国会通过了航空邮政法案，由于它是由众议员凯利提出的，所以又称为“凯利法案”。该法案要求美国政府把航空邮政事业转交给民间经营，政府与民营公司间签订承包合同，政府给予一定的补贴。这一法案对美国以后的民航事业的发展起了关键性的作用。凯利法案同时还考虑到了对美国航空工业的保护，它规定承包邮政航线的公司必须购买美国生产的飞机。

1926年5月20日，美国国会又通过了航空商业法案，该法案是美国关于民用航空的第一个立法。它对一系列民用航空的运作问题做出了初步的规定。其中还特别要求邮政部把机场等设施全部转移给商业部，由商业部民用航空委

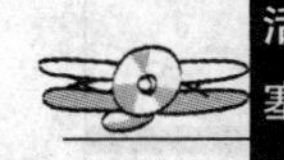

员会负责管理。到1927年夏，所有航空邮政航线都转入民营，其中最长的邮政干线——旧金山—芝加哥段由波音公司承包。1927年8月31日，邮政部的飞机在纽约卸下最后一个邮包，结束了邮政部对航空邮政的经营管理。

从1918年5月到1927年8月，美国邮政部共花费了1 768万美元建立了横贯美国大陆的航空邮政干线，运送了相当3亿封信的邮件，创造了美国民用航空史、也是世界民用航空史上一个成功的范例。它使美国公众相信航空技术不仅有着巨大的军事价值，而且有着巨大的经济价值。它所创建的灯光机场、导航设备和通信系统是现代民用航空的基石。

美国航空邮政由官办转为民办后发展十分迅速，到1928年底就新增航空线21条。愈来愈多的私人投资于航空运输业，而且兼营客运。1928年美国客运量只居世界第三位，约6万人次；但到了1929年就猛增至约16万人次，居世界第一。美国的航空事业逐渐超过欧洲，处于世界领先地位并保持至今。

新型客机民航先锋

20世纪30年代,美国研制出具有现代意义的民航客机,一举改变了航空运输的局面,引发了民用航空的一场革命。

"航空客运是赔钱的",这是欧洲和美国早期民航实践的基本结论,许多国家都是由政府或企业出资维持才使民航客运得以生存。航空邮政事业的发展促进了美国民航事业的发展。由于美国政府鼓励私人投资,美国民用航空领域一度生机勃勃。1929—1933年新建了一百多条客运航线。但是这些航线的平均寿命只有一年左右,原因是美国政府给予政策支持,不直接投资。当时的旅客机载客量都很小,运输成本高,单纯经营客运的公司都亏损严重。在欧洲,由于有政府的巨额补贴,航空客运得以维持。在美国,政府只对航空邮政进行补贴,只有承包航空邮政运输的大公司才有能力用邮政运输的收入补贴客运,惨淡经营。尽管如此,一些骨干航空公司乐观地预言:只要有新型客机,就能摆脱亏损局面。可以说此时新型客机的问世已成为航空客运发展的关键。

早在1925年,"福特"汽车公司的飞机制造部就推出了现代客机的雏型——全金属、三发动机的"福特"客机。该机有11个座位。1927年经过改进座位数增加到14个,航程912千米,飞行速度为170千米每小时。"福特"客机不具备流线形外型,机舱内部也很狭窄,不大受欢迎。20年代末30年代初,在美国各航空公司服役的飞机仍以木质飞机为主。最有代表性的是福克型飞机。它装有3台功率为313千瓦的发动机,载客14人,航程1 150千米,飞行速度为170千米每小时。两种飞机相比,"福特"全金属客机在性能上并无优势,而且造价较高,很难与木质飞机竞争。

木质飞机有一个很大的缺点,就是安全性较差。正是对安全性的强烈要求引导全金属飞机进入发展的主流。1931年3月31日,一架环球航空公司的福克型客机在堪萨斯州坠毁。本来这只是当时经常发生的事故中的一件而已,但由于遇难者中有一位闻名全美的橄榄球教练,因而引起举国震动。全国上下一致指责环球公司和木质客机。这次空难从根本上动摇了公众对木质飞机的信心。各航空公司纷纷订购"福特"全金属客机。飞机制造商们也加快了研制全金属客机的步伐。

波音公司1930年已经开始了全金属客机的研制。这就是航空史上著名的波音247型客机。波音247是第一架真正现代意义的民航客机。它具有全金属结构和流线形外型,起落架可以收放。机上装有两台功率为410千瓦的发动

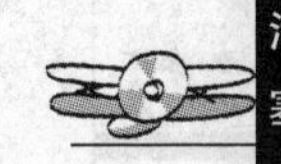

机，巡航速度 248 千米每小时，航程 776 千米，载客 10 人。机上座位舒适，设有洗手间，还有一名空中小姐服务。

波音 247 于 1933 年首次试飞成功。由于乘坐舒适，且速度较一般客机提高了几十千米每小时，所以很受各航空公司的欢迎。仅联合航空公司一家就订购了 60 架，价值 400 万美元。这是当时世界上最大的一笔客机交易，它使得波音公司的生产线在一年中都处于饱和状态。由于该公司无力满足航空公司的订货和交货要求，从而引出了另一个强大的竞争对手——道格拉斯公司。

环球航空公司在 1931 年 3 月的空难后，被迫淘汰了所有的木质客机，换用“福特”全金属客机。但“福特”客机的性能明显低于波音 247，于是环球公司向各飞机制造商发信，招标设计新的客机。1932 年 8 月 2 日，道格拉斯公司的总裁道格拉斯收到了环球航空公司的招标信。信中对新客机的设计提出了要求：第一，全金属结构；第二，3 台发动机；第三，载客 12 人；第四，航程 1 600 千米；第五，飞行速度 230～250 千米每小时；第六，机上设备先进。

波音公司的波音 247 客机

道格拉斯公司在当时的规模并不大，历史上曾为邮政部设计制造过邮政飞机，由于缺少订货，财政上正处于危急时刻，环球公司的招标信无疑是雪中送炭。

道格拉斯迅速招集助手们研究新飞机的设计方案。他们认为环球公司提出的设计要求不过是一个改进了的“福特”客机，根本无法与波音 247 竞争。他们根据波音 247 设计了一个新的方案。新方案与波音 247 类似，只装有两台发动机，外型是流线形，可收放的起落架，其他指标与环球公司的一致。显然，这架飞机如果研制成功可能超过波音 247。

两个星期以后，道格拉斯公司把方案送到了环球航空公司总部。对于该方案环球公司的领导人赞叹不已。但他们对两台发动机的方案表示怀疑，认为安全性难以保证。于是环球公司向道格拉斯公司提出了一个十分苛刻的条件，即新飞机应能在环球公司的所有机场上用一个发动机起飞。道格拉斯公司考虑再三接受了这一条件。

1932 年 9 月 20 日，道格拉斯公司正式与环球航空公司签订了合同。此刻道格拉斯公司已经停产两天了。1933 年 6 月 22 日，新飞机的样机装配完毕，它被命名为 DC-1。DC-1 机身长 18.3 米，翼展 25.9 米。发动机单台功率 530 千瓦，巡航速度 320 千米每小时，航程 1 600 千米。机体呈流线形，机舱内部舒适，可载客 12 人，还加装了隔音装置和暖气系统。

从 1933 年 7 月 1 日开始，DC-1 进行了为期 6 个月的试飞，各项指标均达到了要求。最后一项试验是单发动机起飞。试验地点选在了海拔 1 375 米的温斯洛，这是环球公司海拔最高的机场。试验结果 DC-1 不仅用单发动机顺利起飞，而且用一台发动机飞行了 380 千米，性能十分出色。特别是单发起飞、飞行和降落性能在当时是罕见的，足以证明它是一架好飞机。然而面对 DC-1 的卓越表现，环球公司却举棋不定。因为看到波音 247 此时已经投入航线，效果很好，环球公司倾向于首先订购一批波音 247 飞机。

道格拉斯公司的 DC-2 客机

但是，天无绝人之路。波音公司由于正忙于为联合航空公司生产飞机，拒绝了环球公司的订货要求。在这种情况下，环球公司只好全力以赴支持 DC-1 的研制与生产。环球公司订货 20 架，但要求将座位数增加到 14 个。改进而来的 DC-2 机身比 DC-1 略长，发动机功率为 567 千瓦。

1934 年 5 月 11 日，DC-2 首次试飞成功，5 月 19 日投入航线运营。由于性能良好，环球航空公司又把定货增加到 31 架。DC-2 具有载客量大和速度快的综合优势，优良的性能使其订货大增。这些订货不仅来自美国国内，还来自欧洲和亚洲。美国陆军和海军也订购了 63 架。

DC-2 的出现使波音 247 的地位受到严重威胁。波音公司为了对付DC-2 的挑战，对 247 做了改进：更换大功率的发动机，改进内部装修等等。但它仍然很难与 DC-2 竞争。原因是 DC-2 座舱舒适、稳定性好、速度快等方面的优势是波音 247 难以企及的。

1935 年底，道格拉斯公司应美洲航空公司的要求把 DC-2 加长加宽，使之

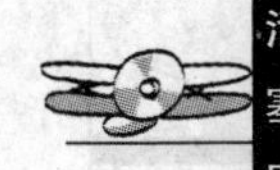

成为拥有 14 个卧铺的夜班飞机，命名为 DST，意为道格拉斯卧铺运输机。但事实上这种夜班客机并不受欢迎。道格拉斯公司又将卧铺取消，改为 21 个座位。这种新飞机就是历史上赫赫有名的 DC－3 客机。

DC－3 装有两台功率为 895 千瓦的发动机，巡航速度达 333 千米每小时，航程 3 420 千米。载客量可以从 21 人增至 28 人，最多时可达 32 人。由于载客量大大增加，降低了单座运行成本，一举改变了航空公司经营客运亏损的局面，使客运业务无需补贴就可独立发展。这是民用航空确立自己地位的关键一步。可以毫不夸张的说，DC－3 客机的问世是民用航空史上的一个重要里程碑。DC－3 同时也使道格拉斯公司一举成为民航机生产的霸主，并一直保持到 20 世纪 50 年代。据 1942 年统计，在美国 15 个主要航空公司拥有的 322 架客机中，DC－3 占 260 架，DC－2 占 8 架，波音 247 占 25 架，其他飞机占 54 架。道格拉斯飞机占据了美国客机市场的 80％以上。

开创民航新时代的道格拉斯公司的 DC－3 客机

DC－3 自 1935 年问世以来，共生产了 13 000 余架，仅第二次世界大战中美国军方就订购了 10 000 架。DC－3 是历史上产量最高的客机，不但在 20 世纪 70 年代的越南战场仍可以看到它的身影，就是进入了 21 世纪的今天它仍在飞行。它不但使民航终于在世界范围内确立了地位和声誉，还进而通过立体化的交通运输体系的建立使世界面貌发生了根本性变化。

道格拉斯公司借 DC－3 取得的巨大成功，取得了民航机生产的霸主地位。此后，该公司又研制了 DC－4、DC－6 和 DC－7 客机，引导着活塞式客机的发展潮流。

双翼渐退单翼居上

20世纪30年代，是航空技术发展的重要转折点。其特点之一是性能优异的单翼机迅速取代双翼机。这种转变的深层次原因是什么呢？

我们现在看到的飞机，几乎全部都是单翼机，双翼机早已成为了历史，偶尔在博物馆还能看到。但在20世纪头30年，蓝天上是单翼机与双翼机并存的局面，甚至双翼机还稍稍占据上风。30年代中期以后，单翼机逐渐取代了双翼机，这个过程是怎样的呢？

飞机的机翼是产生升力的主要部件，其功能类似于鸟的翅膀。早期飞机的材料主要是木材和纺织品，结构单薄、脆弱，尺寸越大越是如此。飞机机翼的升力是与面积成正比的，面积越大，升力也越大。但是，木质结构的机翼无法做得很大，否则很容易在飞行中拦腰折断。当然，可以设想制造大型机翼，并采用加固手段提高机翼的强度。但这样一来，机翼会变得非常沉重，以致于整个飞机根本就飞不起来。于是，设计师只好采用两副较小的机翼，上下安装，中间用立柱和金属线固定在一起。在第一次世界大战以前，双翼机十分普遍，三翼机也屡见不鲜。

英国20世纪30年代装备的最后一批双翼战斗机“斗牛狗”

双翼机的缺点十分明显：一是结构复杂，给制造带来很大困难；二是阻力很大，消耗发动机额外功率；三是速度提高很难。飞机与其他交通工具相比，最大的优势便是速度快。由于双翼结构、发动机功率以及木质材料等因素的限制，速度优势大打折扣。

在飞机发展的早期，也能看到单翼机的身影。1909年8月25日，布莱里奥成功飞越英吉利海峡所驾驶的就是单翼机。为什么那个时候单翼机取代不了双翼机呢？最主要的原因有两个，一是人们普遍认为单翼机结构单薄，安全性不如双翼机；二是单翼机的稳定性不如双翼机，驾驶起来比较困难，需要娴熟的

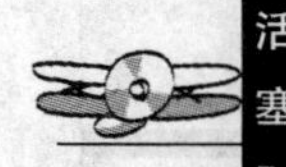

飞行技术。

1906 年，法国的维尔姆研制出变形铝合金。铝合金的强度远远高于木材，又比钢结构轻得多，成为最佳的飞机材料。1912 年，法国彭歇试飞了第一架全金属单翼机。1915 年 12 月初，德国容克斯公司制造了 J1 金属单翼机，飞行速度很快。1919 年 6 月 25 日，该公司又制造出世界第一架全金属旅客机 F－13。这些飞机虽然没有大规模生产，但金属结构和单翼机的优势已十分明显，而且大幅度提高发动机性能后，完全可以弥补质量增加的不利因素。

美国波音公司研制的最后一种双翼战斗机 P－12

20 世纪二三十年代，欧美各国飞机厂商和飞行员都十分看重各种航空竞赛。在各种竞赛中，最引人注目的是速度竞赛。设计师和飞行员都把获得奖杯当作事业成功的重要标志。为此，飞机设计师千方百计采用新技术、新结构，设计创记录的飞机。铝合金材料、单翼结构、应力蒙皮等技术都是在竞赛飞机上首先得到广泛采用的。这些技术在竞赛飞机上取得成功后，又被用于改装战斗机。在德国，这种方式尤其明显。德国的 Bf.109、英国的“喷火”式等第二次世界大战名机都是这样研制出来的。通过这一途径，全金属单翼结构逐渐引入战斗机设计。

在美国，客机和轰炸机等大型飞机首先开始采用全金属单翼结构。1925 年，“福特”公司研制出三发全金属单翼客机，产生很大反响。客机由于尺寸较大，采用金属单翼结构的增重因素不明显。然而，战斗机如果质量过大，必然会影响到速度和作战性能。20 年代中期，寇蒂斯公司和波音公司是美国战斗机的两个主要供应者。寇蒂斯公司的“鹰”系列战斗机曾是美国陆军的主力战斗机。与该公司竞争的波音 15 型战斗机也于 1923 年 4

英国维克斯公司研制的最后一种双翼战斗机“愤怒”

月29日首飞，但军方偏爱寇蒂斯公司的P－10双翼战斗机。波音公司的单翼战斗机竞争失败。

美国攻击机也较早采用单翼结构。30年代初马丁公司研制出了当时有名的B－10单翼轰炸机，其速度达333千米每小时，比1931年时美国的任何战斗机都快。P－12E和P－6E等战斗机根本无法截击B－10。于是美国陆军在招标时，特别强调战斗机的飞行速度。这才促使飞机厂家纷纷抛弃双翼结构，采用全金属单翼结构和可收放起落架。30年代中期是美国双翼机向单翼机过渡的分水岭，P－35是美国第一种堪与欧洲媲美的战斗机。

波音公司研制的第一种单翼战斗机P－26

英国是受德国战斗机的影响逐步淘汰双翼机的。1926年，英国阿弗罗公司研制了第一架全金属飞机“阿弗罗”584。英国对航空企业没有有力的财政扶持，航空厂商很难进行新的探索。另外，军方向企业招标研制新机时，各种规定和限制太多，不能鼓励创新。英国航空界在飞机设计上比较保守，采用新技术相当谨慎。1927年英国航空部提出新的战斗机设计规范，要求单座、高升限、高速度。接着，航空部又要求研制高爬升率战斗机。当时有多种单翼机参与竞争，结果还是双翼的“愤怒”在竞争获得胜利。

1930年，英国航空部根据国际形势和航空技术的进步，发布了新的研制战斗机规范，要求研制高飞行速度、高巡航速度、高爬升率、远航程战斗机，并从作战角度着眼将飞机火力增加一倍。尽管有许多家公司参与竞争，由于指标高，跨度大，多家公司都败下阵来。单翼机在性能上明显超过双翼机，但由于此前布里斯托尔公司单翼机的失事，使人们怀疑单翼机的安全性和操纵性。要彻底击败20多年来建立起来的双翼机成熟模式，还必须克服许多技术和感情方面的障碍。1935年，英国皇家空军订购了格罗斯特公司的“长手套”双翼机。1935

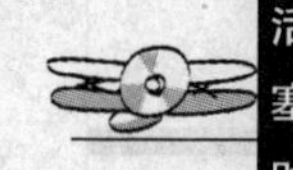

年 4 月 3 日经皇家空军鉴定后，将其改名为“斗士”式。它是英国空军订购的最后一种双翼战斗机，可以看作是英国战斗机革新的分界线。

为单翼机牢固确立地位贡献最大的两个著名设计师是卡姆和米切尔。他们以丰富的设计经验，良好的技术素养和深遂的眼光，专注于单翼战斗机的设计，后来终于取得了革命性的成就。1934 年，英国航空部又制定了新的战斗机研制规范，要求研制最大速度 440 千米每小时的新型战斗机，又有许多公司参与竞争。这一阶段最引人注目的特点是双翼机完全消失了。此后，英国主力战斗机“无畏”、“飓风”、“喷火”等无一例外都采用了单翼结构。当然，有的飞机采用是单翼木质结构，如著名的“蚊”式。

第二次世界大战开始前，苏联使用的主要作战飞机有伊 15 和伊 16 战斗机以及 CB 快速轰炸机和 DB－3 重型轰炸机。伊 15 和伊 16 是 1933—1934 年研制的。前一种是双翼机，后一种是单翼机。伊 15 战斗机的最大速度为 370 千米每小时，伊 16 是苏联第一种装有收放起落架单翼战斗机，飞行速度 490 千米每小时，速度比伊 15 快了 90 千米每小时。1933 年是苏联双翼机向单翼机过渡的年份，此后苏联研制的战斗机都采用单翼布局。

20 世纪 30 年代，由于新技术的出现和飞机使用的新要求，使大型客机、轰炸机、战斗机大都由双翼机过渡到单翼机，由木质结构过渡到全金属。所以到第二次世界大战时，战场上几乎看不到双翼战斗机了。但农林飞机和运动飞机却例外。由于双翼机飞行平稳，安全性较好，它还在小范围存在并发挥着独特的作用。我国仿制的“运 5”飞机就是其中的代表。算起来，它已在天空飞行了 60 多年了。

技术创新名机辈出

20 世纪 30 年代,出现了多项重大技术创新,导致飞机性能迅速提高。在第二次世界大战中欧美各国都推出了性能优异的先进作战飞机。这是技术创新的威力!

航空技术是一门综合性很强的高技术,航空事业的发展离不开相关技术的进步。在两次世界大战之间,各种相关技术得到了很大发展,包括结构、材料、机翼、增升装置、仪表、发动机等等。这些技术的采用使飞机由木制演变为全金属,由双翼过渡到单翼,由不可收放起落架变成可收放起落架,由粗糙外形变成流线形外型,使飞机的性能迅速提高。

在飞机发明之初,设计师主要根据鸟的翅膀的形状研究和设计机翼。从李林塔尔、菲利普斯到莱特兄弟,采用的机翼翼型都是像鸟翅膀那样的拱形薄翼型。菲利普斯利用改进的风洞进行了数百种翼型试验研究,有单弯度、各种双弯度,甚至还有菱形的。他发现,双弯度翼型即使没有迎角也能产生升力。这是一个重大发现! 19 世纪后期到 20 世纪初,航空先驱者在设计飞机时几乎都采用了带弯度的薄翼型,具体参数是根据风洞试验获得的,桑托斯一杜蒙、布莱里奥都是如此。这种翼型虽然升力较大,但阻力也很大,机翼升阻比较低。

俄国的茹科夫斯基提出了一种变换式,第一次用理论方法设计出了第一种理论翼型。这个变换式和茹科夫斯基翼型成了后来翼型理论研究和设计的基础。经过空气动力学家的发展,翼型理论成为翼型研究、设计和修改的重要依据。从此,设计师不再需要自己设计翼型了,只须根据具体要求选择即可。

在飞机不断发展和改进的过程中,材料的更新始终是重要内容之一。早期飞机除发动机外,结构材料以木材为主。莱特兄弟的“飞行者”1 号采用的就是木质骨架,其支柱和翼肋都是用云杉木制成,螺旋桨用胡桃木制造,机翼蒙皮则采用麻布。20 世纪头十几年,各国研制的飞机大致都采取类似的材料使用原则:除了重要的承力件采用金属件外,大量的部件和蒙皮都采用木材或纺织品。当时飞机速度低、质量轻,翼载荷很小,飞机各部件的载荷也很低,采用这些材料已足够了。木制飞机加工简易,价格低廉。木材的缺点也是显而易见的,除了很难做到强度、质量、性能上的最佳外,还存在易燃,易腐蚀等缺点。这些固有缺点不断地在使用中暴露出来,就产生了改进材料的想法和需要。随着飞机速度的提高,载重的增大,机动性的增强,木质结构走到了尽头。探索金属材料的努力逐渐取得了一些成果,其中最重要的是铝合金的问世。到 20 世纪 30 年代，铝合金已经相当普遍地用于飞机结构。

第二次世界大战时期德国著名战斗机 Bf. 109

发动机是飞机性能的关键因素之一。从第一架飞机诞生起，提高飞机速度、高度和载重就一直是从事航空活动的人们竭力追求的目标。20 世纪头 30 年，设计师和工程师为改进发动机付出过巨大的努力，并在燃料、结构、材料、冷却方式等方面取得重大突破。技术改进的主要内容有：改进发动机燃料，提高压缩比；活塞等零部件采用铝合金减轻质量；改进气冷与水冷技术，提高发动机的功率和寿命；采用涡轮增压器提高进气量，改善飞机的高空性能等。航空发动机性能水平不断提高，质量功率比下降了近 20 倍。

在航空史上，活塞时代的一个重大创新是变矩螺旋桨的发明和改进。早期飞机采用的螺旋桨桨叶都是固定角度的。它的重大缺陷是发动机和螺旋桨在不同飞行条件下不能以最有效的方式工作。变距螺旋桨在第一次世界大战间进行了初步尝试。1922 年 10 月 23 日，美国螺旋桨公司展示了一种新型的变矩螺旋桨。这种螺旋桨在高空飞行时，可以以较大的桨矩工作，以补偿较低气压的影响，从而产生足够的推力。当飞行高度较低时，以较小的桨矩工作，减轻对发动机的负担。在着陆阶段，较大的桨矩可以起到刹车的作用。1932 年，实用型变矩螺旋桨投入实用。定速螺旋桨在 1924 年由英国的海尔一肖和比凯姆在英国获得专利，1926—1927 年间进行了试验。1935 年，定速螺旋桨首先在美国投入使用。

第二次世界大战时期英国著名战斗机“飓风”式

20 世纪二三十年代各国飞机设计师都对设计竞速飞机有浓厚兴趣。提高飞行速度有多种措施，其中之一是使飞机表面更加“干净”，从而大大降低阻力。于是起落架可收放就成了设计师努力的方向之一。最初，设计师只是在起落架和机轮前面加上整流罩，以降低飞行阻力。后来，开始采用可弯曲的起落架，“腿”可以弯曲，减少了迎风面积，降低了阻力。1911 年德国的维恩采尔飞机首次安装了这种原始的可收放起落架。第一种真正的可收放起落架飞机是美国寇蒂斯一莱特公司研制的 R. B. 竞赛飞机。它的机轮可收到机身内。除可收放起落架外，还包括增压座舱、前缘和后缘襟翼等新技术。1920 年 9 月 28 日该机参加了贝内特奖竞赛。1922 年，美国的斯派里公司设计的 R-3 竞赛机也安装了可收放起落架，机轮可收入机翼内。

第二次世界大战以前，还有许多技术应用于航空领域。1910 年，无线电装上飞机，开始了空地无线电通信。1914 年，斯佩里研制成功电动陀螺稳定装置。这是自动驾驶仪的雏型。到了 20 世纪 30 年代，为了减轻驾驶员的负担，开始使用三轴稳定的自动驾驶仪，其主要功能是使飞机保持平直飞行。第一次世界大战中，飞机开始装置中波电台和监听式测向器。1928 年，陀螺地平仪和方向陀螺出现，30 年代初开始安装在民航机上。1932 年无线电罗盘开始装机使用。30 年代，无线电导航开始用于飞机，这时主要是无线电罗盘和四航道无线电信标。第二次世界大战期间，无线电导航获得大发展。应用于飞机的其他技术进步还有：全增压座舱的使用，空中加油技术的进一步改进和完善，仪表飞行和着陆及无线电辅助飞行技术，垂直速度指示器，高度表，除冰装置等。

第二次世界大战时期美国著名战斗机 P-38“闪电”式

20 世纪 30 年代是航空各项技术都走向成熟，并开始逐步用于飞机设计的时期。航空新技术不断出现和使用，使许多名机面世。技术创新引发航空的一次又一次革命，战斗机方面更是新机辈出。

第一种著名的战斗机是德国梅塞施密特公司推出的 Bf. 109，由威利 · 梅塞施密特和罗伯特 · 鲁塞尔设计。它的原型机于 1935 年 9 月 31 日进行首次试

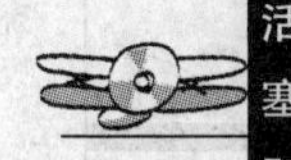

飞，最大速度在 480～620 千米每小时之间。它大胆结合了当时最新的技术和空气动力学成果于一身，包括全金属机身、铆接承力蒙皮、增升襟翼、可收放起落架、增压发动机等。这些技术过去曾单项用于其他飞机，但没有一架飞机结合了全部这些新技术。由于它集中了各项新技术的优点，有人把它看作是战斗机设计中的一场革命，是战斗机发展历史中的典范。

英国在 20 世纪 30 年代后期推出的“喷火”战斗机是各种新技术结合的产物。原型机于 1935 年 1 月生产，1936 年 3 月 5 日首次飞行。在试飞过程中，各种报告反映很好。英国空军决定大量订购这种新型战斗机。该机无论从技术上还是性能上，都是英国当时最先进的战斗机。它采用的新技术包括：单翼结构、全金属承力蒙皮、铆接机身、可收放起落架、变矩螺旋桨和襟翼装置。

苏联方面，第二次世界大战以前的战斗机主要机种是伊 15 和伊 16，性能不高。1941 年后，一批新型军用飞机已经开始研制。拉格、米格、雅克等系列战斗机发展最快，几乎是同时进行飞行试验的。比较出色的战斗机有拉格-3、米格-1和改型米格-3、雅克-1、雅克-3、雅克-5、拉-5 等新型战斗机，逐渐赶上德国的水平。

美国在 20 世纪 30 年代中期实现了向全金属单翼战斗机的过渡后，战斗机更新速度极快，机种之多超过任何国家。第二次世界大战期间，世界最优秀的战斗机就出自美国。它就是 P-51“野马”式。原型机 1940 年 10 月 26 日首次试飞。

第二次世界大战时期美国著名战斗机 P-40

P-51 战斗机布局没有特别之处，但它将航空新技术高度完美地结合于一身，采用先进的层流翼型，高度简洁的机身设计，合理的机内设备布局，使气动阻力大大下降，并且在尺寸和质量与同类飞机相当的情况下，载油量增加了 3 倍。战争年代，北美航空公司对 P-51 进行了一系列改进，包括采用轻质量机体，新型螺旋桨，全视界塑料座舱盖，新型翼型等，使其性能和机动性进一步提高，最大速度达 788 千米每小时。

上述几种名机的出现，完全得益于航空新技术的广泛采用。经过战争的考验，这些飞机不断改进，日益完善，几乎达到了活塞式飞机性能的顶峰。时至今天，人们还对这些飞机津津乐道，并称 20 世纪 30 年代是航空技术大发展的黄金年代。

制空争夺的战斗机

受制空权理论的影响,20 世纪 30 年代中期以后,各国都把研制先进的战斗机作为航空业的重点,以建立强大的空军。第二次世界大战期间,发展最快、机型最多、产量最大的就是战斗机。

战斗机是空战明星,倍受人们关注。20 世纪 30 年代航空技术的各项进步大都首先用于战斗机上。德国的 Bf. 109、Bf. 110,英国的"喷火"、"飓风",苏联的米格-1、米格-3、雅克-1、雅克-3 以及拉格-5,美国的 P-51"野马",日本的"零"式等,是这个时期战斗机的佼佼者。战斗机性能的迅速提高,得益于技术的进步,也受到战争的强烈刺激。

1933 年 2 月,纳粹党掌握了德国政权。1933 年 4 月 1 日,德国建立了防空部,将国防部、陆军和海军与航空有关的部门集中起来,经管德国的军事航空事务。1935 年 3 月 10 日,纳粹政府正式宣布成立德国空军,到 1935 年底,约有 1 800架各式飞机。战争期间,德国的飞机生产量直线上升。1939 年各型飞机生产量为 2 518 架,到 1940 年生产量就上升到 10 247 架,1941 年生产量为 12 410架,1942 年生产量达 15 409 架,1943 年生产量为 24 807 架,1944 年生产量达 40 593 架。第二次世界大战期间德国共生产各类飞机 113 514 架。

第二次世界大战后期德国著名战斗机 Bf. 109K

德国空军在 1935 年初采购的第一种战斗机是亨克尔公司研制的 He. 51。德国航空技术在 20 世纪 30 年代后期获得迅速发展,很快便诞生出一批优秀的作战飞机。第一种著名的战斗机是梅塞施密特公司的 Bf. 109。第二次世界大战开始时,它是世界最优秀的战斗机。在整个战争期间,它都是德国空军的主力战斗机。在对波兰、法国和苏联的闪电战中,在不列颠之战中,成群的 Bf. 109 在战场上空呼啸飞过,或为轰炸机护航,或单独进行空战。Bf. 109 战斗机共生产了 35 000 架,是整个第二次世界大战期间德国生产量最大的战斗机。

梅塞施密特公司研制的另一种著名飞机是 Bf. 110 重型战斗机。它于 1936

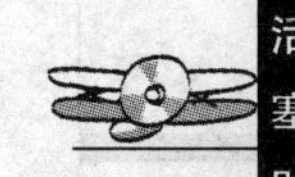

年5月12日进行了首次试飞。它在设计上强调高性能、重武装、远航程，适合于深入敌国领土实施作战，主要任务之一是纵深攻击敌人的轰炸机。它装有4门机炮、1挺机枪，还可携带炸弹。生产型Bf.110C于1939年1月装备德国空军，共计生产了6 050架。福克-沃尔夫公司研制的Fw－190“屠夫鸟”战斗机被看作是纳粹德国生产的最优秀的战斗机，共生产了20 000架。

1939年9月开战前，德国空军的作战飞机无论在数量，还是在性能上都居于世界领先地位。德国政府和空军首脑过分信赖空军的势力，在闪电战尝到甜头后，便放松了军用飞机的进一步发展。因此在随后的几年中，德国飞机工业在新型作战飞机研制方面并无建树。这个缺憾直到大战结束也未得到弥补。战斗机在大战中虽有大量的改进型，但全新设计的高性能战斗机很少。到大战末期，德国战斗机的性能和数量优势已经被盟军赶上和超过了。

第二次世界大战后期英国著名战斗机“喷火”式

英国在20世纪30年代以前以保守的态度对待航空工业和作战飞机研制。30年代初，国际局势发生了很大变化，英国空军首脑强烈要求政府增强空军势力。国际关系的紧张加上1932年日内瓦裁军会议的失败，终于使英国开始重视重整军备，扩大空军规模。1934年7月英国政府制定了新的空军扩建计划：到1939年皇家空军各式飞机达到1 252架。这个计划不断扩充，1938年9月30日慕尼黑协定签订后，英国政府决定将作战飞机的数量提高到3 185架。

从20世纪20年代到30年代，英国战斗机经历了一系列研制探索，逐步实现了从双翼机到单翼机，从木质到全金属的过渡。在政府不断提高飞机性能要求的激励下，高性能战斗机先后研制成功。“喷火”是其中最杰出的代表。此外，休泼马林公司的“飓风”式也是第二次世界大战期间的著名战斗机，驾驶起来平稳、和谐，易于操纵。1935年11月6日进行了首次飞行。由于它的出色性能，英国空军大量订购。“飓风”战斗机在第二次世界大战中表现十分出色。虽然性能尚不如 Bf.109，但由于低空性能好，盘旋性能好，且结构坚固，使它既能有效地攻击 Bf.109 等飞机，又能在受伤情况下得以生存。它与“喷火”式相互补充，在不列颠之战中，沉重打击了纳粹德国的作战飞机。它们的产量分别达到 20 351 架和 14 233 架。英国第二次世界大战期间还研制生产了著名战斗机“风车”式、“布莱海姆”式、“反抗”式、“台风”式、“蚊”式等。第二次世界大战期间英国共生产各种飞机 9.35 万架。

第二次世界大战后期美国著名战斗机 P－47

20 世纪 30 年代苏联的航空科研和生产能力也在迅速提高。1928 年苏联只有 18 个主要飞机和发动机生产企业，到 1931 年增加到 30 个。到 1941 年飞机厂增加到 28 个，发动机厂增加到 14 个，此外还有 4 个螺旋桨厂和 28 个辅机厂。

在 1941 年 6 月，纳粹德国对苏联进行的突然袭击之前，苏联航空工业经过改组和加强，一批新型军用飞机已经开始研制。拉格、米格、雅克等系列战斗机发展最快。1940 年开始设计的新型作战飞机很快进入试验生产阶段。除战斗机外，强击机也获得很大发展。伊尔－2 是伊留申设计局设计的强击机，于 1938 年设计，1939 年生产。它在苏德战争中成为使用最广泛的军用机，在配合苏联陆军部队作战方面起了很大作用。它的产量也许是全世界军用飞机中最多的，战争期间一共生产了 36 136 架。它的改型伊尔 10 也生产了 4 966 架，总产量达到 41 000 架。拉格－3、米格－3、雅克－1 的生产量分别为 6 528 架、3 322架和 8 721 架。斯大林格勒战役期间，又推出了拉－5、拉－7、雅克－3、雅克－7 和雅克－9 等高性能战斗机，生产量分别为 15 000 架、5 752 架、4 848 架、6 399 架、16 759架。

从 1942 年起，苏联飞机产量超过了德国。1942 年苏联航空工业共生产了各种飞机 25 400 架，而德国仅生产了 14 700 架。到 1943 年，苏联各种飞机年产量进一步增长到 35 000 架。两年间苏联空军飞机拥有量比德国空军多了 20 000多架。卫国战争期间，苏联共生产了 10.5 万架作战飞机。在性能上，苏联飞机也开始全面超过德国。

美国新型战斗机的研制从 20 世纪 30 年代中期开始，联合飞机公司、沃特飞机公司、寇蒂斯公司和塞维斯基公司一道，确立了全金属、下单翼战斗机基本模式。塞维斯基公司的 P－35 是美国战斗机开始赶上英、德的标志。此后，寇蒂斯公司研制了 P－36 战斗机，后来改进成 P－37、P－40 和 P－42。P－38“闪电”是洛克希德公司研制的双发战斗机，1937 年试飞成功。它是美国第一种性能超过英德同类飞机的战斗机，最高飞行速度达 664 千米每小时。贝尔公司的 XP－39“飞蛇”式的改进型于 1939 年 4 月进行了首次飞行。共和公司研制的 P－44和 P－47“雷电”也相当出色。P－47 是美国第二次世界大战时期发展的最大的单翼战斗机。它的高空性能优良，适于高空作战，是 P－38、P－39 和 P－40等的重要补充。P－38、P－39、P－40、P－47 在第二次世界大战期间是美国的重要战斗机，生产量分别达 9 923 架、9 558 架、13 738 架和15 683架。

第二次世界大战后期，美国还推出了两种杰出的战斗机：一是 P－51“野马”式，一是 P－61“黑寡妇”。前者被誉为第二次世界大战期间最优秀的战斗机，生产量达 15 686 架。P－61是第一种装有雷达的夜间战斗机，1942 年 5 月 26 首次飞行。它的外形结构比较奇特，主机身只有前半段，机翼上安装的两台发动机向后延伸构成双后机身，尾端是双垂尾和中间安装的水平尾翼。可伸缩的副翼使襟翼能伸至后缘的全长。它的个头很大，相当于一个中型轰炸机。与其他战斗机不同的是它的头部呈圆形，里面装有雷达。尽管“黑寡妇”又大又重，但速度很快，达 692 千米每小时。它能完成截击、空战和侦察任务，能深入敌方实施纵深攻击。

第二次世界大战后期美国著名战斗机 P－51“野马”式

从大战爆发到珍珠港事件之前，美国的航空工业得到了极大的刺激，投入研制的战斗机多达 30 多种(不包括改型)，编号从 XP－46 直到 XP－72。与同期的英德飞机相比，这些未投产的机种性能更高一筹，如 XP－50、XP－55、XP－56、XP－62、XP－58、P－63、XP－75、XP－72，其速度都超过 650 千米每小时，个别的竟达 790 千米每小时。

日本的航空工业长期不被西方看重。但第二次世界大战期间，日本的战斗机一鸣惊人，表现出很高的技术水平。1938 年以后，日本的作战飞机研制取得了很高的成就。非常有名的有三菱公司的 A6M“零”式战斗机，1939 年 4 月 1 日首飞。“零”式的特点是机动性好，结构坚固，航程远，能适应舰载和陆基作战的需要。它的出现令西方大为吃惊。正是“零”式战斗机改变了过去许多专家关于日本的航空水平大大落后于西方的说法。“零”式战斗机后来有许多改型，生产量在日本最大。它在太平洋战争中发挥了重要作用。另一种战斗机是中岛公司研制的 Ki－43“隼”式，也出现于 1939 年。它的改进型最大速度为 530

千米每小时，航程达 1 760 千米。1943 年，中岛公司又研制出 Ki－84“疾风”式战斗机，最大速度提高到 631 千米每小时。“疾风”式战斗机被看作是日本战斗机发展的巅峰，是 1945 年以前日本最出色的战斗机。其他著名战斗机还有川崎公司的 Ki－45“屠龙”、Ki－61“燕子”，中岛公司的 Ki－44，川崎公司的 Ki－102，三菱公司的 Ki－83 等。

第二次世界大战后期美国著名夜间型战斗机 P－61“黑寡妇”

日本战斗机研制广泛吸收了欧美的经验和技术，但也有自己的设计理念和特色。日本的战斗机首先强调轻小型，便于作为舰载机；其次是机动性好，强调空中优势；第三，日本的战斗机几乎都有惊人的航程，像“零”式的改型竟能达到 3 000千米以上；第四，强调能携带炸弹。由于发动机的限制，日本战斗机速度不高。在战争中广泛使用的战斗机中，“零”式战斗机的产量达到 10 449 架，Ki－43 生产了 5 919 架，其余的均在 3 000 架以下。

战斗机最能体现航空最新技术。由于对它的作战要求不断提高，任务不断增多，除空战夺取制空权外，还要求为轰炸机护航、由航空母舰携带远程作战、有强武器系统、能够对地攻击等，也使它逐渐朝大型化方向发展。这一点在美国的战斗机中体现得非常明显。活塞式战斗机的这些研制特点在战后喷气时代也被继承下来。

远程奔袭的轰炸机

从这里可以看到，第二次世界大战期间，轰炸机已经达到了怎样的性能水平。

战斗机的主要任务是夺取空战的胜利，争夺制空权。一旦占据空中优势，剩下的任务就交给轰炸机。按照军事航空理论家的观点，轰炸机的任务就是通过对敌人阵地、军事设施以及后方的大规模轰炸，消灭敌人的有生力量，破坏敌人的军事目标，摧毁敌人的战斗意志，最终迫使敌人投降。许多政治家和军事家在 20 世纪 30 年代都乐观地预计，未来单靠空军就可以获得战争的胜利。德国空军元帅格林就持这种观点。受制空权理论的影响，德国、英国和美国都十分重视轰炸机的研制和生产。

德国在第二次世界大战爆发前，先后研制了多种有名的轰炸机。道尼尔公司于 1934 年研制出 Do. 17 型轻型轰炸机，1935 年装备德国空军。虽然 Do. 17 在第二次世界大战中一直在使用，但由于它的载弹量只有 800 千克，威力不大，因此作用有限。在 Do. 17 的基础上，道尼尔公司发展出了 Do. 217 型双发中型轰炸机，最大起飞质量 16.7 吨，载弹量 4 吨，航程 2 150 千米。

第二次世界大战时美国著名重型轰炸机 B－17“空中堡垒”

容克斯公司研制的容克斯 Ju. 87 和容克斯 Ju. 88 轰炸机是德国对同盟国实施空袭中最出名的军用飞机，生产量上万架。容克斯 Ju. 87 号称“斯图卡”，意思是俯冲轰炸机。利用俯冲轰炸可以大大提高轰炸精度，主要作用是通过低空轰炸直接支援地面部队。在设计上，容克斯 Ju. 87 具有完美的流线形机身。根据它的具体运用，容克斯 Ju. 87 的武器系统可灵活设置。除两挺机枪外，用于远程轰炸时可携带不同数量的 1 800 千克级、500 千克级、250 千克级和 50 千克级炸弹。在德国发动闪电战时，容克斯 Ju. 87 俯冲轰炸机首当其冲，发挥了巨大作用。它极大地震慑了同盟国的军民。在欧洲特别是波兰、法国，“斯图卡”简直就是来自空中的毁灭和死亡的同义语。与一般飞机不同，容克斯 Ju. 87 简直能近乎垂直地俯冲下来投弹，最大允许速度可以达到 600 千米每小时。另外，飞机上还装有弦簧发声装置，在俯冲时发出尖锐的啸叫声，更加使人不寒而栗，给人们以极大的心理打击。

容克斯 Ju. 88 是多用途作战飞机，1936 年 12 月 21 日首次试飞，设计上强调高速度、强攻击能力。这是德国空军首脑埃沃斯提出的概念，要求速度应达到 500 千米每小时以上。容克斯公司根据这一思想设计了容克斯 Ju. 88 快速轰炸机。它不愧是一个空战多面手，可作为重型战斗机、截击机和夜间攻击机使用，也能完成轰炸任务，一直是德国空军的主力。它的最大载弹量可达 3 吨。由于德国空军重视轰炸，因此容克斯 Ju. 88 也主要作为轰炸机使用。它的改型很多，包括容克斯 Ju. 188，容克斯 Ju. 288 和容克斯 Ju. 388。

第二次世界大战时美国著名中型轰炸机 B－25“米切尔”

亨克尔公司的 He. 111 也是德国空军的主力轰炸机，这是一种下单翼双发轰炸机，1935 年 2 月 24 日进行了首次飞行。在设计上，He. 111 也采用了新的空气动力学成果，外形和结构都相当简洁完美，具有良好的操纵性，机动性甚至可与某些战斗机媲美。从任何标准看，He. 111 都堪称 30 年代最杰出的作战飞机之一。它的最大起飞质量 14 吨，载弹量 2 495 千克，正常航程 2 060 千米。亨克尔公司还研制了另一种大型轰炸机 He. 177“巨鸟”。其基本设计思想是远航程，能对英国任何地区进行轰炸，甚至还能飞到美国轰炸。1939 年 11 月 19 日，He. 177 原型机进行首次飞行，但直到 1943 年 1 月才开始投入服役。He. 177 的最大起飞质量 31 吨，航程达 5 500 千米。武器系统很强，除机炮和机枪外，载弹总量可达 3 500 千克。He. 177 生产量不大，只有 1 094 架。

在第一次世界大战中，英国就有研制重型轰炸机的经验。两次世界大战间，英国许多飞机公司在民航机研制中取得了突出的成就。汉德莱·佩季公司在 20 年代末推出的 H. P. 42 是当时最大的运输机，可载客 38 人。它在用于洲际航线运输时，取得了很好的成绩。民航机的设计制造经验，为轰炸机研制奠定了基础。

1935 年 7 月 9 日，考虑到重型轰炸机的威力，英国航空部决定研制采用先进技术的轰炸机。布里斯托尔公司研制了“布莱海姆”轰炸机，于 1936 年 6 月 25 日首飞。它的载弹量只有 454 千克，但速度很高，达到 456 千米每小时。原型机在试飞时，速度竟比刚刚服役的“斗士”式战斗机还快了 80 千米每小时。皇家空军订购了这种飞机。“布莱海姆”轰炸机在第二次世界大战初期名声很大。虽然它的地位由于后来的多种轰炸机的服役而大大下降，但在 1939 年 9 月 4 日首次袭击德国在威廉港的战舰一役，可以说是盟军的首次重大胜利。

第二次世界大战爆发前，英国研制出了四种著名的轰炸机。它们在对德国实施纵深轰炸中发挥了巨大作用，立下了不朽功勋。第一种是维克斯公司研制的“威灵顿”轰炸机，为双发上单翼远程轰炸机，于 1936 年 6 月 15 日首飞，载弹量 2.5 吨。第二种是肖特公司研制的“斯特林”重型轰炸机，1939 年 5 月 14 日首次飞行，载弹量高达 6.35 吨。第三种是汉德莱·佩季公司研制的远程重型轰炸机“哈里法克斯”，1939 年 10 月 25 日首次飞行，载弹量为 4.54 吨。第四种是阿弗罗公司研制的“兰开斯特”式轰炸机，1941 年 1 月 9 日进行首次飞行，载弹量高达 10 吨。“兰开斯特”轰炸机被看作是英国第二次世界大战时期研制的最成功的重型轰炸机，作战损失率在上述四种轰炸机中最低。这四种轰炸机都有多种改型，是二次大战期间英国及同盟国的主力轰炸机。“威灵顿”共生产了 11 461 架；“斯特林”共生产了 1 430 架；“哈里法克斯”共生产了 6 176 架；“兰开斯特”共生产了 7 366 架。

第二次世界大战时美国著名重型轰炸机 B－29“超级堡垒”

美国早期研制的大都是轻型轰炸机。马丁公司 1932 年发展的 B－10 轰炸机是美国航空史上相当有名的飞机。它的速度超过了当时的战斗机，因而曾大出风头。B－10 的最大起飞质量 6.98 吨，最高速度 418 千米每小时，航程 3 347 千米，载弹量 1 000 千克。道格拉斯公司研制的 B－18“大砍刀”是由 DC－3 改型而来的，最大起飞质量 12.55 吨，载弹量为 948 千克，但生产量不大。

30年代后期，由于航空军事战略的变化，美国放松了攻击机和轻型轰炸机的研制，转而加大力量发展重型轰炸机。由于美国的航空技术水平迅速提高，轰炸机的研制能力也随之提高，从而推出了几种在第二次世界大战中赫赫有名的远程战略轰炸机。

第一种是波音公司的B-17“飞行堡垒”。它的杰出表现使陆军于1938年决定大批订购B-17轰炸机。它是真正的飞行堡垒，武器系统很强，包括一门机炮，12挺机枪，可带7.98吨炸弹，其特种作战改型甚至可装30挺机枪。联合公司于1939开始设计B-24“解放者”轰炸机，原来的目的是作为B-17的后继机，生产型B-24A于1941年交付，1942年首次轰炸日本本土。B-24可装10挺机枪，载弹量达4吨，各种改型广泛用于欧洲、亚洲和非洲战场。它是世界生产量最大的轰炸机，共生产了18 188架。

北美航空公司根据陆军的要求，研制了著名的B-25中型远程轰炸机。原型机于1939年1月首次试飞，共生产了11 000架。它的武器系统包括1门机炮，3挺机枪，最大载弹量1.8吨。

第二次世界大战时英国著名重型轰炸机“兰开斯特”

在美国陆军战略轰炸机设计招标时，又出现了两种有名的轰炸机。一是波音公司的B-29“超级堡垒”，参考了B-17的设计。1943年秋第一架生产型B-29交付使用，1944年6月5日首次参战。B-29采用了特殊的翼型和富勒襟翼，可达到相当高的翼载荷。它的武器系统包括1门机炮，10挺机枪，载弹量9.07吨。它在第二次世界大战末期实施对德国和日本的战略轰炸发挥了巨大作用，共生产了3 970架。1945年8月6日和9日，两次在日本投下原子弹的就是B-29轰炸机。与B-29同时参加竞争的还有统一公司的B-32“统治者”轰炸机。它的原型机于1942年9月7日首飞，装有10挺机枪，载弹量达9吨。由于发展不够充分，B-32的生产量不大。

第二次世界大战期间，英国的“兰开斯特”和美国的B-29是远程轰炸机的典型代表，从技术数据可以看到当时战略轰炸机达到的水平。“兰开斯特”机长21.18米，翼展31.09米，机高6.1米，最大起飞质量31.75吨，最大速度462千米每小时，航程1 670千米。装有四台1 650马力的发动机，载弹量10吨。B-29机长30.18米，翼展43.05米，机高9.02米，最大起飞质量64吨，最大飞行速度576千米每小时，航程6 600千米，装有四台2 200马力的发动机，载弹量9吨。

空海大战的舰载机

从这里可以看到，第二次世界大战期间，舰载作战飞机已经达到了怎样的性能水平。

原始的航空母舰试验早在1911年就进行过。1916年，英国首先在“坎帕尼亚”号供应船上安装了较长的飞行甲板。舰载飞机是费雷尔公司研制的水上飞机，改装后，可载10架。飞机在甲板上起飞，在船边的水面上降落，回收上舰。1917年，英国又将一艘轻型战列舰改装成航空母舰，名为“暴怒”号。在它的前方铺设了70米长的飞行甲板，后又在舰桥后面全部装上飞行甲板。这艘航空母舰可载飞机20架，使用的飞机是“幼犬”式。

世界上第一艘专门设计制造的航空母舰是日本的“风翔”号。1919年开始制造，1923年下水。它的排水量为7 470吨，船员550人，航速25节，可载飞机21架。这艘航空母舰采用岛式布局，在飞行甲板右舷有3个小烟囱，烟囱上装有铰链，飞机起飞时可以放倒。航空母舰上还配有两部升降机。

1922年，美国建造了“兰利”号航空母舰，也是在军舰基础上改进的。舰载飞机采用波音公司的F2B－1双翼机。这些早期的航空母舰大都是在两次世界大战间的和平年代出现的，未能派上用场。第二次世界大战爆发后，情况发生了重大变化。由于舰载飞机能够突破飞机“腿短”的缺陷进行远距离作战，因此许多国家都十分重视航空母舰的发展。历来野心勃勃，又位于孤岛的日本尤其重视航空母舰和舰载机的研制。日本是亚洲及太平洋战场的元凶。这场战争最初是日本军国主义者发动的对亚洲各国的侵略战争。1941年12月日本突然袭击了美国太平洋舰队所在地珍珠港，挑起了太平洋战争。从此，这场战争变成了日本对亚洲诸国连同美英等同盟国之间的大战。太平洋战争不仅是第二次世界大战中最大的战场之一，也是极有特色的战争。空中力量在这场战争中的运用极其普遍，甚至成为决定战争胜负的主要因素。日本作为亚洲最强的航空大国，有效地运用了其航空兵。美国也是十分重视航空母舰的国家。第二次世界大战期间，美日间在太平洋爆发了多次空海大战，显示了航空母舰和舰载作战飞机的作用和威力，预示了现代战争的新模式。

日本的航空事业开始得较早，发展也相当快。1910年10月3日，奈良原三次制成了日本第一架飞机“奈良原”号。1919年11月，陆军成立航空委员会。1920年，川西机械制作所设立飞机部，三菱内燃机制造公司成立并很快开始研制舰载战斗机。在此前后，川崎造船所设立飞行机部，石川岛飞行机制作所建立。这些企业后来成为日本重要的飞机生产部门。随着1925年陆军航空本部的成立，航空兵的力量得到加强，当时已拥有各类飞机500架。由于政府对先进技术引进利用的重视和大力支持，日本航空工业发展很快。

随着扩张野心的不断膨胀，日本航空兵力量发展很快。1933年前，日本陆军拥有26个飞行中队。1938年时航空中队数进一步增加到53个，分成16个联队，分别驻扎在日本本土、中国东北、朝鲜半岛和中国台湾。1936年日本还计划在6年内再增加89个中队。这意味着到1942年日本陆军将拥有142个飞行中队，包括40个战斗机中队，39个轻型轰炸机中队，30个重型轰炸机中队和2个超重型轰炸机中队。这个新计划的重点是加强重型轰炸机中队的密度。

为适应舰载作战和海上作战的需要，日本十分重视舰载鱼雷轰炸机和俯冲轰炸机的研制。在这方面日本曾得到德国的帮助。俯冲轰炸机最著名的是爱知公司研制的D3A，1940年服役。它的起飞质量不大，但可携带370千克炸弹。它的后继型D4Y的速度有所增加，达到552千米每小时。鱼雷轰炸机中最有名的是中岛公司的B5N，1940年服役。B5N不仅能装鱼雷，而且还能带800千克炸弹。它的改进型B6N于1944年问世。这几种飞机生产量较大，是珍珠港事件和中途岛之战中日本的主力作战飞机。

第二次世界大战时美国著名的舰载战斗机“海盗”

在1941年时日本被看作是航空母舰势力最强大的国家，美国处于第二位，英国名列第三。珍珠港事件爆发之时，日本拥有9艘航空母舰，美国拥有8艘。日本每艘航空母舰通常载有16～21架A5M或A6M零式战斗机，18～27架爱知D.3A俯冲轰炸机和18～27架B－5N鱼雷轰炸机。一艘航空母舰上最多共载有75架作战飞机。美国每艘航空母舰通常载有18～38架F－2A“水牛”式

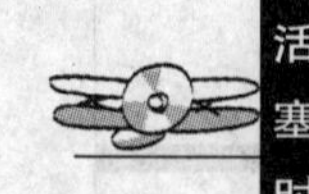

或 F－4F“野猫”式战斗机，36架 SB－2U 或 SBD“无畏”式俯冲轰炸机以及 18 架 TBD“蹂躏者”鱼雷轰炸机。一艘航空母舰上最多共载有 72 架作战飞机。

第二次世界大战时美国著名的舰载战斗机 F4U

空袭珍珠港的特混舰队由南云中一中将指挥，包括 6 艘航空母舰，共出动飞机 360 架。12 月 7 日星期天清晨 6 时 15 分，南云派出第一批飞机从距珍珠港 370 千米处起飞直扑美国太平洋舰队，发起猛烈空袭。珍珠港之战日军击毁击伤美军停泊在珍珠港的 7 艘战列舰和 6 艘其他军舰，炸毁美军飞机 180 架，炸死炸伤美军 3 400 余人。日军投入作战飞机 360 架，仅损失了 9 架“零”式战斗机、15 架 D3A 和 5 架 B5N 轰炸机。

1942 年 6 月 4 日，日美海军之间爆发了著名的中途岛之战。当天日本舰队几乎倾巢出动进攻中途岛。守卫该岛空域的只有为数不多的美国陆战队飞机。开始日本击落了美国陆战队许多“水牛”战斗机，后来又粉碎了美国陆战队和陆军航空队轰炸机对这一大规模集结舰队的进攻。此时，由仅有的三艘航空母舰组成的美国舰队，立即奔赴这一海域。这次，美国人首先发动了攻势，一批新式“蹂躏者”鱼雷轰炸机从低空飞向日军。正当日军动用一切防御力量，全力以赴对付这些贴着海面飞行的鱼雷轰炸机的时候，道格拉斯“无畏”式俯冲轰炸机突然出现在日本舰队上空的云端，直向毫无准备的日航空母舰扑来，使日军遭到很大损失。到当日傍晚，至少有 4 艘日本航空母舰被击沉，250 余架飞机被击落。这次战役，日军损失了大批几乎无法替补的飞行员。更重要的是，日本航空母舰的绝对优势被打破了。中途岛之战是太平洋战争的一个转折点。

第二次世界大战时美国著名的舰载战斗机 F6F“恶妇”

美国也相当重视舰载飞机的发展。20 世纪 30 年代末至第二次世界大战期间，美国研制了几种性能优良的舰载作战飞机，包括舰载战斗机、舰载俯冲轰炸机和舰载鱼雷轰炸机。

第二次世界大战时日本著名的舰载/陆上战斗机 A6M“零”式

在战斗机方面，有格鲁曼公司研制的 F-4F“野猫”式，1941 年服役；布雷沃斯特的 F-2A“水牛”式，1941 年服役；沃特公司研制的 F4U“海盗”式，1944 年服役；格鲁曼公司研制的 F6F“地狱之猫”，1944 年服役。较早的“野猫”和“水牛”性能尚不及日本的“零”式，但当“海盗”式和“地狱之猫”出现后，优势相当明显了。此外，舰载轰炸机还有道格拉斯研制的 TBD“蹂躏者”鱼雷轰炸机。该公司又于 1939 年研制了 SBD-3“无畏”式俯冲轰炸机，性能比“蹂躏者”有了较大提高。格鲁曼公司于 1942 年研制了 TBF“复仇者”鱼雷轰炸机，性能很高，正好赶在中途岛之战爆发前服役，机上装有动力炮塔，火力很强，给日军飞机和军舰造成很大伤亡。1943 年，寇蒂斯公司推出 SB2C“地狱俯冲者”轰炸机，在太平洋战争中发挥了重要作用。

美国的舰载作战飞机生产量很大：F4F-4生产了 8 000 架，F4U-1 生产了 12 681 架，F6F-5 生产了 12 272 架，SBD-3 生产了 5 936 架，TBF-1 生产了 9 836 架，SB2C-1 生产了 7 002 架。这些飞机的性能大都超过了日本的同类飞机，其中 F4U-1 的速度达到了 684 千米每小时，航程 1 635 千米；F6F-5 速度达到 621 千米每小时，航程 1 670 千米。美国第二次世界大战末期投入服役的舰载作战飞机代表了当时世界的最高水平。

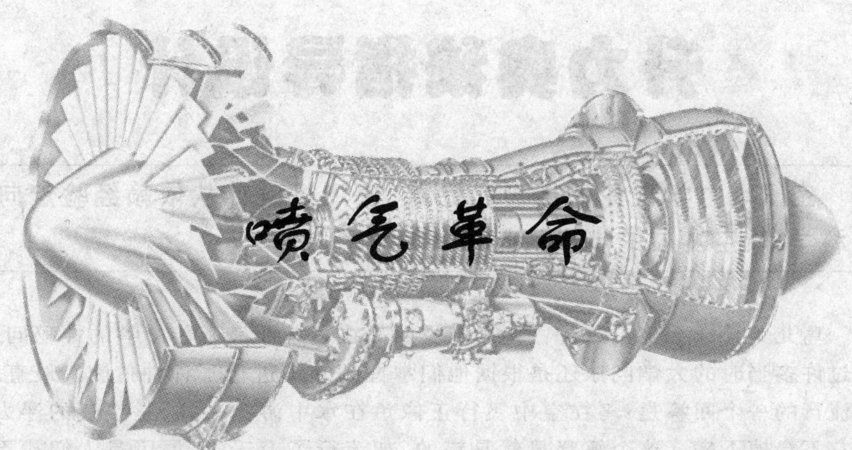

喷气革命

航空发动机是飞机的心脏。一架飞机的性能和可靠性如何，发动机是最重要的一个因素。在第二次世界大战结束以前，航空发动机几乎全部是活塞式汽油机，但飞机速度达到了 700 千米每小时后，就很难再有大的提高了。一方面，提高活塞式发动机功率与其体积、质量的增大相比得不偿失；另一方面，当飞机速度逐步提高时，螺旋桨外缘线速度将首先接近声速，使效率持续下降，并发生振动等不稳定因素引起飞行事故，甚至导致机毁人亡。

航空设计师和科学家从 20 世纪 30 年代开始探索新的动力装置。燃气轮机和涡轮增压器的发明为喷气发动机的出现奠定了坚实的基础。在喷气推进思想的引导下，英国人弗朗克·惠特尔和德国人汉斯·冯·奥海因几乎同时各自独立发明了新型的涡轮喷气发动机。1939 年 8 月 27 日，安装奥海因喷气发动机的 He. 178 进行了试飞，成为第一架喷气飞机。喷气飞机的研制成功标志着航空新时代的到来。

在喷气发动机不断完善的同时，还出现了加力喷气发动机、涡轮风扇发动机、涡轮螺旋桨发动机、涡轮轴发动机。由于空气动力学、耐高温合金、气冷和液冷及相应的加工技术的发展，不仅使发动机的推力和推重比大大提高，而且使其经济性大大改善。喷气发动机的发明与成熟为航空大发展提供了动力上的保证，相关技术也得到迅速发展。后掠翼设计思想、层流翼型和减阻技术、面积率理论、新型材料和结构设计技术的运用，使飞机很快就突破了声障。1947 年 10 月 14 日，美国试飞员耶格尔驾驶 X－1 试验机试飞时飞行速度首次超过了声速。喷气时代几乎成为超声速时代的同义语。

升力奥秘指导设计

空气动力学理论的出现和完善，使飞机设计从依赖经验走向崇尚科学，航空发展的步伐从此大大加快了。

鸟儿为什么会飞？这是古代人们长期都在思考而又不能解答的神秘问题，不过许多当时的大学问家还是根据他们掌握的知识进行了种种猜测。最直观、最流行的一个回答是：鸟在空中飞行正像鱼在水中游泳一样，是空气的浮力支持它不会掉下来。这个解释显然是错的，却流行了上千年，原因是人们找不到更好的答案。

鸟儿在空气中的确会产生浮力，但浮力很小，根本不足以将鸟儿支持在空中。风筝是很古老的人造航空器。无论做得多么轻，它总会比等体积的空气重。那么风筝为什么会长时间留在空中而不会掉下呢？这个问题可能比鸟儿为什么能飞的问题要简单得多。风筝能放飞到天上，必须有一定的风，风越大，飞起来越容易。如果没有风，风筝就放不上去。风是空气流动的结果，气流使风筝产生了一个向上的力。这个力就是升力。通常风筝与风的方向总是呈一个角度，风在吹向风筝时，对风筝产生的压力可分解成两个方向的力，一个与原来气流的水平方向相同，一个与气流的方向垂直并指向上方。前者就是阻力，后者就是使风筝上升的升力。牵引风筝绳索的力平衡了风的水平力，使风筝保持在一定位置不动，升力使风筝不断上升。

飞机机翼产生升力的原理与风筝升空的原理完全一样吗？从牛顿到航空之父凯利，从李林塔尔到莱特兄弟都认为二者相同或相似。换句话说，他们都认为飞机是被机翼下面的气流“顶”到天上去的。现在我们只能遗憾地说，他们的回答错了。

可能有人会问，莱特兄弟对升力的理解错了，为什么他们能发明成功飞机呢？原因很简单，他们得益于实验数据。利用实验数据可以确定升力与机翼面积、运动速度、倾角大小的经验公式。莱特兄弟研制飞机时，就是根据实验数据设计机翼的。

升力产生的机制可以通过伯努利定律来理解。伯努利定律指出，流体的动压与静压之和是一个常数——总压。动压越大，静压就越小；动压越小，静压就越大。由于动压与速度的平方成正比，因此速度越大，动压也就越大。这样，伯努利定律可作如下表述：流体流速快的地方，压强小；流体流速慢的地方，压强大。

借助伯努利定律可以解释升力的来源。为简单起见，设想有两个空气分子，它们在机翼前缘分开，一个沿上表面流过机翼，一个沿下表面流过机翼。按照流体运动的连续性，这两个分子必须同时到达机翼后缘进行会合。通常机翼的剖面下平上凸，从上方流过的分子必须以更大的速度运动经过较长的距离才能与下面的分子同时到达机翼后缘。两个分子运动速度不同，对翼面产生的压力就不同，下面的分子速度较慢压强较大。这样就产生了一个压力差，这就是向上的升力。

19 世纪末，兰开斯特、库塔和儒科夫斯基等人运用环流理论对机翼产生升力进行了定量研究，从而彻底改变了 19 世纪甚至包括 20 世纪初飞机设计家关于升力的物理观念。他们认为机翼上表面高速气流形成的低压区产生的“吸力”是升力的重要来源。简言之，升力是机翼周围气流上吸、下顶共同作用的结果。事实上，在全部升力中，上表面负压强产生的吸力比下表面正压强的推力更大。

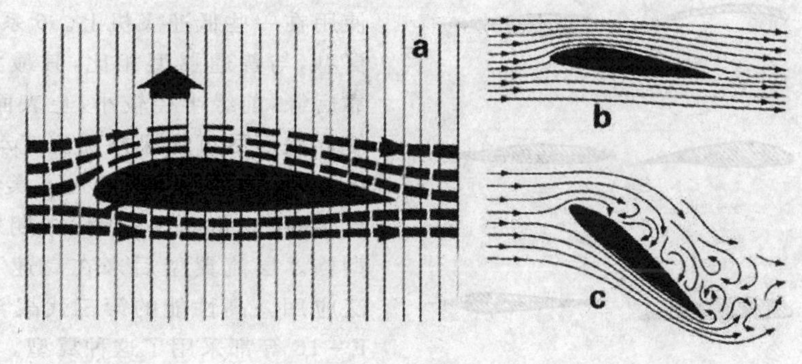

升力产生的机制与平流、紊流

以往设计飞机，为确定机翼的升力大小，惟一的手段是依据经验数据。用这种方法无法设计出效率最高的机翼，而且盲目性很大。利用升力理论，飞机在图纸阶段就能较精确地计算出升力大小，对它的飞行性能和载重性能都能较准确地估计。可以说，有了升力理论，才使飞机研制日益成为一门科学。

第一次世界大战以前，飞机设计与空气动力学理论脱节现象十分严重，大大制约了航空的发展。升力理论和机翼理论的建立，为飞机设计真正成为一门科学打下了坚实的基础。自此以后，空气动力学家和飞机设计师才真正建立起合作关系。更重要的是，空气动力学研究成果开始为飞机设计服务，并且发挥越来越大的作用，飞机性能日新月异，航空技术真正走上健康发展的道路。

在机翼设计中，机翼的截面形状——翼形设计非常关键。有了升力理论就可以设计理论翼型。第一次世界大战中，英国皇家飞机公司开始了系统的翼型研究，设计出了著名的RAF6和RAF15等翼型。德国哥廷根大学则利用儒科夫斯基理论翼型在大量试验基础上，设计出了哥廷根225和387翼型。这些翼型对后来的翼型设计产生了重大影响。20世纪20年代初，美国兰利实验室设计出克拉克-Y翼型。英国、德国、苏联和美国在战后都进行了系统的翼型发展，得出了不同的翼型系列。在这些翼型中，美国航空咨询委员会发展的NACA翼型家族影响最大。NACA翼型研究始于1929年。系统研究和设计工作的目的是建立机翼翼型设计方法，并建立翼型系统库。这项工作取得了极大成效，获得了重要成果，为飞机设计和翼型选择提供了很多借鉴。

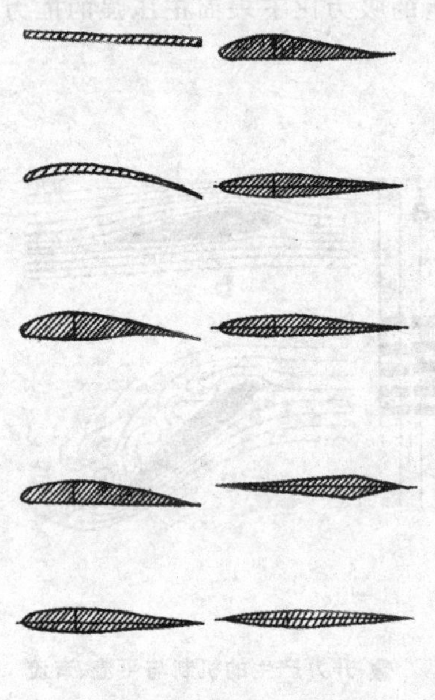

各种不同的翼型

NACA翼型包括4位数字翼型、5位数字翼型和6系翼型。4位数字翼型主要用于低速、轻型飞机上，至今仍在一定范围内使用。5位数字翼型仍适用于低速飞行，广泛使用在一些低速飞机上。6系翼型又称层流翼型，与普通翼型相比，其最大厚度位置更靠后缘，前缘半径较小，上表面比较平坦，能使翼表面尽可能保持层流流动，从而可减少摩擦阻力，提高飞行速度。美国航空咨询委员会在20世纪40年代中期发布了6系翼型族。层流翼型后来在高速飞机上得到广泛应用。高性能的第三代战斗机如F-14、F-16等都采用了这种翼型。

对于大型民航机，能以跨声速巡航飞行对改善经济性十分有利。从20世纪60年代开始，兴起了所谓跨声速无激波翼型的研究，经过种种努力，发展了几种无激波翼型。第二代和第三代客机开始采用“尖峰”翼型。波音747客机就采用了自制的“尖峰”翼型，在高亚声速巡航飞行时，气动阻力小，临界马赫数高，成为当时大型客机中航程最远、速度最快的一种。其最大速度可达到声速的0.85倍，即马赫数为0.85(约1 000千米每小时)。

1967年，美国的惠特科姆首次提出了一种新的翼剖面形状——超临界翼型。与普通翼型相比，超临界翼型的特点是前缘钝圆，上表面平坦，下表面凸出，接近后缘处有反凹，看起来这种翼型很像是倒置的低速翼型。超临界机翼在降低激波阻力方面的效果甚佳，能使飞机在马赫数为0.95时仍无激波产生，

低速和跨声速升力特性也较好，且不会增加飞机质量，因而被广泛用于小型飞机和大型第四代客机上。这种翼型增加了机翼厚度，对增加油量也十分有利。由于降低了阻力，油耗也相应降低，经济效益十分明显。

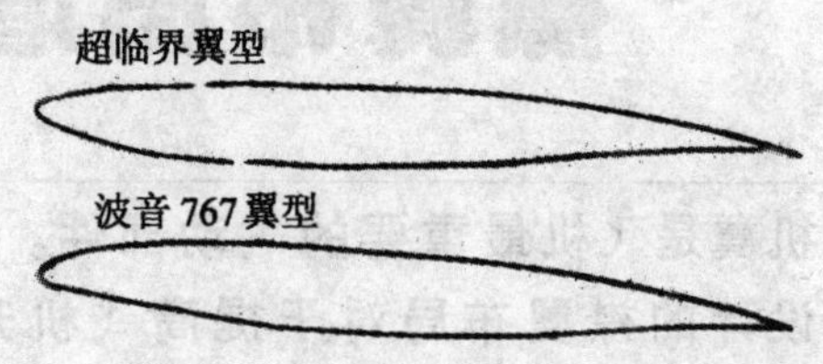

超临界翼型

目前NACA的4位数字翼型和5位数字翼型仍广泛用于轻型飞机、低速飞机和部分高速飞机上。大部分高性能、高速作战飞机则大量采用6系或6A系层流翼型。大型民航机则采用层流翼型、尖峰翼型和超临界翼型。当今大型民航机设计强调安全性、舒适性和经济性，而现有翼型无法满足这些要求，于是一些大型飞机公司纷纷开发自己的翼型，并已用于自己研制的民航机上。空中客车公司、波音公司和原麦道公司都是如此。他们研制的翼型也都是在层流翼型、尖峰翼型和超临界翼型基础上，通过改进压力分布特性和升阻比特性并经反复试验确定的。

襟翼布局增升减阻

机翼是飞机最重要的气动部件。襟翼是机翼的重要组成部分。优化设计的襟翼布局对于提高飞机升力，降低飞行阻力起到重要作用。

一架飞机在高空正常飞行的时候，机翼看起来好像是一个整体。其实不然，现代飞机机翼是结构非常复杂的空气动力部件。机翼前缘、后缘都装有长短、宽度不同的翼片，有的可向下偏转，有的可向前伸出，有的可向后滑退，可谓五花八门。由于这些翼片是机翼的附属物，并且可以偏折，像衣襟随风摆动一样，因此称之为“襟翼”。

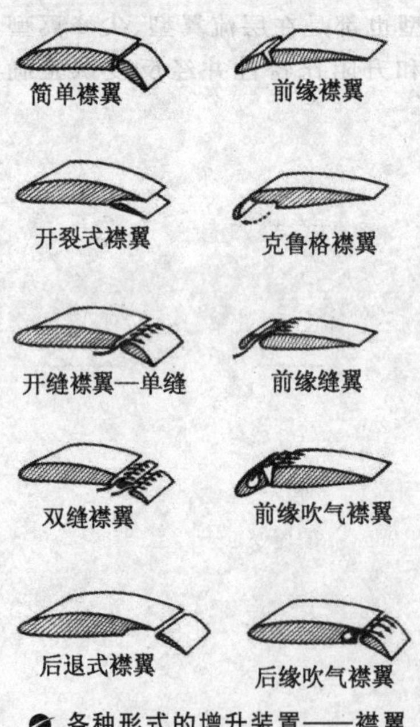

各种形式的增升装置——襟翼

平时停在机场上或在高空飞行时，襟翼都收拢在机翼前缘或后缘上，看上去只有一条条细线，看不见“全貌”。一旦飞机进入起飞或着陆阶段，它们的原形就显露了出来。你看它们，有的向前伸出一块，有的向后长长地拖出，有的在伸出的同时还留下几道缝隙。刚才还是一块整体的机翼，现在看起来真像羽翅下垂、伸张开来的大鸟的翅膀了。

五花八门的襟翼到底起什么作用呢？在回答这个问题之前，先来看看机翼的作用和整体机翼存在的问题。

机翼的作用就是产生足够的升力使飞机能够飞上天空。如果机翼是一个整体的话，那么在机翼面积、翼型、展弦比确定的情况下，它的最大升力也是确定不变的。如果飞机的全部质量是 50 吨，机翼必须产生 490 千牛以上的升力才能飞起来。我们知道，机翼面积越大，升力越大；速度越大，升力也越大。换句话说就是：在需要的升力一定的情况下，机翼面积大，起飞速度可以慢些；起飞速度快，机翼面积可以小些。因此，为了把这架 50 吨的飞机弄上天，可以采取这样两个办法：选用面积较小的机翼，通过加大起飞速度使升力达到 490 千牛以上；或者使起飞速度保持在较低的值上，采用大面积机翼产生 490 千牛

的升力。

这两个办法行不行呢？下面就来分析一下。第一个办法机翼面积较小，飞机的结构质量就较轻，这是优点；但起飞速度很大是不利的，一方面要求机场跑道很长，对舰载飞机更是不利；另一方面高滑跑速度对安全的威胁极大。第二个方法起飞速度低，有利于缩短滑跑距离。但当飞机起飞后速度大大增加，大面积的机翼便成了累赘，不但给发动机增加了负担，使载重量大大减少，而且会使阻力剧增，耗油量显著增加。

这就是所谓飞机的“高低速矛盾”。用整体一块方式设计的机翼不能同时满足大载重量、低起飞和着陆速度、低阻力和低耗油率的要求。襟翼的一个主要作用就是协调这个矛盾，具体来说是大大提高飞机起飞和着陆等低速阶段的升力，因而又称“增升装置”。利用它，既不需要很大的机翼，也能产生足够的升力，协调载重、速度、阻力和油耗方面的矛盾。

襟翼为什么能增加升力呢？根据升力理论，在速度一定的情况下，提高升力的办法主要有四种：一是改变机翼剖面形状，增加翼型弯度；二是增加机翼面积；三是尽可能保持层流流动；四是在环绕机翼的气流中，增加一股喷气气流。襟翼就是通过改变翼型弯度、增加机翼面积、保持层流流动而大幅度提高升力的。

俄罗斯图-22M轰炸机的后缘襟翼

襟翼有多种形式。最简单的是后缘襟翼。它是机翼后缘的一部分，可以弯曲，这样就会改变机翼弯度，提高升力。不久，又出现了开裂式襟翼。它是附着在机翼后缘下表面的一个翼片，平时帖在机翼上。当它放下时，一方面可使翼型变弯，一方面会在机翼后缘形成低压，两方面的效果都是增加升力。通常，开裂式襟翼可使升力系数提高75%～85%。

20世纪20年代，出现了开缝襟翼。它是一片或几片附着在机翼后缘的可动翼片，平时与机翼合为一体。当飞机起飞或着陆时放下时，襟翼片能够增加机翼的面积，改变机翼弯度，同时还会形成缝隙。增加面积可以提高升力，形成缝隙可使下表面的气流经缝隙吹向上表面，在较大范围保持层流，能减少失速现象的发生。这对于提高安全性也十分有利。

开缝襟翼具有提高机翼总升力，推迟气流分离，提高失速迎角等多种功能，因而获得了广泛应用，是襟翼中十分重要的一种。它也可以装在飞机前缘上，通常都是一条。目前大型飞机特别是客机都安装了双缝或三缝襟翼，可提高升力系数 85%～95%，效果十分显著。开缝襟翼，特别是多缝襟翼的结构比较复杂，质量大，因而主要用于大型飞机。它在增加升力的同时，也会使阻力大大增加，这对降低着陆速度、提高安全性十分有利。

还有两种襟翼也很常见，一种是富勒襟翼，一种是克鲁格襟翼。它们结构比较复杂，质量大，因而主要用于重型轰炸机和大型旅客机上。

富勒襟翼是在机翼后缘安装的活动翼面，平时紧贴在机翼下表面上。使用时，襟翼沿下翼面安装的滑轨后退，同时下偏。使用富勒襟翼可以增加翼剖面的弯度，同时能大大增加机翼面积，所以增升效果非常明显，升力系数可提高 85%～95%，个别大面积富勒襟翼的升力系数可提高 110%～140%。富勒襟翼在大中型飞机上采用较多，可以改善起降性能。

克鲁格襟翼位于机翼前缘，它的外形相当于机翼前缘的一部分，上表面有重叠部分。使用时利用液压作动筒将克鲁格襟翼向前下方伸出，既改变了翼型，也增加了翼面积，因此增升效果也比较好。它的优点是构造简单，缺点是不能像缝翼那样具有推迟气流分离的功效。英国的"三叉戟"客机就装有克鲁格襟翼。克鲁格襟翼可分成多段，占据机翼全长。

波音 747－400 起飞时放下的后缘富勒襟翼

襟翼是现代飞机普遍采用的增升装置。不同的飞机根据自身的要求，选择不同的襟翼或几种襟翼的组合。小型军用机采用后缘襟翼较多，而大型飞机特别是客机则同时采用前缘和后缘襟翼的组合，且往往是多缝翼。这就使大型客机的襟翼系统十分复杂。襟翼的设计和布置也十分考究，要经过大量的风洞试验才能最后确定。

民航机场的建设总是适应当时客机的要求。起飞质量较小的飞机要求跑

波音 747－400 降落前放下的富勒襟翼

道长度较短，大型飞机要求跑道很长。新出现的大型飞机为了打开市场，必须适应现有的跑道，对它的起降性能要求更高，在设计襟翼时花费的精力更大。波音 747 在机翼前缘内侧设计了 3 块前缘襟翼，外侧设置了 10 块改变弯度的前缘襟翼。后缘设置了 3 组三缝式后缘襟翼。在前后缘襟翼都放下时，可增加机翼面积 20%，最大升力系数提高 80%，这就使它具有良好的起飞和着陆性能。在比波音 707 起飞质量增加一倍的情况下，波音 747 的起飞和着陆距离增加不大，完全可以使用为波音 707 设计的机场，提高了它的适应性和安全性。A300 宽体客机设置了三组前缘缝翼，占全翼展，内侧采用克鲁格前伸式襟翼。机翼后缘安装了带调整片的富勒襟翼，襟翼全偏转时可使机翼弦长增加 25%，起飞和着陆升力系数很高，改善了起飞和着陆性能。A310 的襟翼有所简化，保留了前缘襟翼布置，后缘用简化的富勒襟翼。DC－10 和 L－1011 两种宽体客机都采用了全翼展的前缘缝翼和双缝式后缘襟翼，使飞机具有良好的失速性能和起飞着陆性能。

襟翼的发展并没有完结。上面介绍的襟翼装置发展比较成熟，还有一类襟翼概念提出的也很早，但直到现在仍不完善，这就是喷气襟翼。它的设计方案很多，基本思想都是通过从发动机或高压气瓶引出气体，吹向机翼或襟翼表面，产生增加升力、推迟分离、降低阻力、改善失速特性的目的。由于喷气襟翼十分复杂，目前只有个别飞机，如“鹞”式垂直起落飞机和 F－4、F－104、米格－21 轻型战斗机使用了喷气襟翼。试验工作仍在进行之中。

欧洲空中客车 A340 起飞时的后缘襟翼

航空材料不断革命

早期的飞机主要采用木质材料。由于金属材料的巨大优越性，20 世纪 30 年代以后铝合金成为飞机材料的主流。20 世纪 70 年代，科学家又研制了一种新型材料——复合材料。它质量轻，加工简单，易于成型，强度适中，逐渐用于飞机，成为铝合金的重要替代品。

制造飞机与制造汽车、火车、船舶等交通工具相比，需要的材料要求更高。作为航空产品，质量轻是基本的要求之一，强度高也是一个重要条件。这些因素综合考虑，使航空材料比地面交通工具使用的材料难度更大。在航空领域，一直有“为减轻每一克质量而奋斗”的口号，寻求质轻、坚固的材料是航空材料发展的主要方向。可以说材料技术的进步，与航空的发展和飞机性能的提高密切相关。

航空材料技术的不断进步是航空发展历程重要的组成部分。由于飞机的性能如速度、载重、过载、热载等因素的增大，对飞机结构与强度的要求越来越高。

德国第一次世界大战时的木制飞机 LVG

20 世纪开始的 20 年，德、法等国设计出了为数不多的几架采用铝合金的飞机。飞机主体结构受力件仍采用钢管或硬铝，机身和机翼蒙皮则采用铝制波纹板。它们在气动方面没有大的突破，质量却增大了，因此性能没有什么提高。这就使不少人怀疑飞机采用金属材料的意义。有人担心，采用金属材料后，质量的增加可能会使其根本飞不起来。有人担心沉重的机翼可能会突然掉下来。还有人担心，采用昂贵的铝合金可能导致飞机价格猛增，用户根本买不起。木制飞机加工制造简易，价格低廉，第一次世界大战期间最优秀的战斗机英国的“骆驼式”的价格只有 907 英镑，大型轰炸机也不过 8 000 多英镑。

随着对飞机性能要求的不断提高，木质材料的缺点越来越多地暴露出来，

结构脆弱、安全性差、易燃、易腐蚀、各向异性突出等。很难做到强度、质量、性能上的最佳设计。另外，由于难以做到计算精确，为了保险，只能留有较大的余量。这样一来的代价是只能在飞机性能上做出一些牺牲。

英国的木制"蚊"式战斗机

随着飞机速度的提高，载重的增大，机动性增强，木质结构走到了尽头。特别是当人们终于意识到全金属飞机的安全性大大优于木质飞机时，铝合金材料终于在30年代中期开始全面取代木质材料，成为飞机最重要的材料。与此同时，铝合金材料得到极大发展。

1906年，法国工程师维尔姆在一次实验中意外地发现，含4%的铜、0.5%的镁、0.5%的锰以及少量硅、铁的铝一铜一镁合金具有时效强化现象：铝合金在经过急速冷却之后，在室温下放置若干天，其硬度和强度均有所增加，但塑性却不降低。这就是最早出现的第一种铝合金——杜拉铝。

铝一铜一镁系列铝合金是在早期杜拉铝的基础上发展起来的。在从木制飞机向全金属飞机的过渡中，从材料方面看，主要是提高材料的强度以满足减轻飞机质量的要求。因此，自杜拉铝问世以后，一直就把提高铝合金的抗拉强度作为研究重点。从20年代开始，美国人通过在合金中增加硅的含量，研制出2014铝合金，抗拉强度提高了。与此同时，美国人又在合金中增加镁的含量，于30年代研制出了性能更好的2024铝合金——超级杜拉铝合金。这种铝合金的研制成功，为飞机材料开辟了光明的前景。超级杜拉铝合金至今仍是飞机结构的主要材料。由于它的重要性，我们在此将各添加元素的比例列出：铜3.8%～4.9%、镁1.2%～1.8%、硅0.5%、铁0.3%、锰0.3%～0.9%、锌1%、铬0.1%、钛0.15%、其他元素0.15%。

德国容克斯公司1919年研制的第一种全金属客机F-13

随着喷气发动机的广泛使用，飞机的速度迅速提高。特别是当飞机突破声障以后，机体温度随之提高，原来的铝合金就不能胜任了。高速飞机不仅要求强度高，而且应具有良好的抗蚀性、韧性和较高的耐热性。1954 年，美国埃肯公司在英国 RR57 合金的基础上，通过添加金属锆和钒发展出 2219 合金。最初它被用于温度在 260 至 316 摄氏度下的飞机部件（锻件）中，在此温度范围内它比 2024 等合金强度都高。50 年代后期，埃肯公司为了提高 2024 合金的高温强度和降低密度，在 2024 中添加金属镉和锂代替原来的镁，结果它的室温强度和高温强度、弹性都有较大提高，密度却有所下降。这就是 2020 合金。

美国研制的钛合金 3 倍声速侦察机 SR－71

在铝—铜—镁系列合金发展和完善的同时，铝—锌—镁合金的研制工作就已开始了。1923 年至 1924 年间，科学家发现铝—锌—镁合金经淬火和时效后具有很高的强度，并通过研究发现了这种热处理效应的机理。美国埃肯公司的韦伯 1933 年研制了一种实验型铝—锌—镁合金，锌 10%，镁 2%，铜 2%，锰 1%。这种合金的屈服强度有了较大提高。他在铝合金中加入了铜和锰，使其抗腐蚀性有所改善，但还远远达不到要求。在这类铝合金的早期研究中，日本取得的成就最大。日本通过添加少量铬于 1937 年研制成功超强铝合金。著名的“零”式战斗机就以它作为主要结构材料。美国在研制铝合金时，从日本那里受益匪浅，研制的 7075 铝合金曾被用于 B－29 轰炸机。1960 年，埃肯公司对 7075 进行了过时效处理，研制成功 7175 铝合金。这种合金具有很好的耐腐蚀和抗裂纹性，深受美国空军欢迎。F－5 和 F－15 等飞机都采用了 7175 合金件。

1941 年，美国埃肯公司的诺克研究了一种含锌量较小的合金。他在合金中加入少量铬，发现添加铬可以提高合金的抗蚀性。1943 年，埃肯公司在诺克工作的基础上，研制成功新合金 75S。从 40 年代中期开始，这种加入铬的铝合金

广泛用作飞机的结构材料，是航空材料史上的一次重大突破。

高温材料早期探索工作，在欧洲的英、法、德三国进行得比较广泛，其中英国最为先进，特别是在镍基合金方面。1929 年，美国人派林和梅利卡不仅在镍基合金中加入铝，还加入少量钛，结果奇迹发生了：材料强度显著提高！新的沉淀硬化镍基合金出现了。这个发现引起世人关注，围绕这一发现，各国研制出了各种新的镍基合金。

热障的出现使飞机结构材料面临新课题。在这种情况下，飞机材料面临两种选择，采用耐热钛合金，或者采用不锈钢，它们各有优缺点。实事上，在选用何种材料以解决热障问题上存在着不同的观点。美国倾向于用新材料，他们选择了钛合金。这不仅解决了气动热问题，而且还带来了减重的效益。苏联则倾向于通过设计来解决技术问题，他们选择了不锈钢。但从突破热障，减轻质量，提高性能多方面考虑，钛合金是必然的趋势。

虽然在现代飞机结构材料中，钛合金应用有增长的趋势，但它在今后相当长的时间内仍不可能取代铝合金的地位。铝合金有着 90 年的发展历史，研制、冶炼、加工都积累了丰富的经验。更重要的是，铝合金有着钛合金无法比拟的价格上和加工上的巨大优势。因此，铝合金至今仍是飞机的主要结构材料。

德国 Bf－109 全金属战斗机

金属材料强度高，但质量很大。能不能找到一种质量轻、强度较高的材料，解决金属材料过重的问题呢？答案是肯定的——这就是复合材料。它与人们日常生活中经常打交道的看似柔软的纤维有关。

复合材料是由两种或多种材料（主要是非金属材料）经一定的加工方法组合成的多相材料，起增强作用的材料为增强体，起粘结作用的材料为基体。复合材料比其组成的原材料具有更好的性能还具有一些原来没有的性能。材料科学家们早已认识到，看起来非常柔软的纤维实际上具有很高的强度。例如，细细的尼龙绳很难拉断，即使棉纤维绳也具有极高的抗拉性。问题是，怎样利用纤维的优良特性呢？把它做成布作为飞机的蒙皮材料在 20 世纪初就已采用了，但很快就遭淘汰，因为这种蒙皮在横向受不了多大力。

法国科学家巴斯德说过这样一句话：机遇只偏爱有准备的头脑。许多发明创造就带有偶然性。如果不是有心人，一项伟大的发明可能就会擦肩而过。把纤维和聚酯组合形成完全不同的新型复合材料就是在一次偶然的机遇中发现的。

1947 年的一天，一位名叫理查德·杨的航空工程师在实验中偶然将玻璃纤维与环氧树脂混合在一起，结果成功地发明了一种奇特的材料。这种材料具有玻璃纤维与环氧树脂各自所不具备的新性能，令他惊奇不已。1960 年，美国材料科学家杰克、魏顿等人发展了纤维增强的新理论，对这种新材料的性能和机理做出了圆满的解释，并把它称作“复合材料”，从此揭开了材料历史的新篇章。

复合材料的优点很多，质轻只是其中之一。另外，复合材料很容易加工成各种复杂的形状，使以往需要用铆接或焊接的大部件成为一个整体，提高了可靠性。这些优越性很快显现出来。在 1970 年举行的第 12 届世界滑翔比赛中，参赛的 79 架滑翔机中有 66 架是用玻璃纤维制造的。

1950 年，美国工程师克劳德和泰勒发展了硼纤维，引起美国空军的极大兴趣。空军材料研究所与他们签订了研制轻质高弹性模量纤维的合同。1961 年，这种硼纤维研制成功。其性能比玻璃纤维优越得多，只是价格昂贵，几乎与黄金相近。除硼纤维外，另一个发展动向是碳纤维或石墨纤维。

20 世纪 50 年代，美国又开始用人造丝制造纤维。1958 年，联合碳公司利用人造丝及其织物进行了碳纤维及碳织物的工业生产。与此同时，美国的赫兹开始探索利用聚丙烯腈取代人造丝，作为制取碳纤维的原料。这是一场碳纤维材料研制的革命。利用聚丙烯腈作原料，热处理工艺简单，性能也很好。此后，美国、英国、日本都沿着这个方向进行研究，取得了丰硕成果。随后又发展出碳—碳复合材料(碳纤维增强石墨)，高温性能大幅度提高。

至此，碳纤维无论从质量上还是产量上，都实现甚至超过了科学家们最初的预想。从硼纤维到碳纤维，进而到碳一碳纤维的研制成功，是复合材料发展史上最重要的一步。正是因为有了这些新型材料，使航空材料进入了复合材料新时期。此时，复合材料不仅保持了质轻、易于加工成型等特点，而且还具备了耐热、硬度高等性能品质，从而扩大了应用范围。

美国赫克勒斯公司首先用石墨环氧复合材料制造了 F－5 战斗机的翼尖，比同样的铝合金制件轻 25%。接着美国又在 F－4 飞机的方向舵上、F－14 飞机安定面上和 F－15 战斗机上的水平尾翼和垂直尾翼上开始使用复合材料。从 1976 年开始，美国的 F－18 飞机上使用复合材料作为机翼蒙皮。麦道公司又在 AV－8B“海鹞”式飞机的主机翼上首次使用复合材料，复合材料占结构质量的比例达 26%。大型飞机也广泛使用复合材料，如波音 757 的副翼、方向舵、升降舵等部件，L－1011 的垂尾，A－320 的尾翼等。

与战斗机和民航机相比，直升机上采用复合材料更加广泛。早在 1947 年，美国就用玻璃纤维制造了第一副直升机桨叶。此后，德国、美国都进行了在直升机上采用复合材料的研究与试验。20 世纪 60 年代后期，波音公司改用复合材料作为 CH－47 直升机的桨叶。70 年代后研制成功的直升机如德国的

Bo-105、美国的CH-53、CH-46、OH-58、AH-1等型号，都采用了复合材料桨叶。80年代初，法国宇航公司研制成功著名的“海豚”式直升机不但桨叶采用复合材料，机身上的蒙皮也采用复合材料，占总面积的70%以上。

复合材料耐高温的品质也获得了广泛应用。对宇宙飞船、航天飞机来说，返回大气层时的防热问题十分突出。如果防热问题解决不了，将会造成机毁人亡的严重后果。早期宇宙飞船采用金属烧蚀材料，不仅质量大，防热效果也不理想。后来，美国在研制航天飞机过程中，利用各种复合材料终于成功地研制出机身防热瓦。航天飞机轨道器的防热要求是：结构不能太复杂，质量不能太大，能多次重复使用。经过反复研究论证，最后决定轨道器机身采用常规铝合金结构，而蒙皮表面安装新研制的高性能防热瓦。由于轨道器表面不同区域的温度不同，因此共研制了4种复合材料防热瓦。它们的适应范围为370～1 590摄氏度。航天飞机表面防热材料总面积为1 100平方米，安装了24 000块防热瓦，总质量约7吨，占结构质量的10%。

目前的航空和航天领域，是多种材料交互使用、优势互补的局面。现在看来，这些材料还将长期共存。它们自身会得到很大的发展，在飞机上采用的比例也将根据各自的发展情况，不断变化和调整。可以预言，轻金属材料和钢材已经相当成熟，发展势头不会有太大的增长，但非金属特别是各种复合材料的发展前景十分广阔。这种材料在航空材料中的地位将不断提高，并且将在更大的范围内替代金属材料。

声速障碍难以逾越

飞机在以接近声音的速度飞行时，空气的强烈压缩会形成巨大的激波阻力，就是声障。声障为什么难以逾越呢？

在一般人眼中，空气是最柔弱的。我们平常在行走过程中，几乎感觉不到空气的存在。春天的微风吹到脸上，令我们感到十分舒服。所以在西方，空气是女性的象征。然而，在一定条件下，空气的威力是极大的。当空气流动形成的风大到一定程度时，它便具有很大的破坏力。台风、飓风给所经过的地带造成的巨大损失有目共睹。对航空来说，几吨、几十吨甚至上百吨的飞机能够飞上天空，也是柔弱的空气与机翼作用的结果。

空气是由微小的气体分子组成的，包括氮气、氧气、二氧化碳和其他微量气体，气体分子之间是有空隙的。当有外力作用于气体分子时，它们彼此之间的空隙会缩小。一旦外力消失，气体分子又会恢复原来的空隙。这就是空气的可压缩性，宏观上表现为空气的弹性。这一点人们早已认识到了。现在利用空气可压缩性原理的机械数不胜数，各种充气轮胎就是人们最熟知的一类。

风洞试验中的激波影像

飞机在大气中飞行，必须穿过数不清的大气分子。假定空气不可压缩，那么飞机从空气中飞过时，空气粒子受到飞机冲击的作用力立即会传向下一层空气粒子。这样一层一层传下去，几乎一瞬间就传遍整个大气，地球上各种物体都会受到这种冲击力。实际情况并非如此，在离飞行路线稍远的地方就感觉不到这种冲击力。可见空气不可压缩的假设是错误的。

当飞行速度高于 0.4 倍声速（约相当于 480 千米每小时）时，空气的可压缩效应便显著起来。20 世纪 30 年代末到 40 年代初，曾有许多高速战斗机在俯冲时由于速度达到近声速使阻力剧增，升力锐减而导致失速或失控，甚至发生灾难性事故。因而高速空气动力学的理论和实验工作全面展开，开始了空气动力学的高速时期（或称“可压缩空气动力学时期”）。

可压缩是空气的基本特性。在空气动力学研究中，不可压缩与可压缩特性究竟有什么本质不同呢？我们知道，飞机在空气中飞行时，机身前部和机翼前缘会对前面遇到的空气粒子产生压力。在稠密大气中空气可看作是连续性的，这个压力会向前传播，作用于更前面的空气粒子。在不可压缩流体中，压力强度层层传播都在瞬间完成，如同空气本身是一个整体一样，压力强度在空气中的传播不需要任何时间；在可压缩流体中，每一层空气传播压力都会有一个缓冲的时间，即飞机对空气的扰动需要有一定时间才能传向前方。换句话说，不可压缩空气与可压缩空气的主要差别在于，对前者而言，压力强度变化的传播速度为无限大，而对后者传播速度则为有限值。声音是一种机械振动，它在空气中产生的压强变化传播的速度就是声速，其大小与空气密度等因素有关。两种压强变化的传播的物理机制和影响因素完全一致，速度值也相同，因此常常用声速来衡量飞机的飞行速度。为纪念超声速研究的开拓者德国科学家、哲学家马赫，人们将实际飞行速度与当地声速的比值称为马赫数。飞机以声速飞行是指飞机的飞行速度与大气扰动在空气中的传播速度相同。

F－14 战斗机作超声速飞行时产生的激波

声音的传播速度与介质的密度和温度有关。空气密度和温度越大越不容易压缩，声速也就越快；密度越小和温度越低空气越易于压缩，声速也就越慢。由于这个原因，一些科学著作谈到声速时都使用“当地声速”这个古怪的词以示差别。“当地声速”是相对飞行器来说的，即飞行器在某地飞行时该地的声音传播速度。海平面的声速值最大，为 340 米每秒，也就是1 224 千米每小时。到了 11 千米高空，声速值降为 296 米每秒，即 1 066 千米每小时。在空气动力学领域，经常会看到亚声速、高亚声速、跨声速、超声速和高超声速等概念，都是飞机飞行速度相对于声速的大小而言的。

F－16 战斗机作超声速飞行时产生的激波

在可压缩气流中，飞机扰

动引起的空气压强变化向前传播的速度是有限的。飞机在飞行过程中，不断对空气产生新的扰动。这些扰动引起的压强变化会在飞机前方积累，从而导致空气密度发生变化。密度增加的幅度在不同的飞行速度下是不同的。在0.3倍声速以下，它约增加5%左右，可忽略不计。飞行速度进一步增大，密度的变化更为显著。当速度进一步提高到接近声速时，由于飞机对前方空气扰动导致的压强变化会层层积累，于是在机前很小的范围内，空气密度急剧增大。而当飞机以声速飞行时，由于扰动的传播速度与飞机运动速度相同，每一个扰动相对飞机来说就不再向前传播，而是依次叠加在飞机头部，造成扰动波的集中。这时，飞机与前面的空气骤然相遇，剧烈碰撞，空气遭到强烈的压缩，密度急剧增大，仿佛一面致密的空气墙壁挡在飞机的面前。这就是所谓的激波，它给飞机带来一个很大的阻力。这一阻力随激波的形成而来，所以叫激波阻力，简称波阻。激波和波阻的存在，给飞机速度的进一步提高带来很大障碍，因而称之为“声障”。

F-14战斗机超声速飞行时产生的尾部激波

波阻是超声速飞行必须克服的特别阻力。根据计算，飞行速度在声速附近时(常称跨声速段)，阻力系数会急剧增加好几倍，波阻上升为主导因素，它可能会消耗发动机全部功率的3/4。当飞机速度超过声速时，新的扰动便发生在旧的扰动之前，空气压缩和积累现象随之大大减弱，强激波会变成弱激波，阻力系数会缓慢下降，波阻也随之减小。因此，飞行速度在0.8～1.2倍声速之间的所谓跨声速段的空气动力学问题是最棘手的。

飞机在以声速飞行时会产生激波。有时当飞机以亚声速飞行时，机翼上的某一区域气流也会首先达到声速从而产生局部激波。当飞机表面首次出现激

波时的飞行速度与当地声速之比称为临界马赫数。为了避免超声速区域的产生，尽可能提高临界马赫数具有很高的实际意义，相当于推迟了激波的来临。另一方面，在正激波情况下空气压缩最厉害，波阻也最大；斜激波对空气的阻滞效应较弱，空气压缩较轻，波阻也较小。因此对于超声速飞机，关键的问题是通过选择合适的机翼形状尽量避免正激波和强激波。推迟激波来临、削弱激波强度是高速空气动力学需要解决的关键课题。

后来，经过科学家的不懈努力，在发动机方面出现了喷气动力，在外形方面出现了后掠式机翼，在结构方面出现了高强度铝合金。这些成就应用于飞机设计，终于使人类在20世纪40年代后期突破了声障。

技术基础百年建立

中国古代发明的火箭是最早的喷气动力装置。19世纪，由于社会的需要，与喷气推进相关的技术逐步发展起来。这些技术是航空喷气发动机诞生的基础。

从第一架飞机诞生起，提高飞机飞行速度、飞行高度和载重就一直是从事航空活动的人们竭力追求的目标。从1909年起，在一届又一届的航空大赛中，新的速度和高度记录总是引起新闻界和公众的极大关注甚至狂热，不少飞机设计师醉心于创记录飞机的设计。这对于航空技术的发展起到了很大的推动作用。此外，从当时军用和民用航空的实际要求来看，提高飞机的飞行速度、飞行高度和载重也是十分重要的。这些指标与发动机功率大小关系极大。

中国明代发明的利用反作用原理的火箭弹——神火飞鸦

早期飞机的惟一动力是活塞式内燃机。在20世纪最初的30年中，人们为改进这种发动机付出过巨大的努力，并在燃料、结构、材料、冷却方式等方面取得过大量的成果。这些改进使航空发动机的性能水平不断提高，其功率质量比在30年中提高了近20倍。螺旋桨在这一时期也由于环流理论的应用、材料和加工水平的提高、各种变速和变矩装置的采用，效率不断提高。飞机推进系统的这些改进大体适应了人们对于飞机速度等性能水平不断增长的要求以及飞机外形结构的发展。

在喷气发动机诞生以前，所有的飞机都采用活塞发动机，与汽车发动机完全相同。汽油在汽缸中燃烧产生高温高压气体，推动活塞作往复运动，带动曲轴旋转，最后经齿轮减速驱动机械转动。活塞发动机在不断改进过程中，一直很好地用在汽车上，为什么在飞机上就不能长久地使用呢？

从发动机本身来看，活塞发动机结构复杂、质量大、功率低、维护困难。要想提高发动机功率，必须增加汽缸数量，而汽缸本身是非常笨重的。这不但大大增加了发动机的质量，使飞机难以承受，而且汽缸越多，结构越复杂，可靠性

和寿命也会因此大大下降。

活塞发动机在不断改进中,热效率不断提高,压力不断上升,转速不断加快,汽缸数不断增加,结构日益复杂,加工日益精细。所有这一切,在一定的技术条件下都有一定的限度。改进越是趋于完善,就越难以做更进一步的改进。20 世纪 30 年代以后,能使航空活塞发动机的性能有重大提高的改进几乎没有了。它开始表现出衰老的征兆。为了满足人们对于提高飞机速度的需要,发动机设计师们一直用增加气缸数目的方法,提高发动机的功率。但事实证明,此路不通。因为当飞机速度达到一定的水平时,这种方法给飞机带来的负担是飞机所无法承受的。例如,美国莱康明公司制造的 XR7755 星形气冷发动机,功率虽然达到 3 730 千瓦,但因采用了多达 36 个气缸,质量高达 2.7 吨,当时飞机完全无法安装和承受这种巨型发动机。另外,活塞发动机体积大,安装到飞机上无法保证有很好的流线外形,会产生极大的阻力。

美国通用电气公司研制的涡轮增压器

另外一方面,活塞发动机必须通过螺旋桨将功率转换成飞机的拉(推)动力。飞机在飞行时,螺旋桨桨叶的速度实际上是两个速度的合成,大大高于飞机的速度,桨尖尤其如此。随着飞机速度的提高,螺旋桨桨尖与空气的相对速度将首先到达声速,并产生激波,使效率大大下降并有机毁人亡的危险。当飞行速度达到 700 千米每小时时,螺旋桨的效率便急剧下降。这样一来,不但速度提升不上去,而且还存在极大的安全隐患。这意味着不仅发动机不能适应航空发展的需要,推进方式也必须要改变。

发动机使用涡轮增压器的 P-47 战斗机

以上情况,正如苏联著名飞机设计师雅科夫列夫所指出的:“从 30 年代起,就已经明显地看出,活塞发动机和螺旋桨的飞机虽然有近 50 年的发展史,却到了山穷水尽的地步了。”要使飞机性能进一步提高,必须探索全新的动力装置,喷气发动机应运而生。

重大的技术发明并不是凭空而来的,是建立在长期的技术积累基础之上的。喷气发动机也不例外。早在2000多年前，中国人就发明了水轮机。它利用水流的力量，带动水轮转动，把河流中的水提出来灌溉农田。宋代出现的走马灯则是利用热气流上升带动叶轮旋转。它与喷气发动机的燃气涡轮原理是一样的。1870年以后，蒸汽机领域中的科学成就与水轮机的发展结合在一起，发展出一种新的动力机——蒸汽轮机，由蒸汽驱动涡轮。这种动力装置当时主要用于发电站。几乎与此同时，经过长期的探索，内燃机也诞生了。这二者的出现，预示了一种新的涡轮机——燃气轮机的诞生。燃气轮机是通过燃烧气体直接驱动轮机旋转，内燃机则需要通过活塞、曲轴间接产生旋转运动，因而燃气轮机结构更简单，体积更小，质量更轻，转速更高。

在20世纪最初的10年中，美国和欧洲不少国家都出现了最早的一批热衷于研制燃气轮机的人。在此基础上，一种特殊的燃气轮机——活塞发动机涡轮增压器发展了起来。1905年，瑞士工程师比希用一台多级轴流式压气机与一台活塞发动机组成了"复合式发动机"，首次提出涡轮增压的概念。1917年，拉图为一台活塞发动机设计了一个由冲压式涡轮和离心式压气机组成的增压器，这一装置虽然效果不十分理想，仍然在战争后期投入了成批生产。1918年，美国通用电器公司工程师莫斯开始设计和研制涡轮增压器。增压器使一台261千瓦的发动机在海拔6 000米高空产生了266千瓦功率，取得了完全的成功。

发动机使用涡轮增压器的P-38战斗机

最早关于空气喷气发动机的设想是法国人洛林在1908年提出的。他当时建议，在活塞发动机的排气阀上接一支扩张型的喷管，利用燃气从喷管向后喷射的反作用力推动飞机飞行。也就是说，在活塞发动机正常工作的情况下，利用大部分排出的高压气体产生喷射推力。1910年，旅居巴黎的罗马尼亚人科安达进行了最早的喷气式飞机的试验飞行。他用一台活塞发动机带动一个管道内的风扇转动，驱动空气向后喷出，产生反作用推力。当年11月10日，从未驾驶过飞机的科安达用自己设计的“喷气飞机”进行了一次短暂的跳跃。在热衷于航空的巴黎人眼中，这次试飞虽然不算成功，但仍然是令人鼓舞的。不少报刊和杂志报道了这次飞行并给予了相当高的评价。

德国第二次世界大战时研制的Me.163火箭截击机

第一次世界大战后，在探索更为有效的航空动力形式的过程中，空气喷气推进方式受到越来越多的重视。在20世纪20年代和30年代，为研制喷气式发动机，技术专家提出了众多的方案和设想，并进行过不少试验。当时大家关注的主要是这样一类结构：用活塞发动机驱动压气机工作，空气压缩后进入燃烧室与燃料混合燃烧，高压燃气最后进入尾喷管喷出。这个设想最初由英国人哈里斯提出后，在英、法、德、美、意等国引起了不少人的重视。

喷气推进技术发展到此时，已经是万事俱备，只欠东风了。由于专家们在研制喷气发动机过程中，始终没有摆脱活塞发动机的束缚，离发明成功尚有一步之遥。“最后一层窗户纸”不久后被英国的惠特尔捅破，他完成了喷气发动机的发明，从而名垂史册。

喷气动力巨大创新

20世纪30年代，由于活塞发动机的“先天不足”，航空喷气发动机应运而生。喷气动力的出现，是航空技术发展的一场革命，影响十分深远。

喷气发动机诞生的技术条件在20世纪30年代大都已经具备。然而，众多技术专家始终没有能够突破最后一道关口，完成喷气发动机的发明。这个关口说来也简单：只须把活塞发动机去掉，用燃气涡轮来替代完成压缩空气的任务，质量将大幅度下降，效率就会提高，从而实现喷气推进的实用化。喷气发动机这一伟大发明是由两个年轻人在几乎同一时间、不同国度分别独立完成的。这两个人是英国人弗朗克·惠特尔和德国人汉斯·冯·奥海因。

英国喷气发动机发明者惠特尔

惠特尔于1907年出生于英国的考文垂市。在第一次世界大战中，少年时代的惠特尔耳闻目睹了许多空战的动人故事，对航空产生了浓厚兴趣。1923年，16岁的惠特尔进入位于克兰威尔的英国皇家空军工厂学徒。三年以后，他被选入皇家空军飞行学校学习。这所学校当时不仅教授飞机驾驶，而且开设了不少航空技术和基础理论方面的课程。经过3年的学习和训练，惠特尔不仅成为一名合格的空军飞行员，而且对航空技术有了相当全面的了解。惠特尔在最后一个学期中，写了一篇题为《飞机设计的未来发展》的论文。这表明，他已经预感到活塞发动机的局限性。论文中着重讨论了火箭喷气发动机和涡轮螺旋桨发动机这两种新的动力形式。这正是那个时期最有代表性的航空技术新思想。

毕业之后，担任飞行教官的惠特尔在工作之余，常常思考新的航空动力问题。在经过无数次失败的尝试后，他终于在1929年底的一天产生了这样的想法：在哈里斯式的推进系统中，“为什么不增加压气机的增压比，并用一个涡轮

来代替活塞发动机呢?”这正是喷气发动机发明成功的关键思想！长期以来,研究喷气推进的人苦于用活塞发动机压缩空气的系统太重,又不知如何减轻;研究燃气轮机的人又没有想到利用它来实现喷气推进。惠特尔的新思想的价值在于把这两种一直独立的技术结合在一起。这一新方案的出现是他走向成功的开端,也是喷气发动机原理诞生的标志。

在朋友的劝说下,惠特尔于1930年1月16日向英国专利局申请专利。惠特尔的专利发动机由压气机、涡轮、燃烧室、喷油嘴和喷管组成。由于军方对此没有什么兴趣,专利没有被列为保密项目,于1932年公开发表。由于长时间无人问津,他个人也失去了信心。

1935年,惠特尔的一些朋友开始为他筹集研制喷气发动机的资金。1936年3月,惠特尔成立了喷气动力公司。1935年底,惠特尔设计了他的第一台试验机,定名为WU试验机。该发动机的设计推力为8 800牛顿,假设飞行速度为804.5千米每小时。1937年4月12日,试验发动机首次试车。这次试验被看成是涡轮喷气发动机诞生的标志。

惠特尔和他发明的第一台涡轮喷气发动机

英国军方在惠特尔第一台试验机运行成功后,开始给予他财政支持。第二台试验机由于涡轮叶片的损坏很快就被放弃了。第三台试验机与前两台相比,在结构上有了比较大的改进。由于大型燃烧室的压力、温度和流场都不易控制,惠特尔用10个分管燃烧室取而代之。10个分管燃烧室与发动机轴向平行地环绕一周。除了燃烧室以外,惠特尔对压气机和涡轮也进行了一些改进。

1938年10月,新的试验机组装完毕。虽然燃烧室性能仍不能令人满意,但这台发动机终于实现了16 500转每分钟转速下的持续运行。这应该说是一个

惠特尔 6 涡轮喷气发动机

重大的成功。

1939 年 6 月，当第二次世界大战已经迫在眉睫的时候，迫切希望提高飞机性能的英国空军首脑来到喷气动力公司视察，亲眼看到试验机以 16 500 转每分钟的转速持续工作了 20 分钟。这是一个重要的转机。英国军方终于认识到惠特尔工作的意义，决定与惠特尔签订试飞发动机的研制合同。试飞发动机定名为 WⅠ型。飞机设计和制造工作由格罗斯特公司承担。

1939 年 9 月，第二次世界大战爆发。战争使喷气动力公司更加紧了工作，也使这项工作得到了更多部门的支持。但是，直到 1939 年，燃烧室的性能还是不能令人满意。最使惠特尔头疼的是供油问题。惠特尔试制了 30 多个汽化器，都由于供油效果不佳而失败。这时，一个名叫卢保克的工程师研制出一种特殊的雾化喷嘴。用它代替原来的汽化器后，燃烧室的性能大大改善。困扰惠特尔多年的问题终于得到解决。

制造 WⅡ的任务最初由汤姆森·霍斯顿公司承担，后来又被转交给罗弗尔公司。英国第一架喷气式飞机由格罗斯特公司的卡特设计，被命名为 E. 28/39。1941 年 5 月 15 日，天气晴朗，在布罗克沃斯机场，格罗斯特公司首席试飞员萨伊尔驾驶着英国第一架喷气式飞机 E. 28/39 腾空而起。惠特尔经过十几年百折不挠的努力，终于取得了成功。

英国虽然获得了研制成功世界第一台涡轮喷气发动机的荣誉，但第一架喷气飞机却诞生在德国。德国涡轮喷气发动机的发明人汉斯·冯·奥海因从 1933 年开始思考喷气推进，当时他还是哥廷根大学的学生。促使他对这个问题发生兴趣的原因是，他觉得持续的燃气喷射可以获得大的推力并能使发动机有较轻的质量。经过一系列挫折以后，他终于提出了与惠特尔式涡轮喷气发动机大体相同的方案。

世界第一种涡轮喷气式飞机——德国的 He. 178

1934 年，奥海因开始设计发动机，预计使用这种发动机的飞机飞行速度可达 804. 5 千米每小时。在汽车修理工和机

械师哈恩的帮助下，他利用简陋设备边加工边修改，最后真的把发动机制造了出来，全部造价竟不足 1 000 德国马克。

1936 年，德国著名飞机设计师亨克尔与奥海因签订研制合同。亨克尔素来很有建功立业的抱负，他希望由自己的公司独立研制出第一架喷气式飞机，不愿别的公司插手，也不希望由军方来主持。为了保密起见，研制喷气式飞机的计划被称作“特别发展计划”，研制部门是由亨克尔直接领导的“特别发展部”。

英国第一种涡轮喷气式飞机——E. 28/39

奥海因决定先研制一台技术风险性最小，结构最简单，但能体现其设计优越性的发动机。这台发动机定名为 He. S1，于 1939 年 2 月底装配完毕。在试验中，它完全达到了预期的效果。虽然它的推力只有 2 650牛顿，却使亨克尔本人和公司的工程师们对涡轮喷气发动机的可行性深信不移。奥海因在该公司的地位和威信也大大提高，并终于有机会研究燃烧问题了。

当 He. S1 还在制造时，燃烧室的研究就开始了。奥海因用了一年的时间，对燃烧室形状的选择、环形燃烧室火焰稳定的机理、燃料的供应与喷射方法等问题进行了系统研究，终于在 1938 年初研制出性能较好的燃烧室。此后，奥海因开始发动机整机研制。最后完成的喷气发动机定名为 He. S3，推力为 4 千牛，推重比为 1.12。

用于试飞的配套飞机于 1937 年底开始研制，1939 年春制造完工，定名为 He. 178。1939 年 8 月 27 日，在第二次世界大战爆发前一个星期，由德国著名试飞员瓦西茨驾驶，He. 178 进行了首次飞行，从而成为世界上第一架试飞成功的涡轮喷气式飞机。

以 He. 178 和格罗斯特 E. 28/39 为标志，奥海因和惠特尔完成了涡轮喷气发动机的发明，揭开了人类航空历史新时代的序幕。

喷气飞机呼之即出

喷气发动机的发明，使飞机有了全新的动力装置。20世纪30年代末，德国和英国先后试飞成功喷气飞机。尽管还不够成熟，但其优势已经十分明显。

以德国的He.178、英国的E.28/39为代表的试验喷气飞机，尽管没有实用价值，但却显示了喷气发动机的优越性，预示着喷气发动机具有巨大的发展潜力。无论是同盟国还是轴心国，都迫切希望自己掌握的新技术能尽快在战争中一显身手。于是，在第二次世界大战的特殊背景下，实用喷气式飞机很快发展起来。在整个战争期间，涡轮喷气发动机在德国、英国和美国获得了长足的发展。

德国空军的首脑虽然一直迫切希望提高飞机的性能，但是他们在很长的时间里却完全不理解研制燃气涡轮发动机的意义。然而，空军技术部的负责人毛赫和希尔普却对新的喷气推进系统很感兴趣。1938年起，希尔普走访了德国的主要发动机企业，试图说服这些企业研制涡轮喷气发动机，最初他遭到几乎一致的拒绝。经过空军技术部的努力，德国政府做出决定，对愿意研制喷气发动机的公司一律给予财政上的支持。这样，容克斯公司、巴伐利亚公司和布拉莫公司先后与政府签订了研制合同。He.178试飞成功后，德国空军派出代表参观了飞行表演并完全相信了这种新型发动机的优越性，很快批准了亨克尔公司关于发展双发动机战斗机——He.280的计划。曾经一再拒绝研制喷气发动机的著名的戴姆勒-本茨公司也由于亨克尔的成功而加入到研制行列中来。于是，从1939年起，在战争的推动和政府的支持下，德国几个主要航空发动机企业在这个新的领域中展开了竞争。

英国第一种喷气飞机E.28/39在试飞

亨克尔公司以He.S3为基础，为He.280研制配套的发动机He.S8，同时着手研制轴流式发动机He.S40。从1941年起，该公司又着手研制He.S011发动机。He.S40在1942年春首次试车，推力达到8 400牛顿，是当时性能最好的发动机。在此前后，该公司共研制出 9 种有希望发展为生产型的发动机。后来该公司集中力量研制最先进的 He. S011 发动机，设计推力为 15 700 牛顿。尽管公司为发展这个型号付出了很高的代价，但直到战争结束时也未投产。

巴伐利亚和布拉莫公司在奥斯特里希博士的主持下，先后设计或研究过十几种不同的发动机，其中最成功的是 BMW003 和 BMW018 两个型号。BMW003 是该公司惟一投产的喷气发动机，1944 年交付使用时，推力为 7 900 牛顿，推重比为 1.31。由于盟军轰炸影响了工作进度，到战争结束时，这些公司也未能交付性能优良的发动机。

德国第一种双发喷气式战斗机 He. 280

德国在战争年代最成功的发动机是容克斯公司研制的尤莫 004 喷气发动机。这种发动机由该公司涡轮增压器分部负责人弗朗茨设计并主持研制。在没有任何经验的情况下，弗朗茨查阅了所有能找到的资料，利用当时还不成熟的理论来指导设计工作，并且比较保守地选择了技术目标。1940 年 10 月，尤莫 004A 开始试验。次年 1 月，试验发动机推力达到 4 200 牛顿。1941 年 12 月，试验发动机推力达到了 9 800 牛顿，并能持续工作 10 小时以上。1942 年 7 月 18 日，以尤莫 004 为动力的梅塞施米特 Me. 262 喷气战斗机试飞成功。生产型尤莫 004 于 1944 年 3 月开始交付使用，其推力为 8 100 牛顿。到战争结束时，尤莫 004 又发展出 C、E、D 三个改进型，共生产了 6 000 台，装备了 1249 架 Me. 262喷气战斗机和 214 架 AR. 234 喷气式轰炸机。

Me. 262 是德国最早投入战场的喷气战斗机，也是在世界第一架达到实用状态的喷气战斗机。在战争末期，上千架 Me. 262 执行了侦察、截击、轰炸等任务。尽管由于尚未发展成熟，使其作战性能并不高，但它超过 800 千米每小时的速度，令当时最先进的非喷气战斗机望尘莫及。Me. 262 预示着喷气时代的到来将成为不可逆转的历史潮流。

英国在战争年代并行发展了离心式和轴流式两种形式的涡轮喷气发动机。其中离心式是对惠特尔发明的喷气发动机的不断改进；轴流式则源于皇家飞机研究院的早期研制活动。

1936 年，皇家飞机研究院的格里弗斯等人与维克斯蒸汽轮机公司一起设计并制造了一台分为高低压两部分的双转子燃气轮机，准备利用从高压涡轮流出的燃气推动涡轮，再由涡轮带动螺旋桨。1939 年，高压压气机的效率达到了 87%，这使皇家飞机研究院相信轴流式压气机成功的条件已经具备。随后，由皇家飞机研究院设计，维克斯公司制造的实用型轴流式燃气轮机进行了试验。E. 28/39 试飞成功后，这个原准备安装螺旋桨的喷气核心机装上了喷管，定名为 F2 型发动机。1943 年 6 月 29 日，它装机试飞成功。

德国第一种服役的喷气战斗机 Me. 262

1942 年 9 月，惠特尔 WⅡ1500 发动机顺利通过了 100 小时试车。英国空军对这台发动机的性能十分满意，要求以每月 100 台的产量生产。1942 年以后，从长远的发展出发，英国政府要求罗耳斯 · 罗伊斯公司（简称“罗 · 罗公司”）接管该发动机的研制与生产。1943 年 4 月，罗 · 罗公司第一台定名为“威兰德”的生产型发动机通过了 100 小时的试车，推力为 7 550 牛顿，推重比为 2。该发动机当年就投入了生产，由它装备的英国“陨星”式战斗机于 1944 年 5 月交付部队使用，成为第二次世界大战中盟国惟一参战的喷气式飞机。

接着，罗 · 罗公司很快研制出“德温特”发动机及“德温特”发动机的放大型、推力达 22 500 牛顿的“尼恩”发动机。罗 · 罗公司凭借自己雄厚的资金、设备和技术人员优势，仅仅用了两年多的时间，就把离心式涡轮喷气发动机的发

展推向了高峰。

除了罗·罗公司以外，英国研制离心式发动机的还有德·哈维兰公司发动机分部。该分部从 1941 年起，在惠特尔型发动机的影响下研制的“古别林”及其放大型“古斯特”两种优秀的发动机，在战后西方国家中被广泛采用。

第二次世界大战结束前，英国和德国的喷气发动机技术领先于全世界。战争年代，英国喷气发动机转移到美国，促进了美国航空的喷气化。1941 年 4 月以后，美国通用电器公司、威斯汀豪斯公司分别开始实施其涡轮螺旋桨发动机、涡轮喷气发动机和涡轮风扇发动机计划。1942 年 5 月，通用电器公司根据多年研制涡轮增压器的工作经验，仿制并改进英国喷气发动机取得成功，定名为 I－A。1942 年 10 月 2 日，一架装有两台 I－A发动机的贝尔 XP－59 试验机飞行了 10 分钟，这是美国的第一次喷气动力飞行。1944 年，通用电器公司研制成功 J33 发动机，装备了美国第一代喷气式战斗机 F－80。1944 年 4 月，通用电器公司研制成功轴流式涡轮喷气发动机，推力达到了 17 800 牛顿。1946 年，利用该发动机试制成功 F－84 战斗机。

英国第一种服役的喷气战斗机“陨星”号

苏联发动机设计师留利卡从 1938 年开始设计和研制涡轮喷气发动机。1943 年底，在得知德国和盟军都在发展喷气发动机的情况下，航空工业人民委员会终于决定，积极支持留利卡设计的发动机 PД1 的进一步研制和改进。第二次世界大战一结束，苏联就开始利用从德国缴获的资料和设备，在德国技术人员的帮助下，仿制德国的尤莫 004 和 BWM 发动机。只用了半年的时间，柯里索夫和库兹聂佐夫设计局就分别仿制成功，定名为 PД10 和 PД20。1946 年 4 月，这两种发动机分别装在米格－9 和米格－15 战斗机上试飞成功。苏联从此有了自己的喷气战斗机。1947 年，苏联通过贸易谈判从英国购买了 25 台“尼恩”和 30 台“德温特”发动机，立即着手进行仿制。经过一年多的努力，克里莫夫设计局仿制成功“尼恩”发动机定，名为 PД45。1949 年，发动机开始成批生产，装备了苏联第一代后掠翼战斗机米格－15。

Me. 262、“陨星”、F－80、米格－15 等第一代喷气战斗机的出现，使航空技术发生了深刻的革命。活塞式飞机的速度达到 700 千米每小时已是相当困难的了，然而，喷气飞机的速度可以轻易达到 900～1 000 千米每小时。第二次世界大战结束，也标志着航空技术全面进入了喷气时代。

后掠机翼高速先锋

大量试验表明，后掠机翼是有效提高飞机速度的重要手段。这项技术最先在德国问世，后来在美国得到进一步发展和充分验证。

飞机的机翼就像是鸟儿的翅膀。在飞机设计中，要求机翼能够产生尽可能大的升力，同时使阻力尽可能小。要想降低阻力，必须弄清都有哪些阻力，这些阻力与什么因素有关。

对于低速飞行的飞机，遇到的阻力主要有摩擦阻力、诱导阻力、压差阻力和干扰阻力。

美国C－130运输机的平直机翼

摩擦阻力是人们都很熟悉的一种阻力。汽车前进时，车轮与地面之间存在摩擦力；轮船航行时，船身与水之间也存在摩擦力。摩擦阻力越大，能量消耗也越大。因此，车船的设计都要考虑降低摩擦阻力。摩擦阻力有它有害的一面，但也常常是有益的。如果没有了摩擦力，人将无法行走；车辆既无法行驶也无法停止。空气对飞机部件产生摩擦阻力的根本原因在于空气是有粘性的。降低摩擦阻力的方法是使飞机表面尽可能光滑平整，减少突起物。

诱导阻力是伴随机翼的升力而产生的。如果没有升力，诱导阻力就等于零。这个阻力是由升力“诱导”而来的，因而称诱导阻力。它基本上只与机翼有关。诱导阻力产生的机理是这样的：飞机在飞行时，机翼翼尖附近的气体会因向后流动与向上绕流的合成发生扭转，形成涡流。翼尖涡流可在某些场合下观察到。农用飞机通过翼尖附加设备喷洒农药时，农药会因翼尖涡作用而拖出长长的喇叭形旋涡。在自然界，有些长途飞行的鸟类，如大雁，常常利用这种涡流。当雁群长途迁移时，会排成人字形或斜一字形。领队的大雁位于前面，幼弱的排在后面。这样幼弱的大雁就处在前雁翼尖形成的旋涡中，借助外侧旋涡的上升气流，飞行起来比较省力。旋涡的存在会给机翼产生额外的阻力——诱导阻力。诱导阻力是不可避免的，它是伴随着升力必然产生的，可以说为产生升力必须付出的“代价”。低速飞机的诱导阻力可占总阻力的40%，可见降低诱导阻力对降低发动机耗油率，提高经济性具有重要意义。通常，机翼越长(展弦比越大)，诱导阻力越小，因而低速飞行的飞机往往有较长的机翼。提高展弦比也会受到结构、强度和质量的限制，因此实际的飞机设计必须取得一种折衷。目前，许多民用飞机包括大型客机的翼尖部装有形式各异的直立小翼面，通常称为翼梢小翼。翼梢小翼可提高展弦比，降低诱导阻力，同时又不会过多地增加机翼质量。对于高速飞机，诱导阻力在总阻力中占的比例很小，对飞行性能影响不大。大展弦比机翼会降低飞机的飞行性能和机动性能。因此，高速飞机的展弦比通常很小，往往在2以下。

压差阻力来自空气作用于飞机前后的压强之差。减少压差阻力的最好办法是将飞机设计成两头尖尖的平滑流线形。这时，前面的高压区被锥体填满了，气流可以平滑流过，空气作用于锥形机身前面的压强不会急剧增大。同时，后机身也会因尖锥形状把原来的低压区填满，综合起来机身前后压强差即压差阻力将大大降低。实验表明，流线形物体形状可使压差阻力降低80%甚至更多，效果十分明显。

干扰阻力是飞机各部件气流干扰形成的阻力。减少的办法是使各部件的布局安排尽可能合理，部件的过渡尽可能平滑，如采用翼身融合体布局。

美国F-101战斗机的后掠翼

飞机在高速飞行接近声速时，会产生一种新的阻力——激波阻力，简称波阻。波阻是飞机高速飞行时由于激波的出现而形成的一种新型阻力，是超声速飞行必须克服的特殊阻力。根据计算，飞行速度在声速附近时，阻力系数会急剧增加好几倍，波阻成为主导因素，占总阻力的70%以上。怎样才能推迟激波来临，削弱激波强度，突破声障难关呢?

提高临界马赫数、推迟激波出现的有效方法是采用后掠机翼。1929年就有人提出存在后掠效应。1935年德国的布斯曼在沃尔塔会议上首次提出完整的后掠翼思想。这次会议的中心议题是“航空的高速度”。布斯曼指出后掠翼能降低激波阻力，提高飞行速度。1939年，德国空气动力学家贝茨进一步提出后掠翼可以把跨声速飞行的临界马赫数提高到更大的值。贝茨做出这项发现的同一年，德国的路德维希在哥廷根空气动力研究所进行了实验证实。他的几次试验表明，具有45度后掠角的机翼能够大大降低激波阻力，使临界马赫数提高到将近 0.9，可将产生较大激波阻力的马赫数由 0.8 推迟到 0.95。由于后掠翼对降低激波阻力，提高飞行的临界马赫数十分有利，德国于 1939 年 9 月 6 日批准了跨声速飞机的专利。

后掠翼在高速空气动力学实践中发挥了重要作用，被誉为是三四十年代最重要的空气动力学思想之一。战争年代，德国几家飞机公司同有关单位合作，进行了几种后掠翼飞机的研制和试验工作。主要型号有梅塞施密特 P. 1111 战斗机，“福克-沃尔夫”T. A. 183 后掠翼飞机，容克斯 Ju. 287 轰炸机以及李比希设计的 P. 1122 飞机。

法国阵风战斗机的三角翼和鸭式前翼

后掠机翼同样适用于超声速飞行。倾斜的机翼前缘避免了正对气流，从而可以避免机翼产生正激波。由于机翼上只出现超声速飞行时的斜激波，从而削弱了激波强度，降低了波阻。这意味着后掠翼飞机突破声障所需发动机功率要比采用平直翼飞机的功率降低许多。正是由于这个原因，后掠翼布局几乎是现代高速飞机和超声速飞机的标准布局。后来出现的三角翼、飞翼等布局是后掠翼的变种，它们的机翼前缘都是后掠的。

第二次世界大战后，采用喷气发动机，后掠机翼的飞机迅速成为作战飞机的主流。苏联的米格-15 后掠翼飞机于 1947 年首次飞行。美国的 F-86“佩刀”式后掠翼战斗机于 1949 年服役。第一代喷气作战飞机的使用表明，后掠翼对高速飞行是极为有利的。后掠翼的采用诞生了第一代实用超声速飞机。后掠翼能够降低波阻，使作战飞机顺利实现超声速飞行。现代许多战斗机采用的三角翼和飞翼布局，就是后掠翼的变种。

后掠翼带来的一大问题是低速飞行时升阻比低，因而起飞和着陆速度高，距离长。为保证飞机有较高的适应性，提高生存率，舰载和陆基作战飞机都希望起降距离大大缩短。

解决作战飞机高低速性能矛盾的可行办法是使机翼面积可变。1930 年，德国人按照可变机翼面积思想，研制过一架机翼可伸缩的飞机，但由于结构太复杂，未取得实质性进展。后来，英国人试飞了一架机翼可向后偏转 4～5 度的变后掠翼飞机。1951 年 6 月 20 日，美国贝尔公司研制的世界第一架可变后掠翼

试验机 X－5 进行了首次飞行。7 月 27 日在其第 5 次试飞中，首次成功地完成了机翼后掠偏转。变后掠翼飞机通过改变机翼后掠角，使机翼面积和展弦比发生变化。低速飞行时翼面积和展弦比都较大，因而升阻比也较大，解决了高速飞机低速性能差、升阻比低的问题，因而在 20 世纪六七十年代成为作战飞机设计的潮流。

俄罗斯图－22M 超声速轰炸机的可变后掠翼

1964 年美国通用动力公司研制出世界上第一种实用变后掠翼战斗/轰炸机 F－111。它于 1964 年 12 月 21 日首次试飞。1965 年 1 月 6 日，F－111 在试飞时实现了机翼后掠角由 16 度到 72.5 度的全范围偏转。美国 1970 年研制成功 F－14 重型舰载战斗机，也采用了可变后掠翼。它的起飞距离只有 370 米，着陆距离只有 488 米。苏联的米格－23 和它的派生型米格－27、苏－17、苏－20、苏－22系列、苏－24 战斗机，欧洲合作的“狂风”战斗机也都采用了可变后掠翼技术。变后掠翼飞机可大大缩短飞机的起降距离，大型飞机也可以采用这项技术。美国研制的 B－1A 超声速战略轰炸机就是代表，采用可变后掠翼使其具有良好的低空突防能力。

变后掠翼飞机的突出缺点是机翼结构复杂，质量增加。它还会对武器等外挂物带来不利影响。因此 20 世纪 80 年代后，变后掠翼飞机不再是一种时尚了。由于变后掠翼的固有缺陷，以及飞机设计思想和对飞机性能的要求有了转变，变后掠翼似乎显得多余了。

突破声障一时千里

1947年,美国的X-1试验机率先突破声障,超声速时代开始了。随着喷气发动机性能的迅速提高和各种新技术的采用,飞机的速度也在迅速提高。

1946年,英国著名飞机设计师德·哈维兰研制了DH-108后掠翼飞机,目的就是向声速冲击。它采用了“吸血鬼”战斗机的机身,装有一台喷气发动机。1946年5月5日,德·哈维兰的儿子小杰弗里·德·哈维兰驾驶它进行了首次试飞。不幸的是,1946年9月27日的一次试飞中,飞机在俯冲时速度过快,接近声速形成激波,导致结构破坏而坠毁,小杰弗里献出了年轻的生命。后来研究表明,这是由于近声速飞行时产生的载荷过大导致飞机结构无法承受造成的。DH-108的结构经过加强,具备了超声速飞行能力。1948年9月9日,由德雷驾驶,第三架DH-108实现了超声速飞行,这也是英国第一架超声速飞机。其最大速度达到1 127千米每小时。不过,这个荣誉来得有点迟到了。因为,在此之前的1947年,美国已经抢先一步实现了人类历史上的第一次超声速飞行。

1943年底,美国海军航空局、陆军空军和航空咨询委员会召开了一次会议,研究了进行一项超声速飞机特别计划的可行性。1944年初,上述单位正式联合制定了一项超声速试验机计划,其任务十分明确——研制载人水平超声速飞行的火箭飞机。1945年1月15日,航空咨询委员会、陆军空军和贝尔公司联合召开会议,达成初步协议,研制更先进的火箭试验飞机。这就是X-1火箭飞机。1945年2月,陆军方面正式同贝尔公司签订了生产3架X-1超声速试验机的合同。它安装一台液体火箭发动机,能够实现水平超声速飞行。

X-1像一枚子弹,流线形很好,机长9.45米,高3.35米,翼展8.54米,总质量5.9吨。它采用反作用发动机公司研制的XLR-11火箭发动机,最大推力27千牛。推进剂为液氧和75%的甲醇。机体中后部均用于装推进剂,质量2.27吨,几乎占飞机总质量的一半。尽管如此,它也只能在自身动力下飞行150秒。为了节省推进剂,X-1由B-29轰炸机携带升空并在10 000米高空释放,然后自行加速。X-1的设计速度为1 600千米每小时,约为声速的1.4倍。由于当时对声障的特性还不很清楚,因此设计时强调具有足够的强度。由于小的突起物在超声速时会产生很大阻力,所以驾驶舱盖完全同机身融为一体,飞行员只能从侧面的矩形门进出飞机。

1946 年 1 月 19 日，第一架 X-1 首次进行了空投自由滑翔试验。10 月 7 日，第二架 X-1 进行了自由滑翔试验。12 月 8 日，由飞行员古德林驾驶，X-1 进行了首次动力飞行试验，其速度达到 880 千米每小时。

1947 年 10 月 14 日，由著名试飞员耶格尔驾驶，X-1 首次成功地进行了超声速飞行。在空投后，耶格尔起动发动机加速。它从 10 千米高空很快爬升到 12.4 千米。在这个高度上，它的水平飞行速度超过声速，达到 1 078 千米每小时，约为声速的 1.015 倍。人类终于首次在水平飞行中超过了声速，长期困扰科学家和工程师的声障难关得以突破。这是一项具有历史意义的伟大成就，标志着航空超声速新时代的开始。接着，试飞员胡佛驾驶 X-1 于 1948 年 3 月 4 日也飞过了声速。1948 年 3 月 31 日，飞行员李利驾驶 X-1 也超过了声速。X-1在 1948 年创造的飞行速度新记录是 1 547 千米每小时，相当于声速的 1.28 倍。

第一种超声速试验机——美国贝尔公司的 X-1

1953 年 2 月 21 日，X-1A 开始进行飞行试验。它只安装少量必备的仪表。正如所预计的，X-1A 在达到两倍声速时，遇到严重的空气动力学问题，甚至还出现了不可控的情况。1953 年 12 月 12 日在由耶格尔驾驶的一次飞行中，X-1 曾失去操纵达 70 秒之久。飞行高度下降了 16 千米，速度下降了约 1 000 千米每小时。飞机在亚声速飞行时，又进入尾旋。由于耶格尔驾驶技术高超，大胆沉着，最终得以安全返航。尽管如此，耶格尔还是创造了新的记录。这次飞行的最大速度为 2 656 千米每小时，是声速的 2.42 倍。

X-1 试验机计划在航空史上具有开创性意义，获得了大量高空高速飞机的稳定、控制以及飞机结构强度方面的直接体验，取得了大量有重要价值的试验研究数据和成果，为后来的试验机做出了巨大贡献。

热障是超声速飞行时遇到的空气动力学新现象。飞机在飞行时，机体表面与空气强烈摩擦会产生热量。飞行马赫数越高，加热越严重，导致机体材料结构强度减弱，刚度降低，使飞机外形受到破坏，甚至发生颤振。此时飞机必须采取防热措施。一般认为，飞机出现热障的阶段在马赫数 2.2 以上。为此，美国又制定了 X－2 研制计划，目的是突破热障。

X－2 试验机采用后掠翼布局，机长 13.4 米，翼展 9.7 米，飞机总质量比 X－1大。为防止在 M3 速度下出现过热，X－2 机身用不锈钢制造，第三架用镍基高温合金制造。在 1953 年 5 月 12 日的试飞中，X－2 在 B－50 轰炸机下面摇晃而发生爆炸，飞行员和 B－50 上的一名乘员身亡。1955 年 11 月 18 日，X－2 完成了首次动力飞行试验，速度达到 M0.95。

第一种涡轮喷气式超声速试验机——美国道格拉斯公司 D558

1956 年 7 月 23 日，X－2 在埃弗雷斯特驾驶下，创造了 M2.5 的新速度记录。1956 年 9 月 7 日，金克尔驾驶 X－2 创造了 38 500 米的飞行高度记录。9 月 27 日，阿普特驾驶 X－2突破了 3 倍声速大关，最大速度达到 3 371 千米每小时，是声速的 3.196 倍。

火箭飞机能够顺利超过声速，但这种飞机基本上不具有实用价值。它的飞行时间极短，承载力也很小。20 世纪 40 年代末，研制实用超声速飞机成为各国航空界努力的主要目标，一些国家研制的装备涡轮喷气机的试验机已突破了声障。1948 年 9 月 26 日，苏联研制的拉－176 试验机在俯冲状态下超过了声速。后来的拉－190性能更好，它在 1951 年 3 月 11 日实现了水平飞行超声速，速度达到声速的 1.03 倍。米高扬设计局研制的试验机 I－350 在 1951 年 5 月也实现了水平超声速飞行。

苏联在 I－350 试验机基础上，研制出第一代实用超声速战斗机米格－19，它于 1952 年首次试飞，很快投入批生产并于 1954 年装备部队。它的最大水平飞行速度约为 1 432～1 582 千米每小时，即声速的 1.35～1.45 倍。美国第一代实用超声速战斗机“超佩刀”F－100 于 1949 年开始设计。原型机 YF－100A 于 1953 年 5 月 25 日进行了首次试飞。生产型 F－100A 于 1953 年 9 月 28 日首次试飞，同年便装备了部队，成为世界上第一种服役的实用超声速战斗机。它的最大速度达到 1 380 千米每小时，即声速的 1.3 倍。英国第一种超声速战

斗机“闪电”原型机于 1954 年 8 月 4 日进行了首次试飞。

后掠翼的采用减小了波阻，诞生了第一代实用超声速飞机。减小波阻的另一个有效措施是面积率的采用。跨声速面积率是美国兰利中心工程师惠特科姆于 1952 年首次提出来的。具体应用是缩小机翼、尾翼与机身连接区的机身横截面积，使这部分机身四周向内凹，形成了著名的“可口可乐瓶”状的机身，亦称“蜂腰状”机身。最大横截面积缩小使飞机的波阻大大降低。

面积率的发现对飞机顺利突破声障起到了重要作用。最著名的事例是美国 50 年代初设计 F-102“三角剑”式战斗机，这是世界上第一种实用三角翼超声速截击机。第一架原型机于 1953 年 10 月 24 日首次试飞，在飞行马赫数达到 0.9 时即开始振动，在俯冲时飞行马赫数才勉强达到 1.06。后来根据面积率对飞机进行了修改设计，并进行了风洞试验，使之成为世界上第一架按面积率设计的超声速战斗机 F-102A。它在 1954 年 12 月 20 日试飞时，顺利地超过了声速，飞行马赫数达到 1.25。后来，F-102 经过改进，又派生出另一种超声速战斗机 F-106“三角标枪”。

实用超声速战斗机的出现，使飞机作战威力大大提高。很快，第二代超声速战斗机也出现了，其最大速度超过了两倍声速。至此，超声速成为战斗机的基本性能指标之一。

再接再厉全面革命

喷气发动机发明后，不断得到改进：推力越来越大，相对质量越来越小，耗油率越来越低，可靠性越来越高，环境兼容性越来越好，而且还演变出多种不同的类型。

第二次世界大战后期，涡轮喷气飞机在实战中初露锋芒，举世瞩目。战争刚刚结束的1945年11月7日，以“德温特”喷气发动机为动力的英国“陨星”战斗机便创造了新的速度世界记录——975.67千米每小时。此时，无论是航空专家、航空企业家、政府官员或一般公众，已经很少有人怀疑，航空动力的划时代变革开始了。随着战后经济的复苏，更多国家进入到这一新的技术领域中来。美国、苏联和法国都是通过技术引进和消化开始喷气发动机发展的。

典型的涡轮喷气发动机

战后出现的第一代有影响的喷气发动机是英国罗·罗公司的“尼恩”、德·哈维兰公司的“古斯特”和美国通用电器公司的J47发动机。它们的推力都在22 500牛顿左右，推重比为2～3。“尼恩”和“古斯特”曾被很多国家仿制，装备战后第一代实用的喷气式战斗机。在朝鲜战场上，苏联仿制的“尼恩”装备的米格-15和美国制造的J47发动机装备的F-86战斗机相遇，二者各有优势，成为空战中的一对明星。

继“尼恩”、“古斯特”、J47之后，由于发动机研究的全面展开，喷气发动机技术有了明显的提高。从20世纪50年代初开始，一代面目全新的发动机出现了。

1952年，英国的布里斯托尔公司研制成功地面静推力达44千牛的“奥林普斯”涡轮喷气发动机。此后，美国、英国、苏联和法国相继研制出推力为49～98千牛的发动机。这个推力已经达到发动机自重的4～5倍。大部分发动机的耗油率有所下降。大推力发动机的出现，使飞机的速度突破了声障，战斗机的速度很快达到了两倍声速以上。

新一代发动机的压气机、燃烧室和涡轮等组成部分又有了改进，性能水平有了明显的提高。压气机全部采用轴流式，迎风面积较小，而且可达到较高的压缩比，成为战后各国研制的重点。压气机设计的另一个难题是，高速飞机要求压气机能适应较大的工作范围。但是，当压气机偏离设计工作点时，就会发生振动，亦称“喘振”。从 20 世纪 40 年代起，为了解决这一难题，先后采用过不少措施，其中主要的有以下三种。一是后级放气，即利用阀门根据气流的速度放掉一部分空气。这种方法虽不经济，也还算有效。二是在压气机进口设一个能按照工作状态进行调节的导流叶片。三是将压气机分为高压、低压两部分，用多个转子使之在不同的转速下有不同的转速比。这是英国“奥林巴斯”和美国普·惠公司 J57 所采用的方法。

在喷气发动机不断改进过程中，另外两种涡轮发动机——涡轮螺旋桨发动机、涡轮风扇发动机也相继研制成功。

英国罗·罗公司最早实现成批生产涡轮风扇发动机。这种发动机是利用增加排气的质量、降低排气的速度和温度的方法，减少能量损失，提高发动机的经济性。最早的风扇发动机专利是惠特尔于 1936 年获得的。1943 年前后，惠特尔还设计过几种不同结构的风扇发动机，但没有研制过。1945 年，罗·罗公司开始与国家燃气轮机研究院联合进行风扇发动机的方案性研究。1948 年，罗·罗公司设计了推力为 41 200 牛顿的原型机 RB. 80。该公司在研制 RB. 80 的基础上设计了“康维”发动机。它在叶片较长的低压压气机出口处，气流被分成两个部分，一部分进入外涵道，一部分通过低压压气机进入燃烧室，形成了前风扇后双涵道的发动机。“康维”发动机虽然涵道比很低，但已经表现出较好的

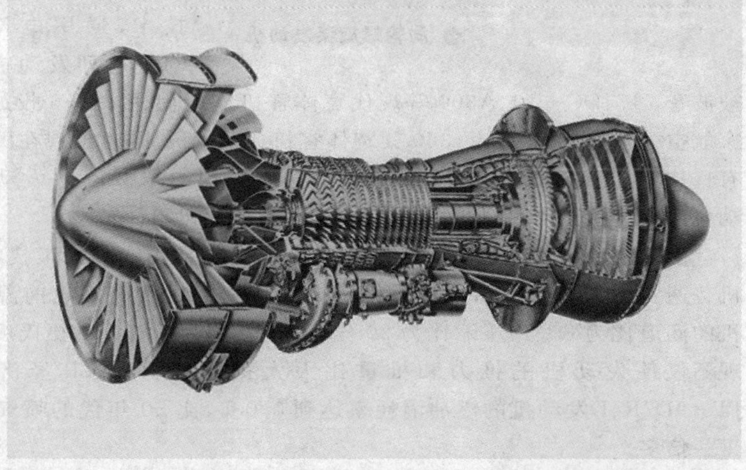

高涵道比涡扇发动机

经济性。后来经过多次改进，于50年代末被美国波音707客机采用。该公司又研制了经济性与安全性更好的“斯贝”发动机，后被“三叉戟”飞机采用。

风扇发动机一出现，立即以经济上的明显优势引起航空界普遍重视。50年代末到60年代初，随着波音707、DC－8、“三叉戟”等喷气式客机稳定地占领民航市场，经济性成为越来越重要的设计指标。美国波音公司、洛克希德公司、麦道公司从60年代初开始研制经济性更好的大型宽体客机，欧洲的英国、法国、德国等也开始研制“空中客车”。在这一背景下，发动机公司便把推力更大、经济性更好、寿命更长作为发展目标。

涡轮螺旋桨发动机

1965年，美国通用电器公司与军方签订合同，为洛克希德C－5A“银河”大型运输机研制大推力发动机TF39。1957年，该公司在TF39的基础上研制了GE4发动机，推力达到299千牛，是世界上推力最大的一种发动机。虽然高超声速客机计划被取消，但是基于GE4技术，通用电气公司制造了CF6系列发动机供应市场，曾被波音747、DC－10、A300等现代宽体客机广泛使用。CF6投放市场后，被53家航空公司选用，装备了350架宽体客机。与CF6同时出现在民航市场上的还有普拉特·惠特尼公司的JT－9D，罗·罗公司的RB211等发动机。这一代发动机的推力达到199～299千牛，推重比达到6以上。

由于空气动力学、耐高温合金、气冷和液冷及相应的加工技术的发展，发动机普遍实现了所谓“三高”，即高涵道比、高压缩比和高涡轮前温度。CF6发动机的涵道比为8∶1，压缩比为20∶1，涡轮前温度为1 500摄氏度。“三高”的实现不仅使发动机的推力和推重比大大提高，而且使其经济性显著改善。JT－9D7R4D发动机的燃油消耗率达到0.035，比50年代的喷气军用飞机下降了一倍多。

60年代的风扇化热潮也使“三高”技术为军用飞机大量采用。普拉特·惠特尼公司在50年代初研制成功著名的J57发动机，其推力为68 000牛顿，曾用于B－52轰炸机，及F－100、F－101和F－102等第一代超声速战斗机上。70年代初，普拉特·惠特尼公司研制出用于战斗机的涡扇加力发动机TF30，加力推力为113 500牛顿，用于装备通用动力公司的F－111和格鲁门公司的F－14舰载战斗机。1970年3月，普拉特·惠特尼公司又研制了第二代军用加力涡扇发动机F100。1974—1979年，F100发动机用于装备麦道公司的F－15空中优

势战斗机和通用动力公司的 F－16 战斗机。

现代航空发动机的主流是各种喷气发动机。经过几十年的发展，发动机性能已达到很高的水平。现代涡轮喷气发动机的推重比约为 3.5～4.5；加力涡轮喷气发动机的推力比约为 5～7，当前的目标是 9～10；涡轮风扇发动机的推重比则达到 8 以上；而用于垂直起落的升力发动机推重比高达 16 以上，并正朝向 20～24 发展。

美国通用电气公司的涡扇发动机在地面检修

涡轮风扇发动机功率大，噪音低，耗油量小，缺点是尺寸较大。因此，高涵道比涡扇发动机主要用于大型客机或运输机、轰炸机上。小型战斗机一般采用低涵道比涡扇发动机或普通加力喷气发动机。

涡轮喷气发动机的进步，还派生出了两种重要的涡轮发动机——涡轮螺旋桨发动机和涡轮轴发动机。第二次世界大战中，英国已经研制成功涡轮螺旋桨发动机。其特点是使涡轮吸收较多的燃气能量，从而不仅带动压气机工作，而且带动螺旋桨旋转，并以螺旋桨的推力为主，推动飞机飞行。涡轮螺旋桨发动机经济性比喷气发动机好，质量则比活塞发动机轻，曾广泛用于中小型民航机。1950 年，美国波音公司发动机部最先试验成功用于直升机的涡轮轴发动机。在涡轮轴发动机中，涡轮充分吸收燃气能量，带动螺旋桨工作，可以获得较大的推力。它对于速度较慢的直升机来说十分适用。由于质量较轻，功率大，逐渐成为直升机的主要动力，也成为涡轮发动机家族的重要成员。

喷气发动机的发明和迅速发展是航空技术的一场革命。它是飞机向超声速和高超声速发展的动力保证。没有喷气发动机，就没有超声速时代。现代航空发动机是高技术的结晶，它集中体现了气体动力学理论、材料技术、加工制造技术、控制技术、计算机技术以及电子技术的最新成果。它的单位质量价值远远超过了飞机、汽车甚至可与黄金相比。喷气发动机是一国技术和工业水平的标志，从诞生之日起，各国都投入了大量人力物力不断进行研制、改进。

高超声速记录超群

20 世纪 60 年代，美国研制了 X－15 高超声速试验机，最大飞行速度达到声速的 6.72 倍，飞行高度达到 106 千米。它创造的两项飞行记录直到今天也没有被打破。

低空超声速意味着速度可达 1 224 千米每小时，两倍声速是 2 448 千米每小时。这样的速度已经相当高了。如果乘坐这样的飞机，一小时内就可往返于北京和上海之间。但是，大气层中飞行的飞机速度还能提高吗？X－1、X－2 试验机分别突破了声障和热障，达到了三倍声速。而 X－15 则一举突破了五倍声速，成为第一种实现高超声速的飞机。它创造的多项记录直到今天仍然未被打破。

美国 X－15 高超声速试验机

X－15 是美国航空咨询委员会、空军以及其他军事部门联合研制的高超声速试验机，1954 年 7 月 19 日提出设想，目的是对高超声速和太空飞行的有关问题进行研究，包括高温结构、高超声速空气动力学、稳定与控制、飞行员行为与心理等特殊问题。它运用先进的材料、结构设计制造方法和大推力火箭发动机，在 20 世纪 60 年代创下了有翼飞机的飞行速度和高度的新记录。1955 年 9 月 30 日，美国选定北美航空公司作为 X－15 试验机的主承包商。飞机尺寸大致是机长 15 米，最大飞行质量 13.6 吨。

发动机是技术关键之一，其推力可以在额定推力的 30%～100%之间调节，具备高空再起动能力。其次，在点火程序上，为保证安全，发动机起动过程必须满足预定要求：在与母机分离和发射前，主发动机燃烧室点火工作，分成三个阶段——泵工作，泵和点火器工作，最后泵、点火器和燃烧室工作。它采用液氧和苯氨作为推进剂，最大推力为 257 800 牛顿。

热障是设计的另一大难题。X－15 试验机飞行速度达到高超声速，气动加热也更加严重。它的高温结构材料要求在－180～650 摄氏度范围始终保持足

够的强度。机身采用了国际镍业公司研制成功的因柯镍-X,能承受1 000摄氏度以上的高温。为提高抗热性,机舱内还安装了液氮冷却系统,机身表面涂有黑色耐热漆,机体内蒙皮则采用高强度的不锈钢和钛合金,使机身在防热和高强度上有双重保障。

由于X-15的飞行高度更高,空气更加稀薄,普通气动操纵面的效率降低,甚至根本不起作用,因此必须采用反作用姿态控制系统。X-15上面安装的反作用发动机推力为179牛顿到454牛顿,要求能多次起动,技术难度很大。按设计要求,它的机头上安装了4台小火箭发动机,机翼两侧各安装了4台小发动机。这些小火箭发动机都采用单组元过氧化氢推进剂,贮箱安置于机身尾部。

1959年9月17日,X-15进行了首次动力飞行。它在11月的另一次飞行中,速度达到2.15倍声速。1960年5月12日,格罗斯费尔德驾驶X-15-1创造了飞行速度新记录——声速的3.19倍。8月4日,试飞员瓦尔克驾驶X-15-1又将速度记录提高到声速的3.2倍。

1961年3月7日,怀特驾驶X-15-2将速度记录提高了一倍声速,达到4.43倍声速。1961年5月25日,瓦尔克驾驶X-15-2把飞行速度记录提高到4.95倍声速。一个月后,6月23日怀特驾驶X-15-2又达到了声速的5.27倍的速度,首次突破五倍声速大关,达到了高超声速。

飞行中的X-15高超声速试验机

怀特和瓦尔克在10月的两次飞行中,分别驾驶X-15-2和X-15-1创造了5.44倍和5.74倍声速的新记录,已接近X-15设计速度——6倍声速。1961年11月9日,怀特驾驶X-15-2又创造了6.04倍声速的高速度。与此同时,X-15不断创新飞行高度新记录。1962年10月11日,怀特驾驶X-15-2创造飞行高度65千米的新记录。瓦尔克于1962年4月30日驾驶X-15-3达到了设计高度——78千米。

在过去的飞行中,X-15显示出具有飞得更快、更高的潜力。在新一轮飞行计划当中,美国宇航局计划向太空冲击。1962年7月17日,怀特驾驶X-15-3首先达到90千米的新高度,超过了预定的84千米。“太空”究竟以多高为下限,国际上并没有一致的标准。美国提出的“太空”标准是离开地面约81千米以上,法国的“太空”标准是100千米以上。按照美国的标准,怀特就成为第一位驾驶有翼飞机进入太空的人。由于当时还有剩余推进剂,怀特驾机继续爬升，最终达到94.3千米的最大高度。这个高度虽然比最低的卫星轨道还低得多，但感觉已与太空中非常相似：地球表面是弯曲的，轮廓异常清晰，并且被“蓝白彩带”包围着。上面是黑黑的天空和耀眼的星星。怀特甚至还经历了短暂的失重，这也是太空飞行的基本特征之一。

1963年7月19日，瓦尔克驾驶X－15－3达到了新的高度——105千米。这个高度超过了法国的“太空”高度标准。1963年8月22日，瓦尔克驾驶X－15－3再次创造飞行高度新记录：107.9千米。在最高处，他经历了3分钟的失重感觉。这个记录一直保持到今天。

为了创造新的速度记录，X－15－2做了很大修改：机身加宽，贮箱容积增大，还采用了外挂副油箱，以便能飞行更长的时间。发动机工作时间由原来的85秒提高到145秒。改进后这架飞机被重新命名为X－15－A2。它是X－15试验机中技术水平和性能最高的。1962年2月，这架飞机出厂。它的目标是突破8倍声速大关。

驾驶X－15试验机的飞行员穿着类似于宇航服的飞行服

1966年11月18日，威廉姆·奈特驾驶X－15－A2达到了6.33倍声速的最大速度，创造了新的速度记录。1967年10月3日，奈特驾驶X－15－A2又将记录提高到声速的6.72倍，即7 255千米每小时。这个速度记录是全部飞行中的最高记录，后来也一直没有被打破。据机身上的温度传感器显示，这次飞行机体承受的最高温度达1 482摄氏度。

1967年11月15日，亚当斯驾驶X－15－3进行第190次飞行。由于仪表故障导致飞机失去控制。在返回时，机身严重超载导致解体，亚当斯因此丧命。这次事故几乎断送了整个计划。以后只进行过8次飞行，最后一次是1968年

10月24日。这些飞行试验表明，飞行速度要达到和超过7倍声速以上，必须对发动机结构、材料和飞机本身进行很大修改。由于资金等原因，计划达到8倍声速的目标没有完成。

X－15试验机飞行后着陆

在X－15火箭试验机计划执行期间，共计飞行了199次，创造的最高记录是：最大速度为6.72倍声速，最大高度107.9千米。先后共有13次达到了美国标准的太空高度。

X－15火箭试验机计划是一项高度成功的高超声速研究计划，获得了极大的技术回报。该计划在高超声速空气动力学、气动加热、无动力滑翔、着陆技术、有翼太空飞行、结构设计、材料技术、稳定与控制等方面都取得了前所未的成就和大量科学数据，这些对美国载人宇宙飞船的设计和航天飞机的研制都提供了相当大的技术指导。X－15是名副其实的高超声速先锋。

现代航空

喷气时代以来，航空技术在气动设计、发动机、控制技术、军用技术、作战武器、机载设备、复合材料、总体设计等方面获得了许多重大的突破，使飞机各种性能迅速提高。喷气式战斗机在 20 世纪 50 年代就实现了超声速化，并相继发展出四代：第一代出现于 50 年代初，解决了超声速问题；第二代出现于 50 年代末 60 年代初，强调所谓"高空高速"；第三代出现于 70 年代中期，改进电子及控制系统，更强调多用途、高机动性；第四代出现于 90 年代，具有隐身或部分隐身能力、超声速巡航和敏捷机动能力、短距离起降能力、大作战半径等。

现代喷气客机也不断迅速发展到第五代：第一代采用喷气发动机，耗油率较高；第二代于 20 世纪 60 年代投入使用，采用低涵道比涡扇发动机，耗油率降低，经济性提高；第三代于 70 年代投入使用，采用宽机身和高涵道比涡扇发动机，载客量和航程都有较大提高；第四代于 80 年代投入使用，具有中等载客量和中近航程，经济性显著改善；第五代于 90 年代投入使用，除增加载客量、提高适应性外，继续降低油耗，加大复合材料的用量，提高气动效率，经济性等指标更好。各代喷气客机的速度都保持在亚声速或高亚声速，约 820～1 050 千米每小时，飞行高度一般在 10～15 千米。超声速客机的研制由于技术复杂举步维艰，尽管有两种型号投入实用，在航线上作用却不大。但从技术发展和人们对旅行的需要看，未来超声速乃至高超声速客机仍将是必然的发展趋势。

现代航空发展呈现技术先进、应用广泛、影响深远等特点。在 21 世纪，航空技术的各个方面仍会有辉煌的未来。

喷气战机初露锋芒

第二次世界大战末，德国将实用喷气战斗机投入战场，显示出很大的速度优势。朝鲜战争中，喷气战斗机首次进行大规模空战。航空界普遍认识到，喷气战斗机是不可逆转的发展潮流。

第二次世界大战后期，德国研制成功实用喷气战斗机——Me. 262，并率先投入战场。1944 年 6 月，Me. 262 正式参战。1944 年 7 月 25 日，一架英军的“蚊”式飞机与 Me. 262 不期而遇。Me. 262 的飞行速度令“蚊”式飞机的驾驶员大吃一惊，慌忙俯冲加速逃跑。所幸 Me. 262 在追击“蚊”式飞机过程中，自已的一台发动机掉了下来，“蚊”式飞机才得以逃生。Me. 262 喷气战斗机由于生产量小，使用不当，加之技术尚不成熟，没能在第二次世界大战中发挥应有的作用。但战斗机喷气化的优势已充分显现出来，特别是在当时速度的优势往往决定了空战的优势，这一点对其他国家发展喷气战斗机产生了极大推动力。

英国在发展喷气战斗机方面仅次于德国。继 E28/39 试验机后，格罗斯特公司研制了英国第一种喷气战斗机“陨星”式。它是该公司根据皇家空军的 F. 9/40喷气飞机技术规范研制的英国第一种双发喷气战斗机，也是盟军方面在第二次世界大战中惟一投入使用的喷气战斗机。试验机于 1943 年 3 月 5 日首次试飞。实用型“陨星”式采用了罗·罗公司的“威兰德”喷气发动机，1944 年 1 月 12 日首次试飞。生产型的“陨星”F. Mk. 1 于 1944 年 7 月 12 日交付使用。英国为此成立了第一个喷气战斗机部队——第 616 飞行中队。

英国在第二次世界大战期间还研制了“吸血鬼”式喷气战斗机，由德·哈维兰公司研制。第一架原型机于 1943 年 9 月 20 日首次试飞，公司编号是 D. H. 100。它也采用两台发动机，飞行速度超过了 805 千米每小时，比“陨星”式和美国的“流星”式早期型都快。它也是英国早期使用较多的喷气战斗机，总产量超过 2 000 架。

美国研制的第一种喷气式飞机是贝尔公司的 XP－59A。生产型 P－59A“空中彗星”采用 7 350 牛顿推力的发动机。P－59B 发动机推力更大，使飞机速度达到 665 千米每小时。由于这个速度还不如当时优秀的活塞式战斗机，因而生产数量很小，共生产了 66 架。

美国继贝尔公司的第一种喷气式飞机 P－59 后，洛克希德公司研制了第一种实用喷气战斗机 P－80（后按照美国新的战斗机编号方式改为 F－80）“流星”式。原型机于 1944 年 1 月 8 日首次试飞。生产型则采用通用电气公司的 J33

型喷气发动机，单台推力 20 440 牛顿。飞机最大速度 898 千米每小时，航程 2 220千米。改进的 F－80B 采用推力更大的发动机，机翼也进行了改进，还加了装甲。F－80C 是最后发展型，安装了大推力发动机，速度提高到 933 千米每小时。它在朝鲜战争初期投入了战场，成为美国第一种参战的喷气战斗机。它的产量近 2 000 架，教练型生产了 5 000 多架。为了增加航程，在它的机翼翼尖安装了两只副油箱，因而被我志愿军戏称为"油挑子"。1950 年 11 月 8 日，一架 F－80C 战斗机在朝鲜战场上被中国空军的米格－15 击落，开创了喷气战斗机空战的第一个成功的战例。

美国 F－84 喷气战斗机

美国早期喷气战斗机型号很多。洛克希德公司研制了 F－94"星火"式双发喷气战斗机，麦克唐纳公司研制了 FD－1"鬼怪"式战斗机，共和公司研制了 F－84"霹雳"式战斗机，诺斯罗普公司研制了 F－89"天蝎"式。它们都采用平直机翼，装一台或两台喷气发动机。起飞质量都在 10 吨以上，飞行速度在1 000千米每小时左右。武器系统除了机炮外，大多能带多枚火箭弹。F－84 是其中的代表，原型机于 1946 年 2 月 28 日首次试飞。20 世纪 50 年代初还出现过 F－84F、F－84G 等改型，是 F－86 出现以前美国的主力战斗机，总产量达 4 457架。

美国海军战斗机在 20 世纪 40 年代后期也实现了喷气化，出现的舰载喷气战斗机有格鲁门公司的 F9F－2"黑豹"式舰载战斗机、F9F－8"美洲狮"舰载战斗机，沃特公司的 F7U－3M"弯刀"式双发舰载战斗机。它们的速度已达到 1 000千米每小时左右。

在早期喷气战斗机中，最有代表性的机种是美国的 F－86 和苏联的

米格-15,其原型机分别于1947年10月1日和同年12月30日首次试飞。

1944年6月18日,美国陆军和海军同北美航空公司签订合同,研制一种喷气式战斗机,北美航空公司设计的型号是NA-140(XP-86)。飞机采用后掠式机翼,尾翼也有较大的后掠角。海军型名叫"愤怒"式,订货量很小。陆军型发展成为著名的F-86"佩刀"式。它在设计上除后掠翼外,并没有什么特殊的地方,但其机身、机翼、襟翼和操纵面的设计都十分先进。水平尾翼也改用全动式,有利于提高操纵效率。XP-86原型机于1947年10月1日首次试飞。它的杰出性能很快显现出来。它于1949年创造了飞行速度994千米每小时的记录,不久又刷新为1 080千米每小时。它的机动特性、减速品质和滚转速度较好,加上武器系统先进,与苏联的米格-15成为一对势均力敌的对手。

由于F-86的出色性能,它成为第二次世界大战后美国生产量最多的战斗机之一,也是50年代西方国家使用最多的主力战斗机。它先后发展了昼间战斗型、全天候战斗型、战斗轰炸型、截击型以及舰载型等许多种改进改型,总产量达11 400架。它还是第一种装备空对空导弹的战斗机,从而使空战模式发生了根本性变化。在朝鲜战争中,美国投入的主要是F-86E型,中朝方面投入的是苏制米格-15。战争中共有211架F-86被击落,而F-86也击落中朝飞机数百架。

美国F-86喷气战斗机

米格-15翼展10.08米,机长11.05米,起飞质量5 700千克,采用一台喷气发动机,推力22 246牛顿,于1947年12月30日进行了首次试飞。它的最大速度达到1 050千米每小时,武器系统很重,有一门37毫米机炮和两门23毫米机炮,并可带500千克炸弹。

米格-15首次实战是在朝鲜战场。最初中国人民志愿军空军使用的是雅克式等活塞式战斗机,不是美国同类飞机的对手。当米格-15投入战场后,很快便以速度快、爬升率高、转变半径小等性能优势占据了主动,取得了战场上的空中优势。美国最先投入的喷气式战斗机如F-80和F-84根本不是米格-15的对手。于是西方惊呼:"中国在一夜之间变成了世界空军强国!"当性能优良的美制F-86投入战场后,终于能够与米格-15相抗衡。两种飞机在性能上各有优势,成为朝鲜战场的一对明星。

米格-15发展了许多改型,性能不断提高。东欧和中国都曾大量仿制。估计它的总产量超过16 500架。米格-15给米高扬设计局带来了前所未有的声

苏联米格-15喷气战斗机

誉，使米格系列战斗机与美国的F系列和法国的“幻影”系列并称“世界三大战斗机系列”。

米高扬设计局在超声速时代也走在世界前列。在米格-15基础上研制的米格-17是一种过渡型号。它的大小和外形与米格-15相似，但发动机推力提高到33 320牛顿，最大飞行速度提高到1 145千米每小时，已接近声速。除安装机炮等常规武器外，它也使用了空对空导弹，大大增强了作战能力。它在中东战场有过出色表现，与法国“神秘”式战斗机相比占有较大优势。

朝鲜战争是喷气战斗机的试金石。喷气战机的杰出表现，很快确立了其牢不可破的地位，同时也加速了活塞式战斗机的淘汰。喷气战斗机更新速度很快，新技术得到广泛应用。有的还采用了后掠翼，机身设计日趋完美，飞行速度大大提高。在武器系统上，仍大量采用机枪与机炮结合的方式，并开始安装空对空导弹。它们在速度、机动性等方面的性能优势和作战优势已经充分显现出来。由于实际作战的需要，战斗机全面进入喷气时代比其他军用机都更早。

现代战机天之娇子

战斗机历来是各国作战飞机发展的重点。超声速时代到来后，主要军事大国都对高性能战斗机研制和更新换代极为重视。可以说，战斗机一直高居航空技术发展的最顶端，每一代的发展都体现了技术上的重大进步。

现在人们谈到战斗机，常用第一代、第二代、第三代等来分类。这是超声速时代习惯上对战斗机的分类。到目前为止，超声速战斗机共发展了四代，其中第四代尚未投入使用。那么各代战斗机是怎样划分的呢?

F-100 第一代超声速战斗机

简单地说，第一代战斗机以超声速为基本特征；第二代以两倍声速为基本特征；第三代以多用途(或称空中优势)为主要特征，同时强调高机动性、远航程；第四代标准更高，包括超声速巡航、大航程、隐身、高适应性等。

1947 年 10 月美国的 X-1 率先实现了超声速飞行，虽然它没有实用价值，但却为实用超声速飞机的研制增强了信心，积累了经验。20 世纪 40 年代后期至 50 年代初出现的许多亚声速喷气战斗机也为实用超声速飞机的成功研制打下了坚实的技术基础。在这样的背景下，第一代超声速战斗机应运而生。最具代表性的是美国的 F-100 和苏联的米格-19。它们分别在 1953 年 5 月和 9 月完成了原型机的首

米格-19 第一代超声速战斗机

次试飞。

F－100A“超佩刀”战斗机是F－86的后继机，在设计性能方面提出了更高的要求：高速度、高爬升率以及良好的高空性能。它的首要性能指标是超声速，为此采取了多种技术措施。例如，它的机身很长，相对较细；机翼采用当时先进的低阻层流翼型，有较大的后掠角；机翼相对厚度很小，头部椭圆形进气道口径也较小；发动机的推力很大。米格－19是苏联第一种实用超声速战斗机。它的性能与美国的F－100相似，但质量更轻，速度更快，武器系统更强。米格－19有教练型、试验型和截击型，最大飞行速度提高到1 800千米每小时。

除F－100和米格－19外，还有美国康维尔公司的F－102“三角标枪”、麦克唐纳公司的F－101“魔术师”，英国的“猎人”式、法国达索公司的“超神秘”、瑞典的“萨伯”35等。这一代战斗机的性能特点是低超声速，最大平飞速度约为声速的1.3～1.5倍。为了实现超声速，空气动力学设计上采取的主要措施是后掠翼和三角翼布局。

F－104第二代超声速战斗机

在第一代战斗机研制期间，空气动力学领域出现了面积率理论。这个理论指出，飞机超声速波阻与其最大横截面积成正比。如果能减少飞机最大横截面积，波阻就会大大降低。具体办法是将机翼中部位置的机身直径缩小，做成向内凹的形状，俗称“蜂腰”形机身。面积率理论对超声速飞行十分有利，后来被广泛采用。

第一代战斗机的性能仍然偏低，速度不够快，升限、加速性、爬升率不够高，武器系统和机载设备相对简单，作战能力仍有很大不足。为此，50年代后期一些国家开始发展第二代战斗机。第二代战斗机从提高这些飞行性能指标着眼，强调所谓“高空高速”，最大速度一般可达2～2.5倍声速，升限可达20千米，个别的高空截击机的速度可达3倍声速。作战性能上强调全天候和中距离拦截。代表机型有美国洛克希德公司F-104“星”式、麦克唐纳公司F-4“鬼怪”Ⅱ式、诺斯罗普公司F-5“自由战士”式；英国“闪电”式；法国的“幻影”Ⅲ和“幻影”F.1；瑞典的“萨伯”-37；苏联的米格-21、米格-23、米格-25和苏-17；中国的歼7、歼8等。

为达到两倍声速性能要求，在气动设计上主要采用头部尖锐、两侧进气外形，为改善低速性能有的还采用了可变后掠翼。另外，机翼的后掠角有逐步增大的趋势，许多飞机采用了小展弦比的尾翼。在翼型上也有很大变化，开始采用较薄的超声速翼型。在武器系统方面，导弹武器得到更新，同时采用了先进的火力控制系统。

苏-27第三代战斗机

F-104“星”被看作是第二代战斗机的第一种机型。洛克希德公司的“臭鼬工程队”在著名设计师约翰逊的领导下，于50年代中期研制成功这一在航空史上争议很大的两倍声速战斗机。它的原型机于1954年2月7日首次试飞。1951年，在设计这种飞机的时候，为了摸清未来空战需要什么样的飞机，约翰逊曾与在朝鲜参战的美国飞行员进行了长时间的交谈。他得出的结论是，未来空战要求大大提高飞机的飞行速度、升限、爬升率以及加速度。为达此目的，宁可牺牲武器和机载设备要求。于是F-104首先瞄准了两倍声速，采用两头尖尖的细长机身，翼展仅6.68米，机长却达16.69米。质量轻、流线形好、推力大是其突破两倍声速的重要因素。在气动设计上，F-104想尽了各种办法降低阻力、提高速度。它的机身呈尖锥形，座舱只有微小的突起，外观像一枚子弹。机翼是钢结构，前后缘都像刀刃一样尖锐。它只能携带900千克炸弹和2枚“响尾蛇”导弹。在飞行性能上，它实现了设计师当初的目标，多次刷新飞行速度等多种记录，最大速度达2.2倍声速。它的起飞和着陆距离很长，作战半径很小，武器系统很弱，加上操纵困难，事故率很高，因而受到各方面的指责。

米格-21是苏联为对付F-104于1953年开始研制的第二代战斗机。原型机于1955年11月首次试飞，生产型1958年装备部队。它虽然沿用了早期米格飞机头部进气的特点，但采用小翼弦比三角翼、面积率机身和大推力发动机使最大速度也达到了2.2倍声速。它采用了层流翼型，相对厚度较大。其武器系统也比 F－104 更强、更灵活。米格－21 的总产量超过 5 000 架，有的文献甚至称共生产了 11 000 架。其主要缺点是低空性能不好，不适于对地攻击，航程偏小。

第二代战斗机还包括美国共和公司的 F－105“雷公”、康维尔公司的F－106“三角标”，法国达索公司的“幻影”Ⅲ等。最能代表第二代技术和性能水平的是美国麦克唐纳公司的 F－4“鬼怪Ⅱ”式战斗机和苏联的米格－23，分别于 1958 年 5 月 27 日和 1967 年 5 月 26 日首次试飞。F－4“鬼怪Ⅱ”式战斗机是喷气战斗机史上的一个杰作。它采用后掠翼，两侧进气道，在气动设计上，也有许多创新之处。低速性能好，航程远，载弹量大等特点，使其广泛用于空战和对地攻击任务。这是战斗机发展的一个重要趋势。它的改进改型很多，被许多国家长期使用直到 1981 年，总产量达 5 195 架。

“幻影”Ⅲ超声速战斗机

米格－23 是第二代超声速战斗机中较先进的一种，相当于美国的第二代与第三代之间的机型。1967 年 5 月 26 日原型机首次试飞。在气动布局上，除了采用变后掠翼外，它的进气道改变了以往米格飞机的头部进气特点，采用了两侧进气道，不仅改善了驾驶员的视野，也有利于加装雷达，减小气动阻力。它的最大速度达到声速的 2.35 倍，作战半径 1 160 千米。武器系统包括机炮、近距空对空导弹、中距空对空导弹和炸弹。它的生产量约 3 000 架。

第二代战斗机以“高空高速”为主要特征，后期型号也开始强调作战半径、武器系统等，作战能力有了较大提高。但局部战争的考验也暴露出许多缺点：作战半径仍偏短，用途比较单一，最突出的是机动性不高。为此，20 世纪 70 年代，美国率先开始研制第三代战斗机。

根据越南战争的经验，美国在研制第三代战斗机时，突出强调高机动性、多用途、可对地攻击等。机动性指标如爬升率、盘旋半径、盘旋角速度和加速性能等大幅度提高对于提高空战能力、降低作战损失率极为重要。美国称这种战斗机为“空中优势战斗机”。它也因此成了第三代超声速战斗机的代名词。为保证有较高的机动性，在气动设计上的主要措施是翼身融合体、鸭式机翼、边条翼、前缘襟翼等，并大量应用主动控制技术。

F-15E 第三超声速战斗机

另外，第三代战斗机的电子系统、火力控制系统和武器系统都有了极大的改善，出现了具有中远距攻击能力的空对空导弹、具有“发射后不管”能力和超视距全向攻击能力的导弹。机载雷达也具有了下视能力。尽管机载电子系统日益复杂，但自动化程度大大提高，驾驶员的负担得以减轻，许多飞行和作战功能都能自动完成。此外，广泛采用电传操纵系统和综合控制与显示系统。

代表机种包括美国的 F-14“雄猫”、F-15“鹰”、F-16“战隼”和 F/A-18“大黄蜂”；苏联的米格-29“支点”、苏-27“侧卫”和米格-31“猎狐犬”；法国的“幻影”2000；欧洲合作研制的“狂风”等。

F-15“鹰”式是第三代战斗机最典型的代表。它是麦克唐纳·道格拉斯公司根据空军的要求研制的用于替换“鬼怪Ⅱ”式战斗机的主力战斗机，主要用于夺取战区制空权。1968 年美国空军在招标中提出了一些重要的指标，包括机动性好、作战半径长、寿命长、作战能力强等。其武器系统包括：1 门六管机炮，4 枚“响尾蛇”近距空对空导弹和 4 枚“麻雀”中距空对空导弹，或 8 枚中距空对空导弹。F-15 是当今世界最出色的战斗机之一。虽然参战机会不多，表现却令人叹为观止。在海湾战斗中，F-15 击落伊拉克飞机 33 架而自身无一受损。

F-16 第三超声速战斗机

1980 年，麦道公司投资将 F-15 改成以对地攻击为主的战斗轰炸机，这就是 F-15E 双重任务战斗机。1982 年美国空军决定从 F－15 和 F－16 两种飞机中选定一种作为 90 年代的“双重任务”(空战与对地攻击)，以取代 F－111 战斗轰炸机。经过对比试飞，F－15E 于 1984 年 2 月被选中。1986 年 12 月 11 日，生产型双座 F－15E开始试飞。它换装了新的高分辨率火控雷达，加装了红外激光跟踪、导航、攻击系统和夜间低空导航和红外瞄准吊舱。武器系统得到加强，可带近、中、远程空对空导弹、空对地导弹和各种集束炸弹及核弹。

苏联的米格－29 和苏－27 的性能达到甚至超过了美国的第三代战斗机。米格－29 的研制始于 70 年代初，设计任务书明确要求它在近距作战和超视距作战性能上要优于 F－16 和 F/A－18 战斗机。1977 年 10 月 6 日原型机首次试飞，1982 年投入批生产，1983 年投入使用。为对抗美国的第三代战斗机，它设计的重点是高亚声速机动性、加速性和爬升性，采用了边条翼布局，改善了气动特性。机翼装有由计算机控制的全翼展前缘缝翼，提高了低速飞行的机动性。武器系统包括机炮和导弹、炸弹等作战武器。苏－27 原型机于 1977 年 5 月 20 日首次试飞。生产型于 1981 年 4 月首次试飞，1984 年投入使用。它的加速和爬升性能超过了美国的同类飞机，因而被称为当今机动性能最优秀的战斗机。

F－22 第四代战斗机

由于近 20 年来大国之间没有发生过武装冲突，这些有代表性的第三代战斗机没有机会进行大规模空中交锋，实战中的优劣高下很难判断。几次局部战争也并非在大国间进行，局部战役的结果也无法作整体判断。但是，1994 年在美国进行的一场苏－27 和 F－15 的模拟空战中，苏－27 在各种局面下都能够及时转守为攻，F－15 根本不是其对手。在航空技术不断发展的过程中，由于技术

进步、局部使用、训练维护等因素，第三代战斗机逐渐暴露出一些问题。在这种情况下，各国都纷纷投入第四代战斗机的研制。

随着空战环境的变化，第三代战斗机的缺点也日益突出，包括不具备隐身能力，不能实现超声速巡航，超机动性能不高，短距起落性能差，作战半径仍然偏小，可维护性差等。第四代战斗机就是针对这些缺点研制的新一代战斗机，必将成为 21 世纪初的主力作战飞机。

"阵风"号第四代超声速战斗机

第四代超声速战斗机的典型型号有美国的 F－22、法国的"阵风"、欧洲合作研制的 EF2000、瑞典的 JAS. 39 和俄罗斯的 I. 42 和苏－37 等。以上几种第四代飞机的性能要求，只有 F－22 全部具备。因而像"阵风"、EF2000 和 JAS. 39 等也被称为"三代半"战斗机。

第四代战斗机与第三代相比，性能有哪些重大进步呢？下面以第四代战斗机的典型代表 F－22 与第三代主力战斗机 F－15 相比较，可以具体看出二代间的差别。

EF－2000 第四代战斗机

第一，第四代战斗机具有超声速巡航能力。F－22 不用发动机开加力可在 1.58 倍声速的速度下连续飞行 30 分钟。第二，第四代战斗机具有高机动性和机敏性。F－22 比 F－15 等第三代喷气式战斗机有更高的机动性和机敏性，在爬升率、盘旋角速度、滚转角速度、加速特性、盘旋半径、爬升特性、盘旋角加速度和滚转角加速度等性能上都优于 F－15 战斗机。这些性能指标上的优势使 F－22 有更强的空中格斗能力，能及时变被动为主动，变劣势为优势。第三，第四代战斗机具有短距起落能力。F－22 的短距起落能力高，起降滑跑距离短，可在仅 500 米长的跑道上起降。第四，第四代战斗机具有隐身能力。F－22 的雷达的散射面积只有 F－15 的几十分之一，从而可以先发现敌人、先攻击敌人，大大增强作战的突然性、隐蔽性，提高作战效能。第五，第四代战斗机装备更先进的电子设备和机载武器。机载武器数量多、速度快、精度高，具有多目标攻击能力、超视距攻击能力、全向攻击能力和“发射后不管”能力，作战性能和威力大幅度提高。

第四代战斗机的设计特点除使用推重比超过10的发动机和矢量推进外，还广泛采用电传操纵系统和主动控制技术。在气动设计上，通过采用近耦合鸭翼、翼身融合体等保证较高的机动能力。第四代战斗机还十分强调所谓作战适用性，包括可用性、兼用性、运输性、互用性、可靠性、出勤率、维修性、保障性、安全性、测试性、环境适应性等。

1990年8月29日，F－22首次公开亮相，9月29日进行了首次试飞。它采用了棱角分明的设计原则，在隐身设计上显然借鉴了F－117隐身战斗机的特点。经过试飞和性能评估，美国空军选择了F－22正式投入试制，它隐身性稍差，但低速性能好。考虑到成本、综合性能、研制时间等因素，美国空军感觉F－22具有更好的适应性。

F－22战斗机能在1.5倍声速的速度下巡航30分钟并能实施机动，这是全新的能力，可大大提高作战效能。它的机动性和敏捷性大大超过第三代战斗机，如水平加速度是F－14和F－15的3倍；推重比比F－15大35.5%；最大迎角由F－16的25度一跃提高到达60度；作战半径比第三代有所提高；它的隐身性能比F－117A略差，但比F－15强得多。在作战适用性方面，F－22比F－15也强很多。F－22战斗机将成为21世纪初美国的主力战斗机，以取代F－15等。

轰炸机的威力提升

喷气时代，轰炸机的发展特点是越来越大型化，威力也迅速提高。当然，由于研制、部署和使用大型轰炸机耗资巨大，至今只有少数国家拥有这类轰炸机。

第二次世界大战期间，美国研制的几种战略轰炸机在对德、日进行的战略轰炸中发挥了极其重要的作用，除了在战场上的巨大破坏作用外，对德、日的心理打击和威慑作用也许更大。由于轰炸机的巨大威力，当核武器出现后，大型战略轰炸机作为载机，成为核威慑力量的重要组成部分。因此，美国在第二次世界大战后极为重视战略轰炸机的发展。当然，由于军事思想的演变和国内的争论，轰炸机研制曾出现一些波折。

美国战略轰炸机向大型化发展的第一个信号是诺斯罗普公司于 1942 年开始设计的 B－35飞翼式轰炸机。B－35 采用 4 台发动机，翼展达 52.43 米，机翼面积 360 平方米，起飞质量高达 94.89 吨。它装有 4 台功率 2 205 千瓦的发动机。它的载弹量为 4540 千克，乘员 12 人，最大飞行速度 630 千米每小时，航程 12 000 千米。

苏联图－22M 超声速战略轰炸机

战后开始的喷气时代，也促使诺斯罗普公司将 XB－35 改成喷气式飞翼轰炸机，这就是 XB－49。它将活塞发动机换成 8 台喷气发动机，于 1947 年 10 月 21 日进行了首次飞行，平均速度达到 822 千米每小时，航程可达 5 565 千米。但是，这种飞机最终没有投入生产。

B－36 是康维尔公司于第二次世界大战后期开始研制的，原型机 1946 年 8 月 8 日首次试飞。它的尺寸和质量又大大增加，几乎是 B－29 的 3 倍。最初它采用 6 台活塞式发动机，后来又在外翼安装了 4 台喷气发动机。它的载弹量和载油量都很大，载弹量达 39 吨，约为 B－29 的 4 倍，航程高达 12 070 千米。但由于速度太慢，它的产量和用量都不大。

现代战略轰炸机的航程在 20 世纪 60 年代就达到 12 000～20 000 千米了，

并且具备了在任何气候条件下，从 15 000 米的高空入侵敌方空域的能力。这时的轰炸机装备了射程约 100 千米的空对地导弹，因而对于轰炸机来说航程还是很重要的。但是 70 年代以后，战略轰炸机能发射射程上千千米的空对地导弹时，航程就不再是轰炸机的重要参数了。现代战略轰炸机可以在远离敌方防空火力的空域进行攻击。

战略轰炸机的发展与防空武器技术变化很有关系，可以说二者此消彼长，平行发展。当防空兵器以亚声速截击机和高炮为主时，战略轰炸机也是亚声速的；当防空兵器以超声速战斗机和早期地对空导弹为主时，战略轰炸机的研制方向也转向超声速；当防空兵器中包括空中预警机和性能较高的地对空导弹时，轰炸机的研制重点便转向低空突防轰炸机；当防空系统中配置了有下视能力导弹的战斗机、技术先进的预警机、严密的地对空导弹和高炮防空火力网以后，隐身战略轰炸机就应运而生了。这就是战略轰炸机的大致发展线索。

美国第二次世界大战后研制战略轰炸机的主要作战思想是携带大量炸弹或核武器从高空深入敌国领空进行大规模战略性轰炸，载弹量、航程是追求的主要指标。这一思想的最好体现是 B－52 战略轰炸机。

苏联图-160 超声速战略轰炸机

B－52 战略轰炸机是由波音公司研制的，其作战思想是高空突防，1955 年开始装备部队。该机的作战高度是 12 000 米，航程 12 000～16 000 千米，最大飞行速度为 1 040 千米每小时，最大载弹量高达 27 吨。B－52 是寿命极长的战略轰炸机，在 2003 年的伊拉克战争中仍为主力轰炸机。在过去几十年里，B－52 经历过三次重大的技术改型。第一次是在 20 世纪 60 年代，由于当时地对空导弹的发展，B－52 需要改为低空突防战略轰炸机，因而加装了地形回避系统，并配备了最大射程为 960 千米的“猎犬”式核导弹。第二次改进是在 70 年代初，是为对付新研制的低空目标地对空导弹而改进的。为进一步加强低空突防能力，B－52 加装了电—光操纵系统和电子战设备。第三次重大改进在 70 年代末，对攻击电子系统全面更新，并挂装射程达上千千米的巡航导弹，从而可以在敌方防空火力之外实施攻击。目前美国使用的主要是 B－52H 型。

苏联的战略轰炸机研制水平落后于美国。为同美国抗衡，苏联研制了螺旋桨式远程战略轰炸机图－95 和米亚－4。英国也曾研制过战略轰炸机，但后来放弃了研制计划。

图-20是苏联远程战略轰炸机，又名图-95，1954年投入生产。图-20装有4台涡轮螺旋桨发动机，最大航程12 000到14 000千米，最大速度为855千米每小时，实用升限15 000米，载弹量15～25吨，可以携带鱼雷、核弹和空对地导弹。

20世纪60年代中后期，由于洲际导弹的性能和威力越来越高，曾引发了一场关于战略轰炸机是否已经过时的争论，从而影响到其发展。但本着各尽所长、优势互补的政策，在美国长时间占主导地位的三位一体核战略中，远程轰炸机仍是重要一员，后来重新得到高度重视。

20世纪50年代末到60年代初，美国和苏联分别开始研制超声速战略轰炸机，其中包括美国的B-58、B-70轰炸机和苏联的图-22轰炸机。B-58于1962年停产，B-70则根本没有生产，图-22也只生产了几架就停产了。

美国B-52亚声速战略轰炸机

地对空导弹等先进防空武器的出现对亚声速战略轰炸机是极大的威胁。20世纪60年代，根据这一新形势，美国和苏联先后开始研制能进行低空突防、避开地对空导弹实施纵深攻击的超声速战略轰炸机。先后出现的两个重要型号分别是美国的B-1"枪骑兵"和苏联的图-160"海盗旗"。

B-1轰炸机长达20年曲曲折折的研制史恰恰反映了当时进攻与防御武器交叉发展、航空军事思想不断演变的情况。它的研制前后经历了5届总统任期，花费了上百亿美元。B-1是一种变后掠翼低空亚声速、高空超声速战略轰炸机，高空(15 240米)最大速度为2.2倍声速，巡航速度0.85倍声速，最大航程9815千米。机上配有地形跟踪雷达和前视雷达，从而保证了良好的贴地性能。B-1于1974年12月首次试飞。B-1B不仅具备航程远、机载设备先进、载弹量大等特点,而且有一定的隐身能力。其攻击武器包括:8 枚 AGM-86B 巡航导弹、24 枚 AGM-69 近距攻击导弹和各种核弹、炸弹。目前美国空军装备有 81 架 B-1B 轰炸机。

苏联的图-26 战略轰炸机被西方称为"逆火"。它是图-22 中程轰炸机的改进型,也称图-22M。其最大飞行速度为声速的两倍,航程 9 000 千米。图-26是世界上第一种正式服役的变后掠翼战略轰炸机,具有较好的低空突防性能。它装有两门机炮,可带 1 枚核弹,或 15 枚 500 千克炸弹,机身机翼下可装 3 枚空对地导弹。它的装备量约 135 架,但没有投入实战使用。

美国 B-1 超声速战略轰炸机

图-160"海盗旗"是苏联研制的变后掠翼战略轰炸机。70 年代中期开始研制,1978 年装备部队。它的起飞质量 275 吨,超过了美国的 B-1B 和 B-52。它的航程远,速度快,最大航程可达 15 000 千米,最大平飞速度 2.3 倍声速。机上可挂装 20 枚巡航导弹和近程攻击型核导弹、空对地导弹和常规炸弹,最大载弹量 16.33 吨。它是一种技术水平高、性能出色、作战能力强的战略轰炸机,目前俄罗斯的装备量约 13 架。

美国的 B-2A 是继 B-1、"逆火"和"海盗旗"之后,最新的、也是世界最高水平的战略轰炸机。从发展趋势看,新一代战略轰炸机最突出的性能要求就是隐身特性好。B-2A 轰炸机在对付雷达、红外探测装置方面是非常有效的。它主要用于执行突防任务,摧毁敌人纵深目标。它可以携带核武器和常规武器,包括巡航导弹、近距攻击导弹和制导炸弹,攻击力和摧毁力极强。1999 年科索沃战争中,B-2A 多次在防区外投射巡航导弹袭击南联盟目标。

战略轰炸机的发展与战斗机有所不同,它的研制费用大大高于战斗机,研制周期和更新周期也较长。目前,有能力研制战略轰炸机的国家只有美国和俄罗斯。因此,战略轰炸机的数量和品种比战斗机少得多。

侦察预警协同作战

侦察机的用途是深入敌国领空刺探军事情报，因而要求尽可能不被对方发现。现代侦察机通过什么技术手段既能获得情报，又难以被发现和击落呢？现代军用飞机中，预警机起着指挥中心的作用。目前都有哪些著名的预警机呢？

在飞机诞生以前，人们在探讨飞机的应用时，就预见到它将会在侦察和轰炸领域发挥不可替代的作用。在1911年土意战争中，意大利首次使用飞机进行空中侦察。第一次世界大战中，飞机侦察对某些战役取得胜利发挥了重大作用。第二次世界大战中，各国都十分重视战斗机和轰炸机的研制。在此基础发展了许多侦察机的改型。它们对交战双方及时了解对方军队的部署和移动情况，取得主动立下了大功。第二次世界大战后期，盟军方面所获得的情报有96%都来自空中侦察。在诺曼底登陆中，英、美空军先期展开了大规模的侦察活动，仅在1944年4月1日至6月5日间，就出动侦察机4.5万架次。空中侦察具有快速、及时、准确等特点，获得的情报对制定战略战术具有重要意义。侦察机上的侦察设备也得到较快发展，除了宽幅、高分辨率航空相机外，电子侦察设备也已出现。

第二次世界大战后，冷战开始了。以苏联和美国为首的东西方阵营进行了长期的军事对峙，以核武器为核心的军备竞赛愈演愈烈。为了摸清对方的军事实力，特别是核导弹的数量和部署，苏联和美国在大力发展侦察卫星的同时，也积极研制侦察机。

20世纪50年代，美国使用的侦察机主要是利用战斗机改装的，如RF-84和RF-86等分别是F-84和F-86战斗机改装的侦察机型。60年代初出现了RF-101侦察机。它在当时是很先进的，速度快、侦察设备先进，可从高空或低空对目标实施垂直、倾斜拍照。不久美国又将速度更快的第二代战斗机F-104改装成侦察机RF-104。喷气战斗机航程短，低空性能差，不利于对敌人后方战略性目标进行纵深侦察。因此美国还曾将B-17和B-57轰炸机改装成RB-17和RB-57战略侦察机，用于对苏联和中国等国家的战略目标进行侦察。

将战斗机和轰炸机改装成侦察机省钱、省时，但这类飞机的性能指标常常不能满足侦察的需要。它们存在着升限低、航程短、续航时间短，侦察设备简陋

美国 U－2 侦察机

等不足，不但不能很好地完成侦察任务，也容易被击落。接二连三的失利，促使美国研制专门的侦察机，U－2、TR－1 以及 SR－71 就是出色的代表。

U－2 侦察机是洛克希德公司约翰逊领导的“臭鼬工程队”的杰作，原型机于 1955 年 8 月 4 日首次试飞。从外表看起来，它就像一架滑翔机。为了尽量提高升限，它的翼展很长，达 31.19 米，展弦比高，升阻比大，对高空飞行十分有利。它的实用升限达 21 330米，一般战斗机达不到这样的高度，因而无法截击它。它的航程也很远，达 4 830 千米，续航时间达 12 小时。为了降低被敌方雷达探测到的可能，U－2 采取了初级隐身技术：机体周围涂有能吸收雷达波的铁漆材料。U－2 的侦察设备包括 4 架航空相机，电子侦察和干扰设备。其中侦察相机可拍摄宽 150 千米，长 3 500 千米的地面图像。

U－2 的改型 U－2R 是侦察机中较先进的一种，升限、续航时间等都有了提高。最后的改型名为 TR－1A，首飞时间是 1981 年 9 月。它的外形和大小都没有很大改变，翼展只略有增加，续航时间却几乎提高了一倍，达 12 小时，航程也增加到 6 437 千米。另外，侦察设备也得到更新。

U－2 飞机速度慢，虽然不易被战斗机截击，但很难逃过地对空导弹的打击。由于 U－2 连连失手，美国开始使用更加先进的 SR－71 三倍声速侦察机。SR－71 也是约翰逊领导设计的，于 1964 年 12 月 22 日首次试飞。它的首要设计思想是高速度、高升限和大航程，其次考虑隐身。它的外形很奇特，采用了先进的机身融合体布局，机翼上有两个大型发动机舱和两个倾斜的垂直尾翼。此外，它的周身涂有特殊的黑色金属涂层，既能辐射气动热，也能吸收雷达波，增强了隐身效果。由于强度和防热方面考虑，它的结构材料主要是钛合金。

美国 SR－71 三倍声速战略侦察机

SR－71 翼展 16.95 米，机长 32.74 米，最大起飞质量 77.11吨，发动机推力 144 470

牛顿，最大飞行速度 3 380 千米每小时，实用升限 26 600 米，航程4 800千米。侦察设备更完备，包括可见光、红外、微波、雷达、电子等主动和被动侦察设备。由于速度快，升限高，飞行员驾驶时需要穿着类似于宇航员穿的宇航服式的飞行服。SR－71生产数量不多，但发挥的作用很大。自投入使用后，它经常深入别国领空进行侦察，至今没有被击落过。

美国 E－2C 舰载预警机

苏联的侦察机主要是用轰炸机和战斗机改装而来。图－16、图－95 和米亚－4轰炸机都有侦察机改型。米格－25 也曾改装成侦察机使用。西欧国家则主要用作战飞机甚至运输机改装侦察机，也研制过专门的侦察机。在西欧，最有名的当属英国研制的“迷猎”侦察机。

无论是国土防空还是空中作战，提早发现来袭的敌机都是胜利的首要的因素。利用雷达等探测设备尽早发现敌机的过程称为预警。发现得越早，提供的预警时间越长，对防御和作战就越有利。地面雷达受弯曲的地面、山脉甚至建筑物的影响，存在很大盲区，预警时间较短。距离较远、飞得较低的飞机，地面雷达往往无法探测到。这使人们想到由飞机装载着雷达升空探测，可有效解决地面雷达探测距离短且存在盲区的问题。这就导致了预警机的诞生。

20 世纪 40 年代初，英国和美国率先开始试制预警机。1945 年美国用“复仇者”舰载轰炸机改装成世界上第一种预警机——TBM－3W。第一种实用舰载预警机 E－1B“跟踪者”于 1958 年 3 月 3 日试飞成功。1959 年 6 月 9 日，C－121运输机改装的预警机 WV－1 试飞成功。它的机身上装有一个测高雷达，机身下装有一部搜索雷达。后来研制的 WV－2E 将两种雷达天线合二为一，安装在飞机背部。它奠定了现代预警机的基本模式：机身背部装有一只大型圆盘形雷达天线罩。

俄罗斯 A－50 预警机

50 年代后期，预警机得到很大发展，其功能也不断完善。美国格鲁门公司研制了 E－2A“鹰眼”舰载预警机，原型机于 1960 年 10 月 21 日首次试飞。

其背部装有一只直径 7.3 米，厚 0.79 米的大型天线罩。飞机装有雷达系统、电子对抗系统、通信系统、中央处理机、数据显示控制台。整套系统可完成监视、探测、截获、测高、识别、分类、跟踪、数据显示、威胁估计、武器选择、截击引导、交通管制等多种任务。

E－3“望楼”是在波音 707 客机基础上改装的。原型机于 1972 年 2 月 7 日首次试飞。它的背部雷达罩直径 9 米，厚 1.8 米，雷达系统可进行全方向搜索和监视。生产型 E－3A 可在 8 850 米高度作长时间巡航飞行，雷达系统对高空大目标的作用距离达 667 千米，低空小目标的作用距离为 324 千米。它能向空中指挥员显示完整的陆、海、空军态势，以便指挥己方作战飞机完成截击、格斗、攻击、支援、空运、空中加油等任务，可同时处理 600 个不同的目标，对 100 个目标进行跟踪，并指挥 100 架己方飞机作战。

美国 E－2C 陆基预警机

E－3A 在海湾战争中发挥了巨大作用。在多国部队出动的全部 11 万架次飞行中，9 万架次是由它指挥的。空战时，伊军飞机的方位、高度和速度等均由预警机及时通报给己方飞机。知己知彼使多国部队在有限的空战中取得了很高的获胜率。作战飞机起飞、返航、空中交通管制均由预警指挥机负责，使空中力量能很好地协同配合。

苏联用图－114 客机改装的图－126“苔藓”预警指挥机，1962 年首次试飞，60 年代末装备部队。它背部的雷达天线罩直径达 11 米，作用距离 370 千米。60 年代末，伊留申设计局还用伊尔－76 改装成 A－50 预警机，背部装有直径 9 米的雷达天线罩。它能完成搜索、监视、电子侦察、跟踪、指挥、核探测等任务。在海湾战争期间，苏联用它进行 24 小时监视，对美国从土耳其基地起飞的飞机

和巡航导弹进行跟踪。估计目前俄罗斯装备了25架。

由于预警机技术要求高，所以目前只有美国和俄罗斯还在研制和改进预警机，其他国家都从这两个国家购买。

隐身机的时代潮流

现代雷达、地对空导弹的发展，对飞机造成越来越大的威胁。保障作战飞机安全的重要途径之一是隐身。飞机隐身的措施、已经研制成功的代表机型有哪些呢？

在1991年1月17日爆发的海湾战争中，美国的F－117隐身攻击机最先出动，利用其隐身优势对伊拉克一体化防空系统进行了空袭。特别是第二次攻击，目标是首府巴格达市中心通信指挥中心，攻击开始后45分钟，巴格达上空才响起空袭警报。整个战争期间，F－117共出动1 296架次，仅占多国部队全部出动架次的2%，但在被攻击的战略目标中，有40%是由它击中的，巴格达市内目标的95%是由它袭击的。首都巴格达是伊拉克设防最严密的地区，F－117战斗机竟然能够来去自如，无一损失，足见隐身飞机的巨大价值。海湾战争使F－117身价倍增，也使隐身飞机成为人们街谈巷议的话题。

美国F－117亚声速隐身攻击机

飞机隐身并不像童话里写的魔法师那样，头戴隐身帽或脚穿隐身鞋后人们就看不见他了。现代隐身飞机是利用各种反雷达探测、反红外探测等手段，使敌方的雷达、红外和光电探测器探测不到或难以辨认，从而达到“隐身”的目的。

隐身并不是新概念，自然界中早就存在了。许多动物和植物，都有自己生

存的环境、食物和天敌。为保存自己或出于捕食的需要，一些动物和植物本能地利用着隐身技术。如昆虫和植物的颜色在长期进化过程中，会变成与它的自然生存环境相近的颜色。有些昆虫的颜色在春夏之际是绿色，到了秋天就变成了黄色，而进入冬天就变成了灰白色。由于它本身的颜色与环境的颜色一致，因此捕食它的天敌就很难发现它，这就是一种隐身措施。

作战部队也常采用隐身技术，即伪装措施。例如，士兵在战场作战，要根据战场环境颜色或地物特点穿着迷彩服。在丛林作战的士兵还用树枝插在衣服上或做成帽子戴在头上，以尽量与环境相一致。大型战车常涂成伪装色或用伪装物覆盖起来，目的也是使敌人难以发现。

飞机隐身的目的是使自己不易被发现，从而增强攻击的突然性，提高飞机的作战效能和生存能力。现代隐身飞机主要是对雷达隐身，即使敌方雷达不易探测到，技术术语是“低可探测性”。

雷达是利用无线电波发现目标并测定其位置和距离的设备，采用微波波段。雷达波在空间传播时若遇到障碍物就会发生反射和绕射，通常统称散射。雷达波经障碍物散射后，有一部分会被雷达接收机接收到。雷达接收机接收到的散射信号的强弱与障碍物的大小、形状、方位、距离以及雷达发出的电磁波有关。雷达接收飞机反射波能量的大小，常用散射截面积来表示。飞机雷达散射截面越大，它被雷达发现的可能性越大；散射截面越小，它被雷达发现的可能性越小。

美国B－2亚声速隐身战略轰炸机

雷达的探测距离也与飞机雷达散射截面有关。假设一架飞机的雷达散射截面大小为1平方米，雷达能在116千米内发现它；如果飞机雷达散射截面降为0.1平方米，则雷达能在65千米内发现它；如果雷达散射截面进一步降为0.01平方米，则雷达只能在37千米内发现它。由此可见，减小飞机雷达散射截面积相当于缩短了雷达的探测距离。由于作战飞机速度极快，大大缩短雷达的探测距离就会使敌人没有足够的预警时间。

雷达隐身的主要技术措施可用两个字来概括：吸、散。吸就是在飞机表面采用特殊吸波材料和涂层，尽可能多地吸收雷达波，减少反射；散就是通过适当的外形设计和布局安排，使反射雷达信号尽可能地弱，并避免集中于雷达方向。两种方法共同使用可以有效降低雷达散射截面。在实际飞机设计中，这两方面需要综合协调，难度很大，后者尤其困难。它与飞机的空气动力特性关系极大，而气动特性和隐身特性的要求常常是矛盾的。

飞机表面的突起物、机翼前缘、外挂物、连接部、发动机进气道、尾喷管、垂直尾翼、垂直相交面都是强反射体，对隐身极为不利。气动设计上必须将这些部位悉心安排，尽量减少雷达波反射强度。具体说来，在设计时应作如下考虑。

尽量使飞机外表呈平滑过渡，减少垂直相交面和较大的曲率变化，将机翼与机身融为一体，最好采用机身、尾翼不明显的飞翼布局；尽量去掉副油箱、武器、发动机吊舱等外挂物，将它们装在机身内；采用多面体外形设计，让雷达波沿几个特定的、非雷达方向反射；发动机进气道和尾喷管应尽量遮挡住，并用特殊的形状减少雷达波的反射；尽量缩小垂直尾翼面积，或采用两个倾斜的垂尾；机翼、尾翼前后缘应平行，使雷达波向少数几个特定方向反射，且这些方向应是雷达的盲区；尽量减少气动热和发动机尾气，增强红外隐身效果。

美国 B－2 亚声速隐身战略轰炸机

现代作战飞机采取反雷达探测、反红外探测等隐身技术手段，使雷达散射截面大大降低，隐身性能日益提高。美国的 B－52 轰炸机没有采用任何隐身措施，雷达散射截面积高达 100 平方米。B－1A 战略轰炸机部分采用了隐身技术，雷达散射截面积为 10 平方米；B－1B进行了重大隐身改进，散射截面积降到 1 平方米。

在目前已经服役的作战飞机中，只有美国的 F－117 攻击机、B－2 轰炸机属于“全隐身”飞机。

F－117A 是洛克希德公司研制的世界上第一种全隐身攻击机，其研制始于 1978 年。在经过 10 年严格保密之后，美国空军于 1988 年 11 月才向外界承认确有这种隐身攻击机存在。这项被认为是第二次世界大战以后最机密的军事项目引起世界各国的广泛关注。1989 年 12 月，F－117A 首次参战，初显神威。海湾战争中，F－117A 作为开路先锋，一时声名大振。

F－117A 是专为夜间攻击设计的战斗轰炸机，绰号“夜鹰”，属于高亚声速隐身攻击机，它的最大飞行速度略超过声速，巡航速度则低于声速。为降低雷达散射截面，它采用了极为奇特的气动外形设计，机身上下表面由许多块小平面合为一体组成一个多面锥体，机翼的前缘就是机身前缘的延伸。这种外形出乎人们的意料之外。但它是气动与隐身一体化设计的杰作，可以把雷达波的大部分散射到上半天球内。F－117A 机身表面和平面转接处的设计使反射波集中于水平面内的几个狭窄的区域内，而不像常规飞机那样全方向反射，这样就

可使两个波束之间的微弱反射信号与背景噪声难以区分。

除气动外形设计和吸波材料与涂层等隐身措施外，总体设计的隐身措施还有不设武器挂架，没有副油箱，外表干净利落。F-117A还采取了红外隐身措施，如尾喷管下唇口较长并有上翘的挡板，以遮挡发动机的红外辐射。喷管排气前与冷空气充分混合，使排气温度只有66摄氏度，大大提高了红外隐身效果。它的雷达散射截面积只有0.02平方米。

B-2是美国的一种全隐身轰炸机，飞行速度为0.72～0.85倍声速，升限15.2千米，航程11 200千米。由于强调隐身性能，B-2采用了对隐身极为有利的飞翼式布局。它没有水平尾翼，连垂直尾翼也取消了，整个飞机外形呈光滑曲面状。从飞机前部看，只有机身上表面有三个隆起的鼓包，中间较大的是座舱，两边稍小的是发动机进气道。机翼的前缘像两条笔直的射线，以机头为起点向后延伸。机翼后缘呈锯齿形，由10条直边缘构成，这些直边缘按角度分成两组，每组边缘相互平行，并与两个前缘平行。这样，可保证将雷达波仅向两个方向反射。

除气动设计隐身措施外，B-2大量使用吸波特性好的复合材料和结构。它是使用复合材料最多的飞机。除采用吸波结构外，有些地方还涂有雷达吸波材料涂层。燃料和武器系统全部在机体内，因此外形异常“干净”。据称，它在正常探测距离下的雷达散射截面积与一只大鸟相当，约0.1平方米。

美国F-22第四代隐身战斗机

气动与隐身一体化设计要求采用特殊的低雷达波散射外形，这样做有可能大大降低空气动力性能。F-117外形的气动特性不好，机动性不高，只能进行高亚声速飞行。B-2轰炸机的速度也不是很快。这是一个重大缺陷。因此，第四代战斗机F-22牺牲了一些隐身性能，以保证其飞行和作战性能。

航空导弹威力无穷

现代飞机装备有各种机载武器，有机炮、机枪、火箭弹、炸弹及各种导弹。就空战和对地攻击而言，机载导弹武器具有射程远、精度高、威力大等优点，因而成为飞机上最重要的武器装备。

1981 年 8 月 19 日上午 7 时，两架正在为演习的美国海军第六舰队担任警戒的 F－14“雄猫”式战斗机接到 E－2C 预警飞机的报告，两架利比亚的苏－22 战斗机已从锡德拉湾旁边的古巴地亚空军基地起飞，向舰队方向飞来。两架 F－14飞机的领队克立曼中校立即带队向南飞去迎击来犯的利比亚飞机。当 F－14与苏－22 接近时，克利曼中校命令 F－14 做左转弯，与向北飞行的苏－22 平行飞行。按国际惯例这是示意利比亚飞机离开舰队上空。但是利比亚飞机的长机也跟着向左转弯，并发射了一枚“环礁”式红外制导的空对空导弹。克利曼中校立刻做出了一个紧急机动转弯，甩掉了导弹。在这种情况下美军飞机开始还击，不到 1 分钟，两架利比亚飞机就被从 F－14 飞机上发射的两枚“响尾蛇”导弹击落。这是一场漂亮的空对空导弹战！

美国 AIM－9 响尾蛇空对空导弹

军事技术发展到今天，导弹已成为空中作战的主要常规武器。在第二次世界大战后的局部战争中，导弹得到大量使用。例如在第四次中东战争中，被击落的飞机中的 60%、被击毁的坦克中的 80%和所有被击沉的舰船都是由导弹摧毁的。在越南战场上，被击落的 32 架 B－52 轰炸机中有 29 架是用地对空导弹打下来的。马岛之战中，双方的反舰导弹都击沉了对方的舰只。20 世纪 90 年代的海湾战争几乎就是导弹的大会战，使用的导弹多达几十种。“爱国者”地对空导弹、“战斧”式巡航导弹都有出色表现，给人们留下深刻的印象。

导弹的研究和初步应用始于第二次世界大战时的德国。早在 20 世纪 30 年代初希特勒就下令成立火箭和导弹的研究机构。1942 年，纳粹德国成功研制了使用液体火箭发动机的 V－2 弹道式导弹和 V－1 飞航式导弹。飞航式导弹

也称巡航导弹。第二次世界大战结束后，各国都十分重视发展导弹武器。现代导弹武器按照发射点和目标位置的不同可以分为地对地导弹、地对空导弹、空对地导弹和空对空导弹。飞机上装备的导弹主要是空对地导弹和空对空导弹。

20 世纪 50 年代末，美国和苏联都根据德国的导弹资料，大力发展飞航式导弹。美国有“鲨蛇”、“天狮星”、“斗牛士”、“马斯”等型号，是美国现代巡航导弹的前辈。由于当时技术条件的限制，这些早期巡航导弹机动性能差、尺寸大、命中精度低、突防能力差，所以从 60 年代开始，美国停止了巡航导弹的研制。在苏联，巡航式导弹的研制工作则坚持下来了，最著名的反舰导弹“冥河”号。在 1967 年 10 月，埃及海军用它击沉了以色列的一艘驱逐舰。现在许多接受过苏联援助的国家仍然在使用这种导弹。

20 世纪 60 年代末，随着反导弹技术的发展，弹道式导弹隐蔽性差、突防能力低的弱点愈加明显，而巡航式导弹却在日益进步。1972 年，美苏签订第一阶段限制战略武器协定时，苏联拒绝限制对巡航式导弹的部署，因为其核潜艇和常规潜艇大量装备 SS－N－7 和 SS－N－3 巡航导弹。结果在协定签署的第 11 天，美国便宣布开展新一代巡航导弹的研制。

美国 AIM－120 空对空导弹

20 世纪 70 年代巡航导弹发展迅速。小型涡轮风扇发动机的出现，大大减轻了巡航导弹质量；微电子技术的发展，为巡航导弹制造出体积小、精度高的制导系统。这些进步使巡航导弹成为一种具有较高超低空突防能力和较难防御的进攻性武器。它体积小、质量轻、射程远、精度高、威力大、造价低，是典型的高效、低耗的作战武器，可机载、车载和舰载。

美国是巡航导弹最先进的国家，拥有从空中、海上和地面发射的三种类型

美国 AGM－130 空射巡航导弹

的巡航导弹。空中发射的巡航导弹代号为 ALCM，由波音公司研制，可在 B－52 轰炸机上发射。主要型号有 AGM－86A，射程 1 300 千米；AGM－86B，射程 2 400 千米。海上发射的巡航导弹代号为 SLCM，定名为“战斧”，由通用动力公司研制，有对地核攻击型、反舰型、对地常规攻击型。

海湾战争中使用的是 BGM－109C 型，它在海上可以以 7～15 米的高度掠海飞行，在陆上可以以 60 米高度巡航飞行。整个弹长 6.17 米，弹径 527 毫米，翼展 2.65 米，发射质量 1.5 吨，射程 1 112～1 297 千米，巡航速度为 0.72 倍声速。

空对地导弹是由飞机或直升机发射的，用于攻击地面、海上或水下目标的战术导弹。空对地导弹的类型很多，有机载的弹道式导弹，巡航导弹，有翼导弹、反坦克导弹等。机载弹道导弹和巡航导弹的射程都很远，甚至可以发射核武器，因此多属于战略武器。战术空对地导弹的主要功能是近距火力支援，攻击地面雷达、桥梁、机场、车辆以及水面和水下的舰艇。采用的制导方式有被动式雷达寻的制导、红外制导、电视制导、激光和 GPS 制导等。

目前先进的空对地导弹主要有：美国的“猎犬”、“小斗犬”、“幼畜”、“斯拉姆”、“百舌鸟”、“标准”、“哈姆”、“鱼叉”、“陶”和“海尔法”等反舰、反雷达和反坦克导弹；俄罗斯的“狗窝”、“鳟鱼”、“袋鼠”、“厨房”、“鲑鱼”、“王鱼”、“克里牛”等；英国的“兰剑”、“海鸥”、“海鹰”等；法国的“飞鱼”等；中国的 C601 和 C801 等。

美国 F－18 战斗机下挂的 AIM－120 导弹

在海湾战争中大量使用的空对地导弹是美国空军的 AGM－65“幼畜”导弹。它 1965 年开始研制，1972 年正式投入使用，至今已形成一个完整的系列，拥有 AGM－65A/B/C/D/E/F/G7 个型号。其中 A 为电视制导方式，B 是图像放大电视制导，C、E

为激光制导，D、F、G 是红外成像制导。战争中每天发射 100 多枚，成功率在 80%以上。

在海湾战争中美国还使用了一种精度极高、能在防御火力区域以外发射的战术空对地导弹。这就是 AGM－84E“斯拉姆”空对地导弹，射程在 111 千米以上。该弹在海湾战争中首次使用是攻击伊拉克的一座电站。第一枚“斯拉姆”导弹准确地命中发电站的一座护墙，炸开了一个洞；第二枚“斯拉姆”导弹从同一位置穿洞而过，在电站内部爆炸。

空对空导弹是飞机上发射的攻击空中目标的导弹。这种导弹是战斗机的进攻武器，轰炸机的防御武器。

由于携带导弹的飞机已经具有很高的速度，所以空对空导弹无需助推器，只用一台固体火箭发动机就可以满足速度要求了。空对空导弹大都使用自动寻的红外制导和雷达制导。目前装备各国空军的空对空导弹大约有 40～50 种型号。它的发展过程可以划分为四个阶段。1946—1956 年为第一阶段，主要设计目标是用于对付亚声速飞机。第二阶段是 1957—1966 年，导弹设计目的是对付超声速战斗机。第三阶段是从 1967 年到 1976 年，空对空导弹设计目标是攻击超声速飞行的机动目标。第三代空对空导弹具备离轴发射、近距格斗、中距拦截和远距射杀的功能，并可以全方位、全高度和全天候的使用。其中红外导引头采用致冷硫化铅或锑化铟光敏原件；雷达型导引头则采用晶体管分立元件和印刷线路板。可以进行全向攻击。第四阶段始于 1977 年，这一阶段的发展特点是中距拦截多目标，红外导引向热成像方向发展，雷达导引向脉冲多普勒雷达方向发展，并使导弹具有了下视能力和发射后不管能力。

美国 AIM－54“不死鸟”远距反辐射导弹

目前先进的空对空导弹有美国的“响尾蛇”、“猎鹰”、“麻雀”中距导弹，“先进”中距导弹以及“不死鸟”远距导弹；俄罗斯的“毒刺”、“杨树”、“蚜虫”、“射手”等近距空对空导弹、“阿莫斯”中距空对空导弹、“先进”远距空对空导弹、超远距空对空导弹；英国的“红头”、“天空闪光”、“隐身远距空对空导弹”；法国的“马特拉”、“魔术”、“西北风”等空对空导弹；中国的“霹雳”系列空对空导弹。

飞机武器系统十分复杂，除各种导弹外，还有机枪、机炮、航空炸弹、火箭弹等。从空战和对地攻击的角度讲，空对空导弹、空对地导弹及巡航导弹是最重要的武器。

直升飞机灵活无比

直升机是庞大航空器家族中数量很大的一个分支，因作用十分广泛，而得到各国的高度重视。直升机的发明历程是怎样的？现代直升机有哪些特点、用途呢？

电影电视中常常会出现直升机的身影。它能在险恶的环境里救助遇险者，能在城市上空指挥追捕逃犯，能在战场上攻击敌人坦克，能在丛林中调查野生动物……直升机的飞行本领很大，它几乎不受场地条件的约束，只要有一小块地方就可以起飞。它除能垂直起飞上升，向前飞外，还能进行侧飞甚至倒飞，这些都是普通飞机望尘莫及的。这些神奇的飞行本领使直升机在许多场合发挥着独特的作用。

俄罗斯卡-50武装直升机

直升机看似简单，但其飞行原理、动力装置、操纵技术等比飞机复杂得多。飞机可通过机翼产生升力，直升机必须由旋翼使其拔地而起，这大大增加了发动机的负担。另外，它依靠旋翼面的倾斜进行操纵，比飞机更困难。正因为如此，实用直升机的出现比飞机晚了40年。

直升机的探索进行了相当长时间。影响直升机诞生的重大问题有：第一，如何保持直升机的结构质量和发动机质量达到要求，以使其能够举起飞行器自身及一些有用载荷；第二，旋翼旋转产生的力矩的平衡方法；第三，直升机飞行时的控制问题；第四，人们对直升机的关心程度。正是这些难题的逐步解决，才促使直升机技术的实现和不断完善。

在实用直升机的早期发展中，直升机升空的举力由旋翼产生，旋翼的旋转使旋翼上下部空气运动产生速度差，同时上下部空气压力存在一定的压差，于是就产生了升力。旋转的旋翼对空气的作用伴随着空气对旋翼的反作用，于是就形成了一个与旋翼旋转方向相反的作用力矩，这就是所谓的直升机力矩及力矩平衡问题。

直升机的飞行控制与飞机的飞行控制不同。直升机的飞行控制是通过直升机旋翼的倾斜实现的。直升机的控制可分为垂直控制、方向控制、横向控制和纵向控制等，而控制的方式都是通过旋翼实现的，具体来说就是通过旋翼桨毂朝相应的方向倾斜，从而产生该方向上的升力的水平分量达到控制飞行方向的目的。由于早期直升机桨叶与桨毂是刚性连接的，所以一般要靠部分机身的倾斜才能达到，这就很难实现灵活的飞行控制。

1920 年，西班牙发明家切尔瓦制造完成了第一架旋翼机 C－1 号。它有两个旋向相反的共轴旋翼，控制系统包括升降舵、方向舵以及一付副翼。他发明了挥舞铰接结构技术。这项发明对直升机从探索阶段到实用阶段的发展产生了极大影响。切尔瓦于 1923 年制成了第一架真正的成功的旋翼机 C－4 号，并成功进行了飞行试验。

在切尔瓦发明的基础上，欧美及其他地区的航空设计师们也先后对直升机的技术、设计及试验做出了不同的贡献。1930 年，意大利的阿斯克莱制造了当时最成功的直升机，它在试验时成功地飞行了 8 分钟。1933 年，法国飞机设计家布雷盖设计制造的“布雷盖-多纳德”型直升机进行了首次飞行。1936 年 6 月 26 日，德国飞机设计师福克主持秘密研制的 FA. 61 型并列双旋翼单座直升机成功地进行了 28 秒钟的试飞，成为世界上第一架具有正常操纵能力的载人直升机。在 1937 年的试飞中，它一举刷新了直升机飞行速度、升限、留空时间三项世界记录，成为当时最优秀的直升机。这架直升机也是在设计上最早着眼于实际使用的试验型直升机。福克直升机取得的成功给世界直升机事业以极大鼓舞。

美国“阿帕奇”武装直升机

在福克以及前人的工作基础上，实用直升机的发明成为必然。这项伟大发明最终由现代直升机之父、美籍俄国人西科尔斯基最终完成。

西科尔斯基早在 20 世纪 20 年代，就致力于直升机的研制，但由于当时许多直升机的相关技术如发动机、机体结构及旋翼连接没有得到很好解决，所以西科尔斯基转去研制大型多发飞机和水上飞机，并做出了很大贡献。三十年代后期，他重新回到直升机领域。他设计制造的第一架实用直升机是VS－300型，采用构架式结构机身，顶部安装一个主旋翼，直升机的控制是通过改变尾桨的倾角实现的。

1939 年 9 月 14 日，西科尔斯基公司的 VS－300 直升机制造成功，并由西科尔斯基本人亲自驾驶进行了绳系试飞。飞行试验取得很大成功。在试验的几天中，西科尔斯基曾几次驾机升入空中，均安全着陆。1940 年 3 月 31 日，西科尔斯基驾驶改进后的 VS－300 进行了一次真正的自由飞行试验。1941 年 5 月 6 日，他驾驶 VS－300 直升机在空中飞行了一个半小时，打破了福克设计的 FA.61 直升机在 1937 年创造的直升机留空时间的记录。在 VS－300 的基础上，西科尔斯基开始设计军用直升机。

1941 年 12 月 8 日，VS－300 直升机作了它最终定型后的第一次飞行。1942 年，定型后的 VS－300 实现了各个方向上的飞行。至此，VS－300 已接近实用化程度，并为实用的 XR－4 直升机及其改型 R－4 直升机的发展奠定了基础。实用直升机正式宣告发明成功。

美国“科曼奇”隐身武装直升机

直升机由于具有其他飞机所不具备的特殊能力，如悬停、垂直起飞、倒飞等等，应用潜力和价值是十分明显的。因此它在试制阶段就引起了军事家们的高度重视，并开始了应用方面的试验。第二次世界大战以后，直升机获得了更多的试验机会。1946 年，美国开始用直升机进行航空邮政试验，取得了成功。1947 年 5 月，洛杉矶航空公司获得了美国民航局颁发的临时许可证，允许其开办定期航空邮政业务。在头 3 年中，该公司用 S－51 直升机运送了 5 900 吨的邮件，飞行时间达 20 万小时。英国最早尝试把直升机用于航空客运业务。1950 年 6 月 1 日，英国欧洲航空公司用韦斯特兰公司仿制的 S－51 直升机在加的夫到利物浦的航空线上，正式运送了第一批旅客。

朝鲜战争时期，美国派出直升机对朝鲜进行了纵深机降作战。20 世纪 50 年代中期，法国在阿尔及利亚战场首次把直升机作为武器载机，执行轰炸和扫

射任务。美国及欧洲许多国家也广泛开展了直升机用于作战的研究与试验，包括对地攻击、侦察、反坦克、支援、营救。在试验过程中，获得了直升机战术使用方面的经验，对直升机的应用前景有了一些认识，也对直升机的发展提出了新的要求。在越南战争期间，美军大量使用各种直升机，执行搜索、营救、机降、运输、侦察、对地攻击、反坦克等任务。此间应美军要求发展了第一代武装直升机，加装了机炮、火箭弹以及后期的导弹，用于执行反坦克、对地攻击和护航任务。越南战争中直升机的广泛应用证明了它在诸兵种配合作战中的重要战术价值。

喷气发动机是航空技术的一场革命。以涡轮喷气发动机为基础，先后诞生了涡轮螺旋桨发动机和涡轮轴发动机。涡轴发动机设计和结构简单，部件少，可靠性高，使用范围广，振动小，操纵简单，起动容易，翻修寿命长；功率质量比和功率体积比都大幅度提高；油耗大大降低；功率大，最适于作为直升机的动力装置。1950 年，美国波音公司最早试验成功涡轮轴发动机，并于 1951 年成功地安装在直升机上。此后，涡轮轴发动机几乎成了直升机惟一使用的动力装置，其技术水平也在不断提高。

法、德联合研制的“虎”式武装直升机

直升机技术的发展换来了直升机性能的大幅度提高。目前，起飞质量最大的直升机是苏联 1969 年研制成功的米-12。它采用 4 台功率为 4 850 千瓦的发动机，起飞质量高达 115.7 吨，载重 35.5 吨。载重量最大的直升机是苏联 1977 年研制的米-26，它曾创造了载重 56.769 吨的世界记录。升限最高的直升机是法国 1969 年研制的“美洲驼”。它曾于 1972 年创造了升高 12 442 米的记录。苏联的米-24 于 1978 年创造了直航线短距离飞行速度记录，达到 368 千米每小时。航程最远的直升机是美国的 OH-6A 轻型直升机。它于 1966 年创造了直线飞行 3 561 千米的记录。直升机的探险飞行也普遍展开，先后进行了不着陆飞越大西洋、空中加油飞越太平洋、北极探险以及环球飞行等。它在战争中的独特作用也逐渐显现出来。

几十年使用的经验，使直升机军事应用范围迅速扩大。它可以执行机降突击、攻击、运输、训练、通信、联络、救援、营救、观察、指挥、电子对抗、空战、后勤支援、武装护航、对地火力支援、校射、反坦克、布雷、扫雷、反舰、反潜、中继制导等任务。它在民用领域的用途也是很广的，可以说涉及到国民经济和公共事业的各个方面，使用极其广泛。总结起来包括：运输、旅游、地质普查、矿物勘探、森林防护、农业服务、牧场管理、渔业观察、环境保护、广告业务、建筑吊运、电气安装、医疗救护、紧急救援、公务专机、航线运输、边境巡逻、海关缉私、城市治安、海上油井服务、电影电视拍摄与转播等。从民用角度上看，直升机是通用航空的重要组成部分。随着社会经济的发展，直升机还将发挥更大的作用。

意大利 A129 武装直升机

目前，世界拥有直升机总数已达 60 000 架，军民用各占一半左右。美国、日本、俄罗斯以及欧洲发达国家都配备了相当数量的民用直升机，一有需要呼之即来。与军用直升机有所不同，民用直升机强调经济性、安全性、可靠性、舒适性以及操纵简单性。军用直升机技术水平的不断提高，为民用直升机的完善提供了技术保障，从而使用民用直升机逐步适应了各个领域以及各方面的需要。

直升机产生升力、进行操纵都要靠旋翼，因而旋翼对飞行的稳定和安全起着至关重要的作用。人们常以为，直升机速度慢，而且能垂直上升和下降，似乎它的安全性也很高，实际上直升机的驾驶比普通飞机难度大得多。正是由于这个原因，普通的轻型飞机只要经过短时间的训练就可驾驶飞行，而驾驶直升机则要经过十分严格的专业训练和培训。这一点是大多数人不了解的。

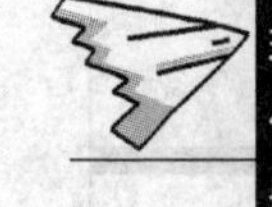

短距起落优势互补

直升机机动灵活，普通飞机飞行速度快，把二者的优点结合起来产生了垂直短距离起降飞机的各种设计方案。但由于技术条件等方面的限制，真正取得成功的垂直短距离起降飞机并不多。

现代飞机采用喷气发动机等先进技术，飞行速度不断提高。但随着速度和性能的提高，又带来了一个令人十分不安的缺点，就是起飞和着陆距离不断加长。这对于军用飞机的灵活使用来说是很不利的。直升机虽然具有垂直起降能力，但它的速度太慢，升限不高，不适合空战和轰炸一类的任务。通过对这两种飞行器的比较使人们认识到，如果能够把普通作战飞机和直升机二者的优点结合起来，形成一种能垂直或短距离起降，又具有一般飞机的高速度的新飞行器，战术价值就大大增强了。这就是垂直和短距起降飞机思想产生的原因。

垂直或短距起降飞机的价值是不言而喻的，但技术难度也是巨大的。主要难点是垂直起降性能与载重能力、续航能力等指标难以协调。另外，从垂直飞行状态到水平飞行状态的转换也十分困难。虽然经过 30 多年的不懈努力，已出现了几种实用垂直起落飞机，但仍没有达到令人满意的程度，技术攻关还在加紧进行中。

英国“鹞”式垂直短距起降攻击机

怎样才能使普通飞机具有垂直起飞和降落能力呢？由于从原理上实现垂直起降并不难，因而产生的方案也数不胜数。按基本原理，可归纳为以下几种。

一种方案是类似于普通的螺旋桨飞机，起飞时呈直立姿态，机头朝上，像发射火箭一样。当发动机启动后，带动水平的螺旋桨旋转产生升力，使飞机拔地而起。垂直升入空中后，再通过控制使飞机由垂直慢慢过渡到水平姿态。着陆时相反，最终直立下降并落地。这种方案经过了飞行试验，但存在的问题很多，一是飞行姿态的转换很困难，二是要求安装大功率发动机和大型螺旋桨，三是飞机的载重能力极低。

第二种方案是在螺旋桨飞机上垂直安装一台或几台喷气发动机，由于它主要用于产生升力，因而也叫升力发动机。这种飞机在起飞时与普通飞机一样呈水平姿态，当升力发动机发动后，产生向下的喷气流使飞机升空。然后关闭升力发动机，利用螺旋桨推进使飞机水平飞行。这种方案飞机过渡比较容易，但升力发动机在水平飞行时成了累赘，大大降低了飞机的载重能力和航程，没有实用价值。

第三种方案是喷气飞机加装升力发动机。它的缺点与第二种类似，也存在载重能力、续航能力差等严重问题，实用性也不高。美国和欧洲国家研制了几种采用这种方案的试验型垂直起落飞机，都因技术或性能问题而放弃。

美英联合研制的AV-8B垂直短距起降攻击机

第四种方案是采用喷管可转向的发动机，喷管在起飞时朝下，产生垂直升力；升空后转向朝后，提供水平飞行动力。该方案解决了死重问题，是最理想的方案，但难度很大。

美国贝尔公司在1953年试飞了第一种喷管偏转式垂直起落飞机ATV，安装两台J44涡喷发动机和一台压气机。虽然这架飞机从未过渡到常规的平飞状态，但证明了可借助简单的喷气操纵系统进行飞行。试验结果促使该公司着手研制X-14研究机。它装两台喷管可转向的涡喷发动机，并于1957年2月进行了悬停试飞，1958年5月实现了过渡飞行。

法国达索公司在“幻影”Ⅲ战斗机的基础上，研制了试验型“巴尔扎克”垂直起落飞机，1962年进行了首次飞行。它安装了8台RB-108涡轮喷气升力发动机和一台“奥菲斯”巡航涡轮喷气发动机。虽然它的气动外形几乎没有改变，但由于新的燃气吸入、悬停扰动以及上反效应问题，使其性能和稳定性受到很大影响。“幻影”Ⅲ-V型与“巴尔扎克”相似，虽然操纵特性和阻尼效应有所改善，过渡飞行很快，但悬停及低速飞行问题仍没有得到很好解决。

从上面的介绍可以看出，各主要航空大国都对垂直起落飞机进行了探索。由于技术难度太大，特别是升力发动机与巡航发动机的协调问题难以解决，时至今日，真正成功的垂直起落飞机只有两种达到了实用水平。它们是苏联的雅克-38“铁匠”、英国的“鹞”式飞机。

苏联的雅克-38“铁匠”式飞机是由1967年雅克夫列夫设计局设计的“自由画”三角翼垂直起降飞机改进而来的攻击—侦察机。它的原型机于1971年试飞，1976年首次出现在“基辅”号航空母舰上。主发动机为一台推力80 000牛顿的喷气式发动机，进气道位于前机身两侧，可旋转的两个喷管位于后身两侧，为飞机悬停和低速飞行提供动力。它还装有两台推力35 000牛顿的升力发动机，位于机身内。在垂直起飞时，主发动机可向前下方转动喷管，与升力发动机共同推动飞机垂直或短距离起飞。

1957年，英国霍克公司和布里斯托尔公司开始研制垂直起落战斗机P.1127。它于1960年11月作了首次悬停飞行，1961年9月完成过渡飞行。它装有一台“飞马”发动机，采用转向喷管提供垂直升力。1961年，英、美和西德决定联合研制P.1127的改进型“茶隼”，动力装置改为“飞马”5型喷气发动机。1965年2月，英国又决定自行改进P.1127垂直短距离起落飞机，并重新将其命

美国V-22“鱼鹰”式倾转旋翼机

名为“鹞”式，对各个系统都做了重大改进，进气道、机翼平面形状、头锥外形都进行了修改。它于1967年12月进行了首次飞行，1969年4月正式开始服役，成为世界上第一种投入实用的垂直起降战斗机，主要用于对地攻击、反舰和侦察。

“鹞”式飞机的发动机位于机身中部，具有4个可旋转的喷管，分别沿机腹中心线两侧对称布置。它们可在0～98.5度范围内旋转，提供垂直起降、过渡飞行和常规飞行各种飞行状态下所需的升力和推力。飞机能在未铺设的跑道上起降，即使短距起飞也是利用向下喷气产生的升力“跃离”地面。

“鹞”式飞机对机场跑道的依赖性很小，具有机动灵活、低空性能好、分散配

置、转移迅速、不依赖永久基地的优点，但同时也因垂直起飞时迅速消耗燃油导致航程小、活动半径短、作战速度偏低、载弹量小以及后勤保障困难等。

美国这个航空顶尖大国也看中了“鹞”式飞机的垂直和短距离起降性能。针对“鹞”式飞机航程短和载荷能力不足的缺点，美英两国决定改进发展第二代“鹞”Ⅱ式飞机，由麦道公司和英国宇航公司合作。新型号在美国海军陆战队的编号是 AV－8B，英国空军的编号是“鹞”GR. 5。它的改动比较大，主要的技术措施是：采用超临界翼型，在翼根增加边条，翼展增加 20％，翼面积增加 14％；机翼上的辅助起落架由翼尖移到机翼内侧；大量使用复合材料；改变旋转喷口周围的结构布局，使垂直升力增加；采用大推力“飞马”11－21E 涡扇发动机。通过这些改进，“鹞”Ⅱ的性能有了很大提高，载荷和航程能力增加了一倍，垂直起飞时最大载重为 3 026 千克，短距起飞时增加到 7 710 千克，作战能力有了大幅度提高。

垂直短距离起降飞机的优越性十分明显，像“鹞”式飞机的最大速度可达超声速，作战时的隐蔽性和突然性大大加强。在《真实的谎言》这部电影中，人们可以看到“鹞”式飞机在解救人质过程中发挥的关键作用。它比直升机快得多，又比普通飞机灵活得多。显然，它在战场上将会发挥独特的作用。

现有的垂直起降飞机仍有许多不尽人意的地方，特别是在飞行速度、航程及作战半径、载重能力以及机动性方面都有改进的余地。要使垂直起降飞机具有现代战斗机的性能，又能实现垂直或短距起落功能，还需做大量的研究工作。

喷气客机起步艰难

英国的"彗星"号是第一种投入使用的喷气客机，在飞行速度、飞行高度和舒适性方面大大超过活塞式客机，但一系列空难事故使人产生了对喷气客机的怀疑。喷气客机的起步阶段遇到了重重困难。

波音 237 和 DC－3 的出现，使民航运输发生了革命性变化。从波音 247 到 DC－3，从 DC－7 到"星座"，这些在历史上赫赫有名的飞机在世界范围内架起了空中交通网，人们的出行和各国的交往更加快捷方便了。这些客机都采用活塞式发动机、螺旋桨推进的，速度只有约 500 千米每小时。另外，由于发动机的限制，它们的飞行速度、高度有限，受气流影响大，乘坐也不舒适。如果要使飞机飞得更快，乘坐更舒适，就必须采用新的喷气推进技术。

世界第一种喷气式客机——英国的"彗星"号

第二次世界大战末期和第二次世界大战后不久，英、美、苏等国的喷气战斗机和喷气轰炸机实现了实用化。喷气发动机能否用于民航客机呢？喷气发动机的故乡英国给出了答案。德·哈维兰公司研制的"彗星"式喷气客机表明，喷气发动机不仅可以用于客机，而且还能带来革命性变化：飞行速度更快、飞行高度更高、乘坐更加舒适；潜在的优势还有：航程更远、载客量更大。

30 年代中期以后，世界民用飞机市场几乎被美国的几家公司垄断了。面对这一情况，英国开始筹划大型客机研制计划，以期在第二次世界大战结束后能够生产出可与美国飞机竞争的新型客机。1942年12月，英国飞机生产部长组建了一个委员会，主席是布拉巴宗勋爵，着手对英国战后民用运输机制定规划。当时提出了多种方案。1949年，“布拉巴宗”巨型机试飞，载客量达100人。由于造价昂贵，速度不高，经济性很差，它根本没有投入批量生产。

“布拉巴宗”委员会在1943年规划新型客机时，推荐的方案还有采用喷气动力的。其中之一采用喷气发动机，能够飞越大西洋，速度达645千米每小时。委员会希望避开与美国相比处于劣势地位的活塞式旅客机，用这种全新的概念飞机挑战美国的民航机霸主地位。

采用喷气动力的“布拉巴宗”4号飞机就是后来的“彗星”号。由德·哈维兰公司负责研制，该公司给予的编号是DH－106。由于当时喷气发动机推力较低，必须用三台才能完成推进任务。最初提出几种设计方案，三台发动机都是以“品”字形安装在飞机尾部。1944年，由于性能要求发生了变化，动力系统便由三台发动机改成了四台发动机。飞机布局也相应地发生了重大变化，将尾部安装改为两两对称安装在翼根部。

飞行中的“彗星”号

“彗星”式喷气客机的研制得到了英国政府的支持，同时也得到航空公司的热情鼓励，英国海外航空公司发挥的作用尤其突出。该公司对这种首创性的喷气客机表现出异乎寻常的坚定信心。早在1946年10月，该公司就表示将订购8架“彗星”飞机，后来实际上购买了9架。航空公司订购飞机也是靠政府补贴的，用于改进研制喷气发动机的250万英镑专款也是政府资助的。可以说，“彗星”计划是英国政府与美国飞机制造公司间的一场较量。

1946年5月“彗星”设计方案采用后掠翼，尾翼也带有后掠角，载客24名。后来机翼后掠角改成20度，尾翼改为平直式，座位数增加到36个。座舱采用密封式，保证乘客在高空飞行时较舒适。采用4台单台推力近20千牛的“鬼”式喷气发动机。1949年7月27日，“彗星”号进行了首次试飞。10月25日，完成了从英国到利比亚的往返飞行，平均速度721千米每小时。

1951年1月9日，为英国海外航空公司生产的第一架“彗星”1号出厂，经过一年的试飞，于第二年4月交付使用。5月2日，该公司将这架飞机投入了伦敦至约翰内斯堡的航线。由于航线较长，“彗星”号航程较短，因此这条航线是

分 6 个阶段完成的。应航空公司的要求，生产型飞机座位数由 36 个增加到 44 个。飞机的编号改为“彗星”1A。

在“彗星”式刚刚投入航线时，它以速度优势吸引了众多的航空公司前来订货。在改进型“彗星”2 号刚完成设计时，飞机的订单就达到了 47 份。最令英国人感到兴奋的是，它还打入了美国市场。1952 年 10 月，泛美航空公司订购了 3 架当时还在设计阶段的“彗星”3 号。数量虽然不多，但意义十分重大。它标志着英国冒险研制世界第一种喷气客机的决策是正确的。“彗星”2 号发动机的推力有了较大增加，机身长度也略有增加，从而增加了座位数。由于后来的几次事故，影响到飞机在航线服役，有些订单也被航空公司单方面取消了。航空公司的理由非常充分：你们的飞机不安全！“彗星”2 号共生产了 18 架，有 13 架被英国皇家空军购买，其余 5 架用于民航运输，使用到 1967 年。

“彗星”喷气式客机的出现使民航客运的平均速度由 400 千米每小时提高到 800 千米每小时，其意义是十分重大的。然而不幸的是，该机自投入使用后，接连出现了几次重大的空难事故。据统计，自 1952 年投入航线到 1970 年，重大事故就发生了 21 起，直接导致乘客死亡的事故就有 11 起。最惨重的一次发生在 1970 年 7 月 3 日，“彗星”4 型客机满载 112 名乘客，结果所有乘客包括机组人员全部遇难。此外还有七起事故也是机组与乘客全部死亡。

短短的一年时间，交付的 9 架“彗星”1 号客机中就有 4 架坠毁，其中 3 架又是在空中解体的，这不能不引起英国政府和航空专家重视。为此，英国海外航空公司被迫停止了该机的飞行业务，由一个庞大的专家组展开了历史上少有的详尽调查。这次事故调查结束了“彗星”1 号的生命，换来的是设计师和结构专家首次注意到金属在连续受到增压和减压作用会发生疲劳，从而使结构强度降低。“彗星”1 号正是由于巡航高度高，在上升下降过程中连续受到气压增减的疲劳作用而出现故障导致空难的。正是由于“彗星”1 号的教训，一门新的学科“疲劳力学”诞生了。

“彗星”飞机疲劳破坏事故的代价不仅仅是“彗星”1 号全部停飞，更重要的是英国在喷气式民航机的领先地位被别的国家超越了。“彗星”发生的事故在世界范围内引发了喷气客机究竟有没有发展前途的广泛争论。在英国尤其如此，不论赞成方还是反对方获得胜利，终究耽误的宝贵时间都无法挽回。在这几年中，德·哈维兰公司卧薪尝胆，大刀阔斧地对“彗星”号客机进行了重新设计，尤其对结构着重进行了加强。改进设计的“彗星”3 号换装了更大推力的发动机，加长了机身。但它只生产了一架，主要用于进行结构方面的试验工作。

“彗星”4 号是最终改进的成果。第一架于 1958 年 4 月 27 日进行了首次飞行。1958 年 10 月 4 日，两架“彗星”4 号客机从大西洋两岸同时起飞，向对岸飞去，引起了一次短暂的轰动。尽管这种飞机也是相当成功的，但昔日“彗星”1 号的辉煌再也未能重现。“彗星”4 号的改进是相当大的，载客量提高到 81 人，后来“彗星”4 号 C 最多可载客 101 名。但这时它面对的是更加强大的对手——美国波音和道格拉斯公司。两家公司以波音 707 和 DC－8 称霸了民航客机市场。“彗星”4 号在生产了 20 架后于 1962 年停产。

几次重大事故虽然没有葬送喷气式客机，但却彻底毁掉了德·哈维兰公司。“彗星”2 和“彗星”3 订货的取消，使该公司无力继续进行改进设计，只好向政府伸手。英国为了保住“彗星”飞机，直接拨款 650 万英镑给德·哈维兰公司，使之暂时渡过了难关。到 20 世纪 50 年代末，公司因缺少订货而难以为继，于是不得不宣布“投降”。但是 1959 年 12 月 17 日，德·哈维兰公司与霍克·希德利公司达成了合并协议。新公司仍然称霍克·希德利公司，德·哈维兰公司被兼并了。

对杰弗里·德·哈维兰这位 67 岁的老人来说，遭受的打击实在太大了。他的一家都致力于航空事业，为航空事业的发展做出了巨大贡献，也付出了惨痛的代价。他的两个儿子都在驾机飞行事故中丧生，现在，他的又一个“儿子”“彗星”号也走向了死亡的边缘。他在回忆录中说，失去两个儿子给了他很大的打击，是他人生的最大悲剧；而“彗星”的陨落给他的打击同样强烈。“彗星”虽然退出了舞台，但它唤起更多的后继者走向喷气客机舞台，并确立了喷气客机在航空运输领域的牢不可破的地位。这是“彗星”最大的贡献。

波音麦道优势终现

波音707、DC-8投入使用后，终于确立了喷气式飞机在民航领域的牢固地位。从而使民航也真正进入了喷气时代。

就在人们被“彗星”客机频繁的事故困扰，因而怀疑喷气客机是否超越了时代之时，波音707走上了舞台，使喷气式客机真正得到了全世界的承认。波音707在技术上并不比“彗星”号先进，但在每个技术细节上都做得相当成功，从而形成了综合的技术优势。另外，波音707在市场方面的机会也是很好的。首先美国国内市场是民航客机最大的市场；其次，“彗星”号由于事故退出了欧洲市场，另一种“卡拉维勒”号则是支线飞机，不会与波音竞争。

美国波音707喷气式客机

波音公司是美国历史最长、实力最强大的飞机制造厂商之一。1947年，波音公司应美国空军轰炸机司令部的要求，研制成功B-47喷气式轰炸机。该机是集当时先进技术于一身的大型飞机。它采用6台涡轮喷气发动机，飞行速度达到970千米每小时，是当时飞得最快的轰炸机。B-47是美国第一种大型喷气式飞机，对美国喷气推进事业产生了重大影响，其中最直接的影响就是加速了波音707客机和B-52轰炸机的问世。1952年4月，B-52重型轰炸机试制成功，具有很强的续航能力。1957年它用了45小时19分钟完成了首次环球不着陆飞行。

军用喷气轰炸机的研制成功，使波音公司坚信喷气推进技术也是民用客机的发展方向。波音公司董事长艾伦与设计、管理人员进行了广泛的讨论，认为以波音研制大型喷气轰炸机的经验，研制比“彗星”更好的喷气客机完全有可能。但关键问题是建造一架原型机的成本很高，客机的研制成本会转嫁到机票上，他们拿不准乘客会不会为缩短旅行时间甘愿花更多的钱。于是波音公司与他们的老客户泛美航空公司商谈。但各航空公司不能给出肯定的订货数量，因为航空公司也无法预测喷气客机的市场究竟有多大。尽管如此，新飞机的设计工作开始，这就是波音 707，编号 367－80。这项工作进展很快，到 1950 年年中便形成了初步设计方案。当年秋天，艾伦去英国伦敦参观法恩巴勒航空展览，“彗星”号的首次公开露面给他留下深刻印象，他认为喷气客机将是未来民航机的发展方向。

波音 707 喷气式客机

回到美国后，艾伦决定自己来开拓市场，自筹资金投入研制。1952 年 4 月 22 日下午，波音公司董事会正式做出决定将新型的波音 707 客机投入研制生产。1954 年 7 月 15 日，波音 367－80 原型机试飞成功。它装有 4 台喷气发动机，航程 5 800千米，载客 105 名。尽管波音总裁艾伦对新飞机有充分的信心，但毕竟市场不是他和波音所能左右的。考虑到这一点，367－80 的设计具有双重目的，它既可以作为民航客机，也能作为军用运输机。即使民用市场没有充足的订货，还可以转向寻求军方的购买。367－80 原型机的成功并未马上给波音公司带来定货，倒是美国空军看上波音公司的研制能力把开发喷气式空中加油机 KC－135 的任务交给了波音公司，使波音公司摆脱了困境。KC－135 借用了 367－80 的设计和技术，很快就研制成功了。1954 年 7 月 15 日，KC－135 进行了首次试飞。美国空军第一批就订购了 28 架。

1955 年 7 月，波音公司得到美国空军的许可，在 KC－135 的基础上发展民用客机波音 707。泛美航空公司于 1955 年 10 月 13 日订购了 20 架，合同金额 1 亿美元；但该公司又同时订购了 35 架 DC－8，价值 1.6 亿美元。

在喷气式客机的第一轮较量中，波音 707 暂时输给了道格拉斯 DC－8。波音公司很不甘心。为了争夺当时看来还相当有限的市场，波音公司立即着手进行了两项重大的技术改进。第一项是加宽波音 707 的客舱，使之不逊于DC－8；

第二项是进行洲际型客机的设计。这两项措施导致了波音707－120型和707－320型的诞生。波音707－120型客机可以搭乘181名旅客，320型则可搭乘189名旅客。二者的机身都在原707飞机的基础上加宽加长。波音公司的这一努力取得了积极的成果，它的销路开始打开。除泛美航空公司的订货外，美国航空公司、法国航空公司和德国、瑞士的航空公司纷纷订购。

美国DC－8喷气式客机

1957年12月20日，第一架波音707－100进行了首次试飞。泛美航空公司订购的第一批6架波音707－121型，也于1958年交付。令波音公司感到欣慰的是，1959年5月12日，一架波音公司生产的波音707－320型客机被选为“空军一号”总统座机。这件事在波音公司飞机制造史上写下了光辉的一笔。1959年10月19日，波音707－320型客机首次从纽约不着陆飞至伦敦，航程5 000多千米，从此开始了定期越洋远程民航航班的飞行。泛美航空公司还用707－320型建立了世界上第一家环球乘客服务航线，从而名声大噪。

波音707客机成功地打破了道格拉斯公司对民用客机市场几十年的垄断，使波音公司在客机生产上能与道格拉斯公司相抗衡。波音707的成功还证明了波音公司的远见卓识：航空工业必须两条腿走路，必须尽快把先进技术应用在民用飞机的发展上。幸亏有了这一英明的决策，波音客机才形成了一个强大的系列，占据了当今民用客机市场的霸主地位。目前在世界航空运输市场上，在每5架干线客机中至少有3架是波音飞机。

美国波音727喷气式客机

道格拉斯公司的DC－8是在航空公司的要求下，被动投入研制的。自DC－3问世以来，该公司以DC－4、DC－6和DC－7系列活塞式客机雄霸民用飞机市场，其垄断地位持续了20多年。由于DC－7的改型已能完成不着陆飞越大西洋的航空运输任务，因此道格拉斯公司对喷气客机并不看好，反而认为喷气客机运营成本过大而无市场潜力。泛美航空公司是美国各大航空公司中惟一对喷气客机抱有极大信心的。公司总裁特里普在波音、道格拉斯和洛克希德三家公司中游说,试图说服后两家公司加入到喷气客机研制中来。但这两家公司都不感兴趣。后来在泛美开出比较诱人的价码后,道格拉斯公司终于心动了,决定研制DC-8喷气客机。该机 1955 年投入研制,1958 年 5 月 30 日首次试飞,1959 年 8 月 31 日投入航线。

DC-8 投入市场后,在同波音 707 竞争中,最初曾获得了一定优势,但这个优势是以沉痛的代价换来的。为了补偿相对波音公司强大的宣传攻势的不足,道格拉斯公司只能降低飞机价格,实际上就是亏本卖的。他们研制 DC-8 过于匆忙,许多设施都是新建的,飞机成本高于波音 707。DC-8 在 50 年代后期的年产量从中期的 73 架降到只有十几架,1960 年则只有 3 架。这一年公司净亏损1 943万美元。

美国波音 737 喷气式客机

当时波音公司不但继续改进波音 707,而且正在发展短程的波音 727 双发客机。道格拉斯公司也做出反应,提出研制 DC-9 系列短程客机。DC-9 于 1965 年 2 月 25 日首次试飞。它的销路比预计的要好,1966 年一年就卖出了 170 架,1967 年又卖出了 424 架。与此同时,DC-8 的销售也开始看好。由于生产能力不足,道格拉斯公司决定将一些大部件转包给其他公司。不过公司对未来过于乐观,把摊子铺得过大。

道格拉斯公司做出决定用 DC-8 的加长型——超 DC-8 向波音 707 干线客机挑战,并决定同时上三个超 DC-8 改型方案。这对财力已经十分紧张的道格拉斯公司来说是难以负担的。它不仅造成了研制成本的提高、速度放慢,而

且引起了管理上的混乱，使得销售势头很旺的 DC－9 飞机生产速度减慢，那些不能按时拿到飞机的航空公司怨声载道，有的甚至诉诸法律，使得道格拉斯公司不得不付出巨额赔偿。不过，道格拉斯公司此时已凭 DC－8 系列和 DC－9 系列客机赢得了一大块市场。

以波音 707 和 DC－8 为代表的第一代喷气式客机终于在民航运输机市场上占稳了脚跟，并逐步取代了活塞式客机成为干线飞机的主力。“彗星”客机希望改变世界航空运输的面貌，但“出师未捷身先死”。它的未竟事业终于由后继者波音 707 和 DC－8 完成了。自此，航空运输发生了深刻的变革，人们的交往更加方便快捷，世界似乎变小了。20 世纪 50 年代末以后，再也没有人怀疑喷气式客机的巨大价值和效益了。

现代客机蔚为壮观

喷气客机牢固地确立了历史地位以后，迅速以速度快、乘坐舒适而成为航空客运的主力军，逐步取代了螺旋桨式飞机。现代客机不断采用新技术，已经发展到第五代，各个性能段都已基本覆盖，经济性和安全性也得到了迅速提高。

像超声速战斗机一样，人们对喷气客机也划分了代，“彗星”、图－104、波音707、DC－8属于第一代。以波音707为代表的第一代喷气客机由于采用了喷气发动机，飞行速度和高度有了很大的提高。速度更快、乘坐更舒适是其最引人注目之处。从技术上讲，这一代的主要特征是采用涡轮喷气式发动机、后掠翼，与活塞式客机相比大大提高了巡航速度和客运量，使民航运营效率大为提高。从气动设计上看，采用了大展弦比后掠翼，层流平顶翼型，机翼前后往往带有大面积襟翼。在发动机布局上，波音707和DC－8采用了后来成为标准模式的翼吊发动机短舱形式。第一代喷气客机对民用飞机的喷气化做出了开创贡献，但缺点也相当突出，主要有油耗大、噪声大等，使经济性受到很大影响。

美国波音737－900喷气式客机

第二代喷气客机于20世纪60年代投入使用。为克服第一代的缺点，开始采用低涵道比涡轮风扇发动机，降低了耗油率，提高了经济性。在气动设计上确立了悬臂式下单翼布局，注重低阻力亚声速翼型的研究和使用，主要采用尖峰翼型；注重各部件气动干扰，增升装置多采用多段克鲁格襟翼和富勒襟翼。代表机型包括波音727、波音737和DC－9系列；英国德·哈维兰公司的“三叉戟”；苏联的图－154等。

研制一种全新的干线客机耗资惊人，各大飞机公司都根据市场需要，利用新技术对已有飞机进行改型设计，从而形成了许多干线客机系列。波音727系列有波音727－100、727－100C、727－QC、727－200、727－200F等。波音737

则有 737－100 型、737－200 型、737－200C 型、737－300 型、737－400 型、737－500 型、737－800、737－900 等。DC－9 飞机改型更多，包括 DC－9、DC－10、DC－11、DC－15、DC－20、DC－30、DC－40、DC－50，后来出现的 MD－80、MD－81、MD－82、MD－83、MD－87、MD－88 等都属于 DC－9 系列。改进的措施包括加长或缩短机身、采用新型机翼和增升装置、更新内设和电子系统、采用新型发动机等。大量改型使第二代客机载客量从 100 座直到 180 座，主要用于中、近程客货运输。

第二代客机以中小型为主，与第一代相互补充，航程和载客量均小于第一代。波音 727 是继波音 707 之后又一种重要的喷气式客机，它创造了销售 1 800 余架的当时喷气客机销售量的世界记录。波音 727 属于中短程客机，载客量为 131 人。1967 年波音公司又推出了波音 727－200 客机，载客量 189 人，1972 年正式投入航线运行。道格拉斯公司生产的 DC－9 有 80～125 个座位。与此同时，波音又推出了双发动机的波音 737。采用下单翼、翼下发动机短仓的布局。这种布局的好处是失速特性好，能减轻结构质量，使机身长度减小。

美国波音 747－100 宽体客机

波音 737 投入市场后，由于性能出色，适应了中短程航线的要求，因此销售势头一直极佳。最新型波音 737－900 于 2000 年 8 月进行了首次试飞。它机长 42.1 米，翼展 35.7 米，最大起飞质量 78.24 吨，载客量 177～189 名。它是该系列中飞得最远、飞得最高、载客量最大、经济性最好、乘坐最舒适的改型。在过去 35 年中，各种改型的波音 737 已售出了 4 800 架。这是喷气民航机史上生产量最大的飞机，今后数十年还将有很高的订货量。

DC－9 是与波音 737 同样级别的飞机。1967 年投入使用的 DC－9－30 载客 110 人，航速 907 千米每小时，航程 2 400 千米。由于 DC－9 抢先进入市场，且可以在短跑道起降，因而大受欢迎。道格拉斯对 DC－9 进行了一系列的改型，多达十几种。

喷气客机投入航线，使民航事业飞速发展，乘坐飞机旅行和执行公务的人越来越多，民航客机为适应旅客密集航线的需要也朝大型化发展。第一代喷气客机已经过时，第二代客机偏小，在这种情况下飞机制造商决定研制第三代喷气客机，首要特点是宽体、大载客量和大航程，适应跨太平洋飞行的需要。代表机型有美国的波音 747、道格拉斯 DC－10、洛克希德公司 L－1011；欧洲空中客车公司的 A300 和苏联的伊尔-86 等。

在技术特征上，第三代客机采用宽机身和高涵道比涡扇发动机，载客量和航程都有较大提高，座位数约 300～500 个。采用耗油率更低的发动机，设计上提高展弦比为 7～8 及提高气动效率等技术措施，使经济性进一步提高，并解决了远程客货运输问题。波音 747 目前仍是世界上载客量最大、航程最远的干线客机。最新的波音 747－400 的典型技术和性能数据为：机长 68.63 米，机高 19.41 米，翼展 64.44 米，最大起飞质量 395.986 吨，最大巡航速度 985 千米每小时，最大航程 13 157 千米，载客量可达 592 人。它的机翼比原型加长了 1.83 米，并加装了 1.83 米长的机梢小翼，使油耗降低了 12%，航程增加了 3%，改善了经济性。

美国波音 747－400 宽体客机

动力装置由于采用推力更大、耗油率更低的高涵道比涡扇式发动机，噪声和振动水平也大大下降。乘客的舒适性和航空公司的收益因此大大改善。在气动设计上，宽体客机也体现了最新的科研成果，其中突出的是采用了新型的“尖峰”翼型，巡航升阻比有所提高，从而又使耗油率下降。为适应起飞和着陆的特殊要求，各种襟翼装置也进行了精心设计和安排。

波音 747 是十分成功的宽体客机。它根据市场需求进行过改型改进，有基本型、客运型、货运型、客货混合型、洲际型和国内型等多种。根据航线长度和航空公司要求，座位数也可以灵活布置。对于短距航线，也可全布置成旅行舱或经济舱，提高载客量。波音 747－100B 载客量为 452 名，波音 747－200B 载客量为 366～452 人，波音 747－300B 载客量为 400～490 人，波音 747－SR 短程型载客量为 537 人，波音 747－LB 加长国内型载客量高达 716 人。

在波音 747 投入航线之前，麦道公司推出了 DC－10 宽体客机，洛克希德公司推出了 L－1011 宽体客机。它们都采用三台发动机，但载客量和航程都比波音 747 小，产量都不大。DC－10 和 L－1011 在各自生产了 386 架和 250 架后，都关闭了生产线。波音 747 在这场竞争中大获全胜。截止到 2000 年底，各种波音 747 已售出 1 215 架。

在第三代喷气客机中，不能不提到欧洲空中客车。在英国政府的倡导下，20 世纪 70 年代，英国、法国、联邦德国和西班牙正式组成了欧洲空中客车公司，生产干线客机。在与美国厂商的竞争中，空中客车公司取得了巨大的成功，从

而形成了与波音公司和麦道公司相抗衡的三足鼎立的局面。自第一种机型A300开始，其研制的均属于宽体或半宽体客机，包括A310、A320、A330和A340，都取得了很大成功。A300最大起飞质量165吨，载客量267人，航程6 820千米。它的技术先进，经济性良好。A300的成功确立了空中客车公司在民航机制造领域的地位，为以后的发展奠定了坚实的基础。

20世纪70年代中期，国际上出现了石油危机，航空公司为在经营民航业务中获得效益，需要进一步降低客机的运营成本，经济性好成为突出的要求。根据这些新的要求，几大飞机制造公司开始投入第四代喷气客机的研制。主要机型有：波音757、波音767、欧洲“空中客车”A310、A320和苏联的图-204等。

第四代客机的技术特征主要有：中等载客量和中近航程，采用先进的机翼等新技术，安装更先进的高涵道比涡扇发动机，在气动设计上作了大量文章，包括采用超临界机翼、翼梢小翼、减小机翼后掠角、增加展弦比、增大机翼相对厚度、改善部件干扰，采用先进的电传操纵系统，大量使用复合材料等。

图-154喷气式客机

另外，为降低研制成本，第四代客机大量使用了已有的零部件，节省了研制费用。波音757是在波音727基础上采用新机翼和发动机，并修改机身外形发展而来的。波音767与波音757在设计和技术上有许多共同点。A310是在A300基础上缩短了机身，并采用了新技术而来的。第四代客机的经济性能突出，中近程座耗油率比第一代降低了64%，中远程耗油率也降低了55%。波音757与波音707二者速度和航程相近，但波音757起飞质量比707轻15%，机翼面积减小20%，载客量却增加了34人，两台发动机就可胜任，耗油率降低了51%。

第五代客机于90年代陆续投入使用，主要型号有波音777、麦道MD-11、空中客车A330/A340和俄罗斯的图-96等。这一代飞机在设计上除增加载客量、提高航程和改善适应性外，继续探索降低油耗，提高经济性。采用的技术措施有：安装耗油率更低、排污更小、噪声更低、涵道比更高、推力更大、维护性更好的涡扇发动机；加大复合材料的用量；进一步加大展弦比或加装翼梢小翼，提高气动效率；采用超临界翼型或高效亚声速翼型。今后这些机型也都将有系列改型，并不断采用新技术，使经济性等指标更好。其中典型代表波音777-200的典型数据为：机长63.73米，机高18.44米，翼展60.93米，最大起飞质量230～263吨，巡航速度为0.83倍声速，最大航程7 500～12 400千米，最大载客量达400人。它于1994年4月9日进行了首次试飞，市场销路很好，2002年夏交付量突破400架大关。

波音777之所以引人注目，主要原因是它在研制和生产过程没有一张图纸，完全采用计算机并行工程设计，交叉作业法，大大提高了设计效率。这种设计方法有三个特征：第一，航空公司自始至终直接参与波音777的研制工作；第二，运用设计、制造小组协调设计；第三，全面使用计算机辅助无纸化设计制造。由于自动化程度高，波音777组装时间很短，现在已经缩短到了只有37天。这使其能够更快地交付用户，并降低生产成本。

波音777的所有设计都是针对市场需求和客户要求进行的。因此，当波音777问世时，它的客舱舒适性和灵活性是其他任何一种机型都无法比拟的，而运营可靠性和经济性也是它的主要优势。在全球的中高载客量飞机中，波音777提供了最大的商载和航程能力。虽然它只安装了两台发动机，但载客量很大，航程也达到了四发动机的波音747的水平。

欧洲联合研制的A300D喷气式客机

波音777也有许多改型，目前正在生产的有3个型号：波音777-200基本型，波音777-200延程型和波音777-300型。波音777-300型是目前最先进的改型，1995年6月26日决定投产，1997年10月16日首次试飞。其载客量按三级布置为368名，按二级布置451名，按一级经济布置可达550名。波音公司还计划生产加长型波音777-300ER，其航程可达到甚至超过波音747。

欧洲空中客车公司1986年提出研制A330和A340。A330为双发中短程客机，A340为四发远程客机。这两种机型有85%的零部件可以互相通用，采用同样的机身，只是长度稍有不同。这样可以降低研制费用，缩短研制周期，并可

大大减少零备件贮存的种类和数量。1991 年 10 月，A340 首次试飞，1992 年 10 月交付使用。A330 于 1992 年 11 月 2 日首飞，1993 年 10 月交付使用。A340 的航程可达 12 500 千米以上，达到波音 747 的量级，载客量为 295 名。如果近距离飞行，载客量可进一步增加。该机还有 A340－400、A340－500、A340－600 等改型。

20 世纪 90 年代，面对日益繁忙的机场和拥挤的航线，波音和空中客车都加紧进行超大型飞机的讨论，但由于市场风险和资金问题，一直未能进入设计阶段。2000 年 12 月 19 日，空中客车公司宣布正式开始研制超大型客机 A380，一时间在航空界引起巨大反响。

A380 是一种宽体 3 层客机，初步设计载客 555 人。它的后续机型甚至可将载客量扩大到 800 人，成为名副其实的“巨型客机”。A380 的另一个特点是续航能力强，可以连续飞行 15 000 公里不需要加油。已有 6 家航空公司提出了共约 50 架的 A380 飞机订单。

美国洛克希德 L－1011 宽体客机

A380 采用四发动机，机身长 80 米，机翼展开后宽度为 80 米，高 16 米，可根据不同航空公司的要求提供 550 至 800 个座位的载客量，最大航程为 1.62 万公里。空中客车公司称，A380 客机的诞生是一次“旅行的革命”，它能给旅行者提供“空中旅馆”式的享受。A380 客机上可设儿童娱乐室、免税商店、快餐店、商务中心、美容室、全景酒吧、健身房、淋浴间、私人座舱甚至赌场。它也将延续空中客车飞机的传统，具有价格便宜、经济效益高、客舱宽敞、设备通用性高、驾驶容易、服务周到等特点。空中客车 A380 的研制费用高达 107 亿美元，估计单机价格为 2.5 亿美元，预计 2006 年投入运营。

研究表明，A380 的研制技术问题并不突出，关键是经济性和环保性。首先，研制费很高，投资风险极大；其次，飞机潜在市场和订货难以预计，而在飞机试飞以前航空公司难以大量订购；第三，质量大，给结构、材料、发动机、控制等带来新问题；第四，巨型发动机会带来噪音大、耗油率高、污染严重等问题；第五，现有机场不能满足起降要求，必须进行较大改扩建，额外花费极大。由于上述技术和非技术的原因，A380 的前途可能并不会一帆风顺。

突破声速"协和"争先

英法联合研制的"协和"式和苏联的图-144是迄今为止仅有的研制成功并投入使用的超声速客机。由于耗油率高、噪音大、载客量小、航程短等不足，它们未能得到广泛使用。

乘飞机旅行的最大优势是高速度，即使亚声速客机的速度也是陆上交通工具的数倍乃至十几倍。乘飞机从北京到广州只需3个小时，而乘坐火车大约需要一整天！

英法联合研制的"协和"式超声速客机

但是，航空工程师们对喷气客机的速度并不感到满意，一是因为以这样的速度跨洋飞行的时间仍然很长，例如从北京飞到洛杉矶需要十几个小时；二是喷气战斗机的速度早已超过了两倍声速，设计师们希望客机也具有这样的高速度。如果民航客机能够实现超声速飞行，可使飞行速度提高几倍，大大缩短长途飞行的时间。

但是，超声速客机研制并不像亚声速客机那样顺利。经过20多年的努力，目前只有两种超声速客机在航线上使用过。这就是英法联合研制的"协和"号和苏联的图-144客机。

实际上自20世纪60年代以来，世界上有三种型号的超声速客机投入了研制，除了"协和"号和图-144以外还有美国波音公司研制的波音2707-300。后者设计速度为2.7倍声速，计划载客250人。后来由于波音2707研制方案出现了反复，以致进度落后于英法联合研制的"协和"号。美国政府撤消了对波音2707的支持，波音公司被迫放弃这一计划。

"协和"号的研制始于1962年。在此之前，英国和法国曾分别对超声速客机进行了初步的研究。1961年英国的布列斯托尔公司和法国的南方航空公司各自提出了一种速度、航程和气动布局都十分接近的设计方案。由于超声速客机的研制费用极高，因此 1962 年两国达成协议，合作研制，平均负担费用，成果共享。飞机也正式命名为“协和”号。

“协和”号飞机的机体研制由改组后的英国飞机公司和法国国营宇航公司共同进行。发动机由英国罗·罗公司和法国国营航空发动机公司共同研制。设计的巡航速度是 2～2.2 倍声速。采用下单翼结构。机体的主要材料为铝合金，仅在某些承受高温的特殊部位，如升降副翼、发动机短舱等处使用了钛合金和不锈钢。飞机的机身为细长形；机头是活动的，可以下垂；机翼为具有复杂弯度和扭转的三角翼，其前缘为 S 形。四台加力式涡轮喷气发动机两两并列在外翼下侧，飞机没有增升装置和平尾。它的细长 S 型机翼设计引发了飞机气动设计的一场革命，这种机翼有效地利用了涡升力，使之具有良好的低速性能，在起飞和进场着陆时具有很大的升力。

1969 年 3 月 2 日，“协和”飞机进行了首次试飞。1973 年 12 月 6 日，生产型开始试飞。它的翼展 25.56 米，机长 62.1 米，起飞质量 186 吨。装四台 169 000 牛顿推力的“奥林帕斯”喷气发动机，最大载客量 128 名，最大速度为声速的 2.04 倍，航程 6 580 千米。

英法联合研制的“协和”式超声速客机

“协和”号飞机自 1976 年投入使用后，已飞行了 27 年，运载旅客 150 万人次以上，尽管航空界对其褒贬不一，但它取得的技术成就对今后航空事业的发展无疑有巨大的影响。2000 年，一架法航“协和”号发生一等事故，引起航空界普遍关注。但一年后，“协和”号又恢复飞行。2003 年，英、法相继宣布：“协和”号超声速客机退出航线。

尽管在技术上“协和”号是成功的，但在商业上它却是个失败者。是什么因素影响到它广泛投入使用呢？“协和”飞机主要有三大缺点。第一，经济性差。由于成本高，“协和”号的票价比亚声速飞机的头等舱还贵出 20%。如此昂贵的票价使大多数乘客望而却步，航空公司也不敢多订货。第二，航程短。“协和”号的航程为 6 500 千米，这一航程无法发挥超声速飞机的优势。特别是在太平洋航线上，“协和”号难以发挥作用，这些航线仍然是亚声速飞机的天下。第三，噪音污染严重。由于“协和”式产生的激波对陆上建筑有较大的破坏作用，所以被限制不得在大陆上空进行超声速飞行。噪音可以说是“协和”号商业失败的关键性因素。美国联邦航空局的第 36 条规定指出新的喷气式飞机的进场噪音范围是 102～108 分贝，起飞噪音在 93～108 分贝。这一限制使“协和”号难以在美国境内飞行。英国官方评论说，这是美国对欧洲航空业的最大的非关税壁垒。

苏联的超声速客机是20世纪60年代初由图波列夫设计局着手研制的图-144。图-144是苏联在得悉美国、西欧准备研制超声速客机后，仓促上马研制的超声速客机。图-144在外形上与“协和”号非常相近，特别是苏联驻英使馆人员曾因窃取“协和”资料被大批驱逐，因此航空界的专家们普遍怀疑图-144是抄袭“协和”号的研究成果，并戏称图-144为“协和斯基”。

苏联图-144超声速客机

图-144与“协和”一样采用下单翼结构，狭长的三角翼，无平尾，可下垂机头；四台发动机也分别下挂在机翼下侧。图-144的巡航速度为声速的2.35倍，最大航程6 500千米，载客140人。图-144的设计方案于1965年9月在苏联公开展出。1968年12月第一架原型机制成试飞。经过3年的试飞，并进行了重大改动，于1973年投入批量生产。据称图-144共生产了30架。由于噪音大、耗油率高，后来它只用于货运。

1973年6月3日，图-144在参加巴黎国际航空展览时，突然坠毁，机上人员全部遇难。根据当时的报道，参展的图-144已经试飞过100余次，飞行时间约300小时。在此次航展上，该机共进行了两次飞行表演，且都是在“协和”号表演之后进行的。6月2日进行的第一次表演是专门为专业人员举行的，6月3日的则是为35万普通观众进行的公开表演。

在表演中，图-144曾三次穿场而过。在最后一次穿场飞行时，按计划应表演低空、低速飞行，飞行高度在100米左右。飞机放下了起落架，垂下机头整流罩，并放下前置操纵面，像一只大鸟掠过机场，然后开始爬升。当飞机爬升到

1 500米时，突然机头低下来，机腹左侧出现闪光。当飞机的俯冲角拉平到45度角时，左翼断裂。飞机翻了个身，随后整个飞机在空中肢解。飞机最后坠落在距机场几千米外的村庄，6名机上人员全部死亡。

图-144的坠毁，是超声速客机第一次发生重大事故。这一事件使苏联推迟了该机交付民航使用的时间表。直到1976年12月，图-144才开始在国内航线上使用，主要用来进行货运和邮运。1977年11月，图-144在莫斯科到阿拉木图的航线上定期运载旅客。大约在百余次飞行之后，又因发生事故而暂停了飞行。

超声速客机经过如此的风风雨雨，到目前也不能说已有了光明的前景。尽管美国和欧洲都有研制新一代超声速客机的计划，但也都举棋不定。因为有许多不确定性因素，如：能否在经济性上与亚声速飞机相竞争；能否在环境保护上不遭反对；航程能否达到8 000千米以上。但也有不少专家对超声速客机持有乐观态度，他们认为，“协和”号是20世纪60年代的技术代表，以现在的技术水平，要达到“协和”的性能，飞机的质量可以减少一半，油耗也可以减少一半。美国航空航天局在进行下个世纪飞行器预测的时候，就把超声速客机列在其中。他们认为在21世纪初有能力发展出拥有更大的运载能力、更大的航程和低于亚声速飞机运行成本的超声速客机。20世纪90年代后期，欧洲、俄罗斯和美国都提出了新的第二代超声速客机研制计划。

苏联图-144超声速客机

第二代超声速客机出现了若干种方案。法国提出的未来超声速运输机方案为：载客200人，最大起飞质量210吨，巡航速度2.5倍声速，航程8 000千米，耗油率约为“协和”式的一半。美国提出的远程超声速客机方案为：载客300人，最大起飞质量200吨，巡航速度为2.7倍声速，航程为10 186千米。若采用层流技术还可使航程提高到15 000千米。俄罗斯图波列夫设计局也推出了第二代超声速客机图-244的基本方案，载客量250人，飞行速度2.5倍声速，航程12 500千米。

上述方案飞机主要性能指标相似：最大飞行速度2.0～2.5倍声速，航程11 000～15 000千米，载客量250～300人。只有这样才能充分发挥它的速度优势，实现跨太平洋航空运输。第二代超声速客机是否能研制成功主要取决于以下几大难关：第一，环境相容性，噪音和排气不能超过现有规定的范围；第二，经济生命力，飞机价格、运行费用等综合起来不应超过现有亚声速客机很多，票价应与头等舱相当；第三，技术可靠性，要研制出在经济上有生命力并具有环境相容性的超声速客机，必须在发动机、气动、结构、材料和电子设备与系统上有新的突破。

飞向太空

登天飞行是人类的美好理想，千百年来只能以神话和传说的形式寄托。20 世纪初，火箭运动和航天学理论得以建立。1926 年，世界第一枚液体火箭发射成功，为航天时代的到来打下了坚实的技术基础。

1957 年 10 月 4 日，苏联利用“卫星”号运载火箭成功地发射了第一颗人造卫星，标志着人类的航天时代真正到来了。随后出现的通信卫星、气象卫星、侦察卫星、导航卫星、资源卫星，对人类生活产生了深远的影响。从 20 世纪 60 年代初开始，苏美等国先后向太空发射了上百个深空探测器，有的实现了在太阳系其他星球上软着陆，有的已经超越了太阳系范围，成为人类联系地外文明的使者。探测器的发展，使人类的天文学知识倍增，航天技术是天文观测手段的一场革命。

20 世纪 50 年代，苏美开始了载人太空竞赛。1961 年 4 月 12 日，苏联“东方”1 号飞船发射升空，加加林成为第一位“太空人”。1969 年 7 月 20 日，美国的“阿波罗”11 号飞船在月球着陆，阿姆斯特朗和奥尔德林踏上月球，实现了人类几千年来的梦想。之后，苏联和美国在载人航天领域分道扬镳了。苏联优先发展空间站，美国则优先发展航天飞机。从 1971 年起，苏联先后发射了 3 代共 8 艘空间站，著名的“和平”号空间站是第三代。1998 年，举世瞩目的国际空间站开始建造。为支持空间站建设，美国研制成功可重复使用的航天飞机，到 2003 年 2 月 1 日为止，共计进行了 113 次飞行。

航天技术经过 40 年的发展，已进入全面收益阶段，发展前景十分广阔，对人类社会的影响也将更加深远。

火箭技术源远流长

古代中国人发明的火药火箭是第一种实用的喷气推进装置。它不但曾经在古代战场上发挥了独特的作用，还对航天先驱产生了重大影响——正是火药火箭启发他们认识到借助喷气推进工具，可以实现太空飞行。

很多人在儿时都玩过“窜天猴”，将细长的竹丝插在地上，点燃药线，它就会“嗖”的一声窜上天空。可有谁想过，这种看似简单的玩具与现代人类征服太空的巨型火箭在原理上毫无二致。“窜天猴”就是一种原始的火箭，是中国一项十分古老的发明。

中国唐代发明了火药。由于它燃烧速度快，并且可以引起爆炸，因而很快被军事专家所注意和掌握。唐末宋初，最早的火药武器火药箭、火球、火蒺藜先后出现。军事史由冷兵器时代进入火器时代。这些早期火器主要以燃烧的方式伤害敌人。随着火药配方和制造技术的进步，12 世纪初研制出发射火药，并把它用于制造娱乐用的焰火。火器玩具的发展又导致了反作用原理玩具“起火”的出现。这种“起火”在中国古代民间曾广为流传。以军事为目的对其加以改进便形成了古代的一项伟大发明——火箭。

中国元代的集束火箭武器

1128 年南宋政权建立后，南宋、金和蒙古频繁交战，各方都使用了火器。1161 年 11 月，金国在侵略中原时，曾遭受南宋军队的先进火器“霹雳炮”的重大打击。“霹雳炮”可以看作是一种火箭弹，被称为历史上第一种在战场上使用的火箭武器。它由纸筒制成，中间装有发火药和炸药，并混有石灰。点燃药线后，发射火药燃烧喷出火焰，借喷气推力射到敌人阵地，然后引燃炸药，发生爆炸，把石灰炸成烟雾来袭击敌人。

连年交战中，南宋的火箭武器发挥了重要作用，同时也使火箭技术逐渐被金和蒙古所掌握。火药的制造成了当时兵工厂的重要项目。火药的配方也有所改进，制造工艺渐趋成熟。火药的燃烧速度和爆炸力也增强了。蒙古在12世纪大举西征欧洲，同时又南下侵略南宋。蒙古西征的结果之一是把火药和火箭技术传入西方。那时在欧洲战场已有了多箭齐发的火箭筒，点燃一根总引线后，几支到几十支火箭即可同时发射。这种集束式火箭在战场上颇具威力，使欧洲人大为吃惊。

明朝是中国古代火箭发展的重要时期。明代军事家、技术专家和工匠们把前代火箭技术推向一个更高的水平。明代火箭种类繁多，除单只火箭外，发展了各种集束火箭、火箭弹和原始的多级火箭。火箭武器在明代水军、步兵和骑兵部队中已作为必备武器，甚至有专业的火箭部队。明代对火箭武器的使用、摆阵、作战技术和管理，都有条例规定。《武备志》中记载的集束火箭有10种之多，如五虎出穴箭、七星箭、九龙箭、火弩流星箭、火笼箭、长蛇破阵箭、一窝蜂箭、群豹横奔箭、四十九矢飞帘箭和百虎齐奔箭等。发射的距离在300～500步之间。集束式火箭都有专门的单兵携带或车载的发射装置，具有很大的威力，不但可起杀伤、纵火作用，而且可以在心理上对敌人构成极大威胁。

中国明代万户尝试用47枚火箭飞天

明代火箭弹同现代火箭弹的基本原理是一致的：喷气推进的运载工具加有炸药的弹头。明代的火箭弹著名的有“神火飞鸦”和“飞空击贼震天雷炮”。“神火飞鸦”是当火箭点火时，“鸦”可借助反推力飞起，在空中飞行距离达百丈，然后点燃药线引爆“鸦身”内的火药发生爆炸。《武备志》评述说：“对敌用之，在陆烧营，在水烧船，战无不胜矣。”“飞空击贼震天雷炮”是直径为三寸半的球状物，中间装有发射药和混以杀伤物的爆破药。点燃发射药后，它会凌空飞向敌人阵地，然后爆炸药引爆，发生爆炸。

明朝火箭技术的另一项重大成就是原始多级火箭的出现。《武备志》中描述了两种二级火箭，一是“火龙出水”，二是“飞空沙筒”。“火龙出水”可看作是一种最早的二级火箭，因为它是在第一级（4只火箭）燃尽后，发射出“龙腹”内的火箭以起到杀伤和纵火作用。“飞空沙筒”是在箭杆前端两侧各绑一个药筒，一个筒口向前，另一个筒口向后。筒口向后的箭筒前面装有爆竹。使用时火药自药筒口向后的药筒爆燃射出，飞向敌营后钉在敌方营地的帐蓬上。药筒的火药烧完后就引燃爆竹，里面的细沙喷出伤人双目。然后筒口向前的药筒点燃，将火箭送回。这种火箭攻击时具有使“敌人莫识”的扰乱敌人军心的目的。更为可贵的是，“飞空沙筒”还体现了火箭回收的思想。

19世纪初英国康格里夫制造的战争火箭

中国古代火箭技术大约在13世纪首先传入阿拉伯国家，然后传入欧洲。欧洲最先制造和使用火箭的国家是意大利，后来法国、德国、波兰、英国、俄国都先后掌握了火箭技术并对其加以发展。英国是欧洲国家中火箭出现较晚的，但从19世纪初开始，英国人康格里夫将火箭技术推向了一个新的高峰。因此人们都把这一时期称为“康格里夫时代”。

康格里夫从火药配方、稳定方式、火药装填、发射角度等多方面入手对火箭进行系统改进，使火箭的射程、精度和威力都有了很大提高。质量达3千克的火箭射程可达到2 100米，后来的16千克火箭的射程更远，达2 750米。

1805年11月16—18日，康格里夫火箭首次用于袭击法国在波隆内的舰队，但发射的约200枚火箭并没有给法军造成很大损失。对这次实战的效果当时颇有争议，但幸运的是，皮特首相和王子殿下坚定地支持使用康格里夫火箭。1806年春，英国帮助西西里和那不勒斯抗击法军，再次使用了康格里夫火箭。在这次战役中火箭武器取得了良好的效果。1806年10月8日，康格里夫火箭第二次用于攻击波隆内。康格里夫报告这次攻击效果时写道：敌人大吃一惊，完全慌作一团了……在火箭点火发射10分钟后，发现这座城市一片火海……据报，港口的一些船只着了大火……大火一直持续到凌晨两点。

多次实战证明了康格里夫火箭武器的价值。1813年，英国政府下令建立了一支特种火箭部队。康格里夫则进一步改进了作战火箭。1813年9月，英国使

用火箭对但泽进行了有效的袭击。1814 年 9 月 12 日，英国采用康格里夫火箭袭击了美国巴尔的摩附近的麦克亨利要塞，激烈的战斗一直持续到深夜。这次战斗的情景激发美国律师弗朗西斯·斯科特·基创作了著名的《星条旗》诗句："火箭的红光闪耀，炸弹在空中爆炸……"

康格里夫对火箭技术做出了重大贡献，他研制的火箭性能几乎达到了火药火箭的极限。他本人说火箭"体现了火炮的精神，但摒弃了火炮的躯壳"。他认为随着火箭的发展，它将很快取代火炮而在战争中占主导地位。但这一预言后来被证明是不正确的。由于火炮的发展，特别是引入来复线大大提高了火炮的射程和精度，反而使火箭被火炮取代了。与新型火炮相比，火箭有如下一些缺点：第一，火箭发射不稳定，方向不可预测；第二，精度太低；第三，火箭经常发生事故，甚至会在贮存时发生爆炸；第四，远途运输的可靠性和保险性不高；第五，火箭射速慢，经常误伤自己的士兵。1872 年，英国下令，陆军和海军以后不再使用康格里夫火箭。

火药火箭是第一种实用的反作用推进装置。虽然它有许多局限性，但它的基本原理与航天运载火箭完全一致。航天先驱者们正是通过对火药火箭的研究和认识发现，要想实现太空飞行，只有借助于反作用原理的火箭。20 世纪，液体火箭、近程导弹、远程导弹和人造卫星相继研制和发射成功，都有赖于喷气推进原理。当我们今天分享航天技术给人类带来巨大恩惠的同时，不能忘记中国古代火箭技术对航天时代到来产生的重大影响。

理论先行先驱奠基

20世纪初，许多航天先驱者通过理论研究，提出了实现太空飞行的科学方法，建立了火箭与太空飞行的基本理论，为航天时代的到来做出了预言。

航天学诞生和发展的一个重要特点是“理论先行”。从20世纪初航天学理论的出现到人造卫星发射成功，只经历了短短的50年。可以说，航天学理论的率先建立大大加速了人类航天时代的来临。在航天学理论和火箭运动理论建立的过程中，活跃着一批有卓越成就的航天先驱者。在理论方面最著名的是俄国的齐奥尔科夫斯基、美国的罗伯特·戈达德和德国的赫尔曼·奥伯特。

俄国航天先驱齐奥尔科夫斯基

利用火箭实现太空飞行的设想和理论是俄国航天先驱齐奥尔科夫斯基首先明确阐述的。齐奥尔科夫斯基从小热爱科学，在顽强自学的过程中，有关飞行和星际航行的问题强烈地吸引着他。他在这方面的兴趣在很大程度上是受到凡尔纳科幻小说的影响。从那以后，齐奥尔科夫斯基开始关注与这类问题有关的科学理论。1896年，他开始从理论上研究星际航行问题，并进一步明确了只有火箭才能达到这个目的。1897年，齐奥尔科夫斯基推导出了著名的火箭运动方程式。

齐奥尔科夫斯基首先研究的是太空飞行用的运载工具。他认为在宇宙空间没有空气的情况下，惟一能够使用的运输工具是火箭。这种依据作用力与反作用力原理的火箭完全可以在真空中飞行。这里的一个关键问题是如何使火箭达到能克服地球引力的高速度。齐奥尔科夫斯基经过几年潜心研究，于1898年完成了航天学经典论文《利用喷气装置研究宇宙空间》，但这篇论文直到1903年才在莫斯科的《科学评论》杂志上发表。接着，齐奥尔科夫斯基又于1910年、1911年、1912年、1914年在《航空报告》上发表了多篇关于火箭理论和太空飞行的论文。这些

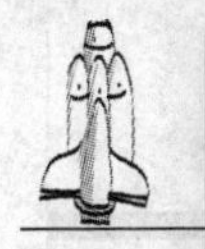

出色的著作较为系统地建立起火箭运动和航天学的理论基础。

《利用喷气装置研究宇宙空间》内容涉及到与火箭和航天飞行有关的各个方面的问题。齐奥尔科夫斯基分析了现有运输装置的不足，明确指出只有火箭能够胜任这一任务。他运用变质量运动理论，推导出了火箭运动的基本方程。齐奥尔科夫斯基提出了火箭质量比（推进剂与火箭壳体质量之比）的概念，指出质量比的重要意义。他还首次提出了火箭发动机比冲（单位质量推进剂产生的冲量）的概念，认为比冲越大，火箭性能越好。他还推导出了火箭要克服地球引力所要具备的最小速度即第一宇宙速度为 8 千米每秒。为了使火箭达到最高性能，他研究了各种可用的燃料，指出液氢、液氧是火箭最理想的推进剂。另外，他讨论了发动机冷却、推进剂输送、推力控制以及飞行控制等具体问题。

1919 年，齐奥尔科夫斯基发表了关于多级火箭的论文《宇宙火箭列车》。他在这篇文章中指出：火箭列车可以达到很高的宇宙速度，同时也能把燃料的携带比率限制在可以实现的范围之内。

美国液体火箭先驱戈达德在试验火箭

齐奥尔科夫斯基在晚年开始写作，并在去世后发表了一篇展望太空飞行的文章《太空火箭工作：1903—1927 年》。在文章中，齐奥尔科夫斯基对航天未来可能的发展阶段做了划分。这些阶段包括：火箭汽车、火箭飞机、人造卫星、载人飞船、空间工厂、空间基地、太阳能充分利用、外太空旅行、行星基地以及恒星际飞行等。1911 年 8 月 12 日，齐奥尔科夫斯基在给《航空评论》杂志编辑伏罗比耶夫的信中，写下了这样一段名言："地球是人类的摇篮，但人类不可能永远被束缚在摇篮里。它首先将小心地探索大气层的边缘，然后将把控制和干预能力扩展到整个太阳系。"

美国液体火箭创始人罗伯特·戈达德是一位喜好幻想的人，对威尔斯的太空科幻作品非常着迷。在高中期间，戈达德就一直在思考太空飞行的实现方法问题，并且作了大量笔记，记录下随时出现在脑海里的新想法。大约在1901年12月，他写了一篇关于太空飞行的短文，送交给《大众科学月刊》杂志。后来他又开始构思各种太空飞行的可能方案，并将这些想法记录下来。到1909年12月28日，他共写下了26种飞行方法的摘要，包括液体火箭、氢氧火箭、多级火箭，还有进入太空的意义。1909年2月2日，戈达德在日记中写到："只有用液体燃料才能提供星际航行所需要的能量。"

戈达德和他发明的第一枚液体火箭

在大学学习期间，戈达德花费大量精力研究和试验火药火箭，包括飞行速度、喷气速度和质量比等，同时探索提高火箭性能和效率的办法。他通过试验认识到火药火箭性能较差，并且很难有较大的提高。因此他决定更深入地研究液体火箭。1919年，戈达德将过去的研究工作和取得的成果进行了系统总结，最后完成了一篇报告，题为《到达极大高度的方法》。戈达德在论文中也建立了火箭运动的基本理论，指出火箭必须达到8 000米每秒的速度才能克服地球的引力。他讨论了固体火箭以及利用固体火箭进行高空科学研究的问题。最后，他又通过计算得出要发射0.45千克(1磅)有效载荷，如科学仪器到达月球，火箭所需的最小质量。

此后，戈达德把精力集中在液体火箭的研究上。1922年，戈达德完成了第一台液体火箭发动机的研制。1925年后，他已试制出了第三台发动机。1926年春，这台发动机连同火箭都已准备就绪。火箭总长约3米，顶部是0.6米长的发动机，它的下方连接了两个串向推进剂贮箱，用两个长约1.5米的细管将液氧和汽油高压挤压到燃烧室中。3月26日，戈达德和妻子以及两个助手在沃德农场进行了世界上第一枚液体火箭的发射试验，取得了成功。戈达德在报告中描述了火箭试验的情况："火箭试验在下午14∶30进行。经过2.5秒后，上升高度达12米，飞行距离达56米。"虽然这枚火箭还不很理想，但它打开了液体火箭技术的大门，开创了人类航天的新纪元。

1929年7月29日，戈达德试验了3.36米长的新火箭。它的头部装有气压计、温度计和照相机。这次试验火箭的飞行高度为32米，水平方向飞行了53

米。1930 年 12 月 30 日，他设计的第五枚液体火箭飞了 600 多米高。1932 年 4 月 19 日，他设计的首次采用陀螺控制燃气舵的火箭飞行试验成功。1935 年 3 月 8 日，首次安装降落伞的火箭试验成功并超过了声速。1935 年 5 月 31 日，他首次在火箭上安装了高度计，测出飞行高度达 2 330 米。在美国参战前，他研制的液体火箭发动机的推力达到了 4 380 牛顿。由于战争等原因的影响，戈达德没有实现火箭的实用化。

德国的奥伯特也和其他航天先驱者一样，很小的时候就对火箭和太空飞行发生了浓厚的兴趣。第一次世界大战爆发后，奥伯特开始研究有关太空飞行的理论问题。这期间，他构想并设计出了一种远程战争火箭。战后，奥伯特全身心投入到火箭运动和航天飞行的研究。

1923 年初，奥伯特出版了航天学理论著作《飞往星际空间的火箭》。奥伯特在导言中开门见山地提出了四个论点：第一，以目前的科学知识水平，能够制造出一种机器，它可以飞到地球大气层以外的高度；第二，经过进一步改进，这种机器能够达到这样一种速度，使它能不受阻碍地进入太空而不返回地球，甚至能够摆脱地球的引力；第三，这种机器可以制造成载人的形式，而不会危及人的安全；第四，在一定条件下，制造这样的机器是有用的，且这样的条件可望在几十年内发展成熟。在正文中，奥伯特分三部分讨论了上述问题。第一部分研究火箭运动的一般问题，包括火箭的运动方程、火箭的逃逸速度、火箭的飞行速度等等。第二部分描述了他构想的高空火箭 B 型，包括火箭的设计细节。他特别强调采用液体燃料作为火箭的推进剂，指出用液氧和酒精作为火箭推进剂的优点，讨论了火箭的科学应用和未来发展前景。第三部分描述了宇宙飞船设计问题，研究了飞船飞往月球、火星和金星的问题。总之，《飞往星际空间的火箭》是一部相当全面的关于火箭和太空飞行的理论著作。

戈达德设计的大型试验火箭在测试中

由于众多航天先驱者的共同努力，20 世纪 20 年代产生了火箭与太空飞行研究热潮，并很快推动液体火箭达到了实用化。“理论先行”之功是巨大的。

液体火箭起步艰难

从20世纪20年代到第二次世界大战，一些国家的火箭爱好者在极其困难的条件下开展液体火箭探索和研制工作，获得了宝贵的经验，并为后来实用火箭武器的诞生打下了基础。

受齐奥尔科夫斯基、戈达德、奥伯特等航天先驱者的影响，20世纪20年代有许多国家都自发成立了致力于液体火箭和太空飞行研究的民间团体。这些团体在液体火箭研制方面取得了不同程度的成就。更为重要的是，通过实际研制工作的锻炼，培养并造就了一大批成就卓越的火箭专家，科罗廖夫、冯·布劳恩、格鲁什科、吉洪拉沃夫、马林纳、钱学森、盖特兰德、阿瑟·克拉克等就是其中的代表。而且，通过他们的广泛宣传和努力，使液体火箭深入人心并终于在第二次世界大战期间达到了实用化。

德国火箭先驱温克勒和他设计的欧洲第一枚液体火箭

德国星际航行协会于1927年6月5日在德国工业城市布莱斯劳的一家旅馆里正式成立。会议推举温克勒担任协会主席。会议确定协会的宗旨是：验证并应用奥伯特的理论，进行火箭与太空飞行的理论和试验研究。温克勒从1925年即开始研究火箭推进问题，开始主要集中在火药火箭方面，后来又转向液体火箭。他和助手设计了一枚外形奇特的“德尔它”火箭“HW-1”号。它的三只直立的管子分别装高压氮气、液氧和液化气，上端连接了一个燃烧室。高压氮气用于将推进剂注入燃烧室。1931年2月12日，这枚火箭在发射时，只上升了大约2米便一头扎进了大海。而后，温克勒给这枚火箭加装了稳定尾翼。1931年3月14日，“德尔它”火箭在第二次试验时，成功地飞行到300多米高。这是欧洲第一枚试验成功的液体火箭。

协会其他成员包括鲁道夫·内贝尔、威利·李、冯·布劳恩和克劳斯·里德尔等也

在力所能及地设计液体火箭。第一种型号称为"小火箭"。头两枚在试验时发生了爆炸,第三枚在首次点火发射时,只上升了大约 20 米高。经过修复,它于 1931 年 5 月 14 日进行了第二次发射试验,飞行高度达 60 多米。1931 年 5 月 23 日,他们研制的"推进器"2 号点火后飞行了 5 400 米的距离。后来又研制了"推进器"3 号,它在一次试验中上升了 1 600 多米。后期研究的"单杆推进器"也取得了很大成功。德国星际航行协会在液体火箭方面作了大量开拓性的工作。在短短的 5 年内,德国星际航行协会共举办了 23 次火箭和太空飞行展览,进行了 270 次火箭发动机点火试验,进行了 87 次火箭发射试验。这些工作对德国火箭武器研制产生了重大影响。

美国火箭学会成立于 1930 年,开始称为美国星际航行协会,后来为突出火箭研制的特点而改为火箭学会。1931 年夏,美国火箭学会决定进行液体火箭研制工作。彭德利和佩尔斯负责第一枚火箭的设计。这枚火箭就按照美国火箭学会的缩写命名为 ARS1 号。ARS1 火箭长约 1.68 米,头部呈弹丸形,下部是发动机。支承头部发动机的是两根管子,分别充当推进剂贮箱,推进剂采用液氧和高挥发性汽油。火箭的尾部装有大面积翼面,以使火箭在飞行过程中保持稳定。火箭的头锥部有一个小型伞舱。在火箭达到最高点时,降落伞可自动弹出,以安全回收火箭。1932 年 11 月 12 日,ARS1 在纽约城外一处荒野进行了静态试验。在首次飞行试验时,由于发射架故障,它只上升了几米高便掉了下来。虽然第一次试验取得的成就不大,但会员们都很兴奋。ARS1 号经过重新设计后改名为 ARS2 号。1933 年 5 月 4 日,ARS2 号在试验发射时,上升到 76 米高。

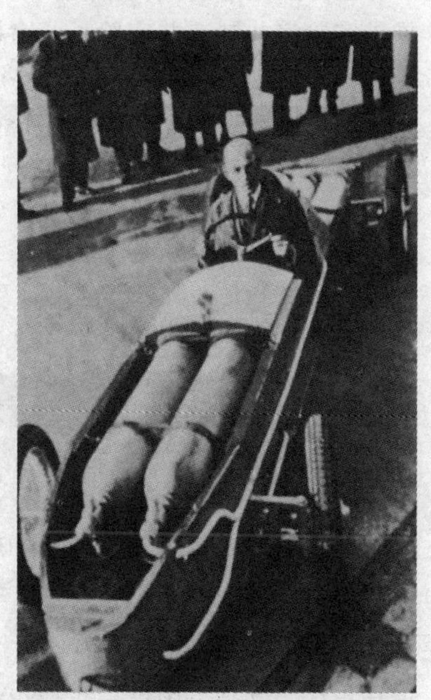

德国火箭先驱法利尔在试验液体火箭汽车

为了进一步开展火箭设计工作,美国火箭学会设立了两个设计组。一个由彭德利负责,设计 ARS3 火箭;一个由谢斯塔负责,设计新的 ARS4 火箭。ARS4 与以往两种火箭大不相同。它长 2.1 米,带有一个燃烧室和 4 个喷管,其设计和制造都相当完美。1934 年 9 月 9 日,ARS4 在进行发射试验时,飞行了 15 秒,上升高度 120 米,水平距离 366 米。计算结果显示,它的最大速度接近声速。第二次试验时上升了 408 米高,水平飞行 483 米。

美国喷气推进实验室是在航空大师冯·卡门的支持下,于 1936 年在加州理工学院古根汉姆航空实验室内成立的，主要成员有马林纳、玻雷、帕森斯、福尔曼和中国学者钱学森。此后几年，在进行理论研究的同时，他们研制了几台小型发动机。1939 年，美国科学院批准了加州理工学院火箭小组开展飞机助推起飞的研究计划，目的是缩短重型飞机的起飞时间和距离，短时间提高飞机的爬升速度，短时间增加水平飞行速度。计划任务包括一些具体指标：研制采用固体燃料和液体推进剂两种发动机，能够产生足够的稳定推力，工作时间在10～30秒。飞机火箭助推试验虽然取得了成功，但后来发现实际意义并不大而放弃。

在开展火箭助推试验的同时，他们也探索液体火箭的研制。1941 年，喷气推进实验室共制造并实验了 4 台液体火箭发动机。1942 年春，推力为 4 500 牛顿的火箭发动机研制成功。1943 年夏，冯·卡门收到来自英国的报告，第一次了解到德国佩内明德基地大规模发展导弹的情报。在研究了这些报告后，钱学森和马林纳起草了一份《远程火箭的评论和初步分析》报告，冯·卡门为这篇报告写了一个备忘录。他们分析了当时国际火箭研究的动向，指出立即动手制定远程导弹发展计划的重要意义。他们指出：以当时的技术水平为基础，一枚 4.54 吨（1 万英镑）重的液体火箭射程能达到 120 千米。1945 年 9 月 26 日，该实验室研制的“女兵下士”火箭进行了发射试验。在10 月 11 日的试验中，一枚“女兵下士”达到了 72.8 千米的高度，超过了原来的设计指标。这是美国第一枚取得高度成功的探空火箭，为后来美国探空火箭以及运载火箭的发展提供了直接的技术基础。

美国火箭学会研制的 ARS7 火箭进行发射试验

苏联在二三十年代也活跃着一些液体火箭研究组，包括位于莫斯科和列宁格勒的反作用运动研究小组。1932 年初，莫斯科小组创建实验火箭工厂，科罗廖夫担任实验厂厂长。为了开展火箭研究和设计，实验厂下设四个组：灿德尔领导第一组，负责液体火箭发动机和飞行火箭研制；第二小组由吉洪拉沃夫领导，负责研制飞机用火箭发动机和液体火箭；第三小组由波别多诺斯采夫领导，负责冲压火箭发动机、固体推进剂和火箭的研制；第四小组由科罗廖夫领导，负责研制火箭飞机。

莫斯科反作用运动研究小组的四个组在液体火箭研制上都取得了程度不同的进展。吉洪拉沃夫领导的第二组共有四项计划，包括设计火箭发动机和液体火箭。1933 年春夏，这个小组设计的 09 号火箭制造成功。它呈流线形细长体，长度为 2.3 米，质量约 19 千克，发动机采用液氧和胶状汽油作推进剂。1933 年 8 月 17 日，这枚半液体火箭发射成功，飞行高度 400 米。几天后，另一枚稍稍改进的 09 号火箭上升到 1 500 米高。第一小组设计的第一枚全液体火箭 GIRD－X 也取得了成功。1933 年 11 月 25 日，它在试验时飞行高度约 80 米，水平距离 150 米。

温克勒试制的大型液体火箭进行发射准备

鉴于液体火箭研制取得的重大进展，1933 年 10 月 31 日，苏联政府终于批准将几个火箭研究团体联合起来，成立“喷气推进科学研究所”。原气体动力学实验室主任、军事工程师克莱门诺夫被任命为研究所所长，科罗廖夫担任副所长。这是苏联火箭研究走向正规化的标志。此后到第二次世界大战前，苏联火箭研制取得了一些重大成就，包括研制出世界上第一台电火箭发动机、研制出推力达 6 660 牛顿的液体发动机、进行了大量飞机助推起飞试验研究、研制并试飞成功火箭飞机，研制成功飞行高度达 5 000 米的液体火箭，开展了多种新型液体火箭包括二级火箭的设计工作。科罗廖夫等还进行了载人航天方面的研究。

由于是开创性的工作，困难大又得不到足够支持，火箭研究组织并没有研制出导弹武器，将火箭推向实用化。第二次世界大战期间，只有德国研制出实用的火箭武器——著名的 V－2 导弹。

V－2导弹巨大突破

在德国火箭先驱们工作的基础上，德国研制成功最早的实用火箭武器，为人类进入太空指明了方向。

在第二次世界大战中，德国专家将火箭推向了实用化，研制了令欧洲人胆寒的火箭武器。

众所周知，德国是第一次世界大战的战败国，《凡尔赛条约》限制其发展作战飞机、坦克、大炮和机枪等军事装备。事隔几年，同盟国在《凡尔赛条约》的某些条款上有了松动。例如，1922年，允许德生产一定数量的民用飞机，允许其有一定规模的飞机工业。1926年，《巴黎航空协定》的制定取消了对德国生产民用飞机的限制。于是，德国开始大规模建立飞行俱乐部、航空企业、民航航线以及训练空地勤人员，使德国航空技术迅速发展，为转化为军用积蓄了力量。

凡尔赛和约对陆军装备的限制要比航空装备严厉得多，在20世纪20年代德国还不敢明目张胆地违背《凡尔赛条约》。因此，德国陆军必须找到一种新的超级武器系统，而它又不受和约条款的限制。很明显德国当时只能在火箭上打主意。德国国内活跃着一个火箭爱好者组成的团体，他们的工作也为陆军的抉择提供了依据。陆军炮兵局抽调专人研究火箭未来的发展潜力和用于现代战争的可能性。陆军炮兵局研究与发展部主任卡尔·贝克尔非常看好火箭。他是科学博士、著名弹道学家、陆军少将。他于1929年秋领导研究与发展部开始探索火箭武器，具体工作由刚刚取得工程硕士学位的年轻军官多恩伯格上尉负责。

由于得不到足够的支持，又没有明确的方向，一切只能从基础工作做起。贝克尔和多恩伯格在柏林附近陆军的库莫斯道夫炮兵试验场暂借了一个角落，艰苦的探索工作就这样开始了。当时德国星际航行协会还在进行研究工作，多恩伯格专门去访问过几次，目的是从那里了解液体火箭研制的情况，同时也暗访加入他的研究计划的合适人选。多恩伯格从德国星际航行协会首批选了四个人：冯·布劳恩、鲁道夫·内贝尔、克劳斯·里德尔以及瓦尔特·里德尔。1932年底，火箭研究小组的架子基本搭成。多恩伯格、冯·布劳恩、克劳斯·里德尔和格鲁诺4人构成领导和技术核心。

他们的第一项工作是设计推力为2 665.6牛顿的液体火箭发动机。这项工作由冯·布劳恩主持进行。1933年1月，一台发动机进行了静态点火试验，取得成功，发动机工作了1分钟，产生的推力为1 372牛顿。与此同时，他们开始设计第一枚试验火箭A－1和其改进型A－2。1934年10月1日，A－2火箭静

态试验型组装完毕。1934 年 12 月初，两枚 A－2 火箭在北海岛进行了发射试验。这两枚命名为马克思和莫里茨的 A－2 火箭达到了 2.4 千米的飞行高度。

A－2 火箭的成功给多恩伯格和冯·布劳恩以很大信心。他们一方面准备研制更大的试验火箭 A－3，另一方面着手兴建大规模、全封闭的秘密火箭研究基地。A－3 和 A－5 都属试验火箭，发动机推力都是 14.7 千牛。1938 年夏，第一枚不带制导控制系统的 A－5 火箭在试飞时取得了初步的成功。1939 年秋，第一枚装全制导系统和降落伞的 A－5 试验取得了高度成功。1939—1940 年仅一年时间，A－5 就进行了 25 次发射，试验了 3 种制导系统，取得了很大成功，为实用 A－4 火箭设计提供了重要依据。A－4 的发射质量为 12 吨，发动机推力 245 千牛，工作时间 65 秒，可携带 8 吨推进剂。总体性能参数确定后，他们又计算了 A－4 火箭的技术参数，包括发动机推力、燃烧时间、质量比，研究了火箭的制导与控制、结构设计等问题。A－4 火箭技术性能大大超过了 A－3 和 A－5，要跨越很大一个台阶，涉及到大量的基本理论和实验技术问题。

纳粹德国 30 年代后期研制的 A－3 试验火箭

完整的 A－4 火箭在当时来说真是一个庞然大物。它是 20 世纪 40 年代以前火箭最新技术凝结而成，其外形呈完美的细长流线形，火箭长 14.03 米，最大直径 1.66 米，底部连同稳定尾翼在内最大宽度为 3.56 米。头部锥形弹头长 2.01 米，装有一个撞击式引信。弹头与贮箱之间是控制设备舱，长 1.41 米。贮箱段总长为 6.21 米，上端为液氧箱，下端是酒精箱，分别装 5 吨液氧和 3.5 吨酒精。贮箱下面是发动机组件，长 4.4 米。四片对称安装的稳定翼长 3.95 米。

A－4 火箭各系统的质量参数为：弹头质量 976 千克；无线电系统质量 218 千克；仪表及控制系统质量 188 千克；高压氮气贮箱组件总质量 36.3 千克；贮箱结构连同推进剂总质量 9 582 千克；发动机重 400 千克，动力辅助系统包括过氧化氢质量 982 千克。火箭的起飞总质量约为 12.5 吨。火箭垂直起飞后，按预定程序朝目标方向偏转并在预定速度时切断发动机推进剂输送实施并关机，然后火箭继续自由向目标飞去。它的飞行高度可达 96 千米，最大速度可达 1 600米每秒，约为 4.5～5 倍声速，飞行总时间 320 秒，最大射程 320 千米，命中目标圆概率精度为 5 千米。

1942 年 6 月 13 日，第一枚 A-4 火箭在试验时失败。1942 年 8 月 16 日进行的第二次发射试验取得了部分成功。1942 年 10 月 3 日，第三枚 A-4 火箭准备发射。随着点火命令下达，火箭喷口出现一股浓烟，发动机推力开始增加，按着预定程序，3 秒钟后，发动机推力达到 78 400 牛顿。尔后推力逐渐增加，直到把 A-4 推离地面。当上升了 41 秒后，速度达到 2 千米每秒；54 秒后，发动机按程序停车，火箭开始自由飞行，此时最大速度为 5 600 千米每秒。最后，火箭上升到 85 千米高，飞行距离 190 千米，离目标距离 4 千米。

这是火箭及航天史上具有重要意义的事件。多恩伯格在当天夜里举行的庆祝会上发表演讲时兴奋地说：我们的火箭今天达到了近 60 英里的高度，因此打破了先前由巴黎大炮神话般地发射炮弹所达到的 25 英里高的记录……我们利用火箭进入了太空，并且首次——这是郑重的声明——利用太空为地球上的

德国 V-2 导弹发动机装配车间

两点架起了桥梁。我们证明了利用火箭原理进行太空飞行是切实可行的，这在科学技术史上有着决定性的意义。除了陆地、海洋和空中交通外，现在还可以加上无限广阔的宇宙空间作为未来洲际航行的一个中介。这是宇宙航行新纪元的曙光。今天，1942 年 10 月 3 日，是人类旅行乃至太空飞行新时代的第一天。他还对冯·布劳恩说："你知道我们今天所完成的工作有什么意义吗？今天，宇宙飞船诞生了。"

1944 年 5 月 16 日，德国最高统帅部下达了使用 V-1 巡航导弹的命令。不久，又下达了使用 V-2 导弹作战的命令。1944 年 9 月 6 日傍晚，德国向英国第一次发射了两枚 V-2 导弹，但都失败了。9 月 8 日，德国又向英国伦敦发射了一枚 V-2，导弹在伦敦市区爆炸。这是 V-2 首次成功袭击英国本土，在伦敦

引起了很大的恐慌。从 1944 年 9 月 6 日到 1945 年 3 月 27 日，德国共发射了 3 745枚 V-2 导弹，其中有 1 115 枚击中英国本土，2 050 枚落在欧洲大陆的比利时安特卫普、布鲁塞尔、列日以及其他地区，还有 582 枚用于发展、改进和训练发射。在所有发射的 V-2 中，有 74%落在目标周围 30 千米以内，其中又有 44%落在 10 千米的范围内。从袭击英国造成的人员伤亡看，V-2 共炸死2 724人，炸伤 6 476 人，建筑物的破坏也相当大。这些损失显示了 V-2 火箭武器的威力，但并没有起到德国当局希望的那种能挽回败局的战果。

佩内明德基地的 A 系列火箭还设想了许多后继型号，包括采用硝酸和乙烯基丁烷或苯氨作为推进剂的 A-6，用于试验的小型火箭 A-7，A-6 与 A-7 相结合的 A-8，A-4 的重大改型 A-9，A-4 的有翼型 A-4b等。第二次世界大战后期，佩内明德基地的几个骨干分子冯·布劳恩、多恩伯格等人曾制定了一个机密计划：设计载人宇宙飞船。这就是 A-9/A-10 计划。它一方面可以作为大型洲际弹道导弹，还可用于探索载人宇宙飞行。A-10 是第一级，推力可达 196 000 牛顿；A-9 作为第二级。当 A-10推进剂耗尽后，可为 A-9 提供 1 200 米每秒的速度。然后，A-9 开始点火工作，火箭最终射程可达 5 000 千米。他们甚至还设计了 A-12 火箭，它预计可产生10 780 000 牛顿的推力。它以 A-11 作为第二级，A-10作为第三级，可以把质量达 27 吨的载荷送入地球轨道。

德国 V-2 装备部队，准备发射

当然，这些设想在战争年代只能是乐观的展望而已。随着德军在各条战线节节败退，佩内明德基地的各层人士都在琢磨退路问题。1945 年 1 月底，冯·布劳恩同基地上层科学家和军官秘密聚会，决定向美军投降。这批技术人员投降后，受到了美军的审讯。几个月后，多恩伯格因属德国高级军官被转移到英国，又被监禁两年，释放后才来到美国。1945 年 8 月，冯·布劳恩等 127 位专家来到了美国。他们后来对美国航天技术的发展做出了巨大贡献。

由于德国火箭专家的努力，在第二次世界大战期间，德国火箭技术终于完成了实用化，并且达到了世界液体火箭技术的最高水平。战后，德国火箭技术通过转移迅速扩散到其他国家，美国、苏联、法国、英国甚至中国都从德国火箭技术中获得了相当大的收益。这是德国对世界航天史的重大贡献。

洲际导弹巨大威慑

20世纪50年代初，苏美两国都把研制远程和洲际导弹作为重点。携带核弹头的洲际导弹给人类安全带来空前的威胁，但从技术上讲也为研制运载火箭打下了坚实的基础。

洲际导弹是射程达8 000千米以上的远程武器系统。由于射程远、威力大，洲际导弹对世界安全构成了很大威胁。现代洲际导弹携带的核弹头爆炸力可达数百万吨甚至数千万吨TNT炸药，是1945年投向日本的原子弹当量的上百倍甚至上千倍。如果一枚这样的导弹落在一个城市中，将把这个城市夷为平地。洲际导弹是在冷战时期研制成功的。

苏联第一种洲际导弹P-7进行试验发射

第二次世界大战结束后，东西方开始了冷战时代。由于美国手中握有原子弹，使得苏联在军事战略上开始考虑得更长远一些。他们一方面大力发展核物理，为研制核武器做准备，另一方面加强核弹头远程运载工具的研究。在核弹头运载上，由于苏联的远程轰炸机比美国落后得多，因此决定发展火箭技术作为核武器运载工具。

1947年10月30日，苏联组装的V-2导弹试射成功。在德国火箭技术的基础上，苏联开始仿制V-2导弹，定名P-1。在V-2基础上改进设计的P-2

射程提高到590千米。与此同时,著名火箭发动机专家格鲁什科开始设计新型液体火箭发动机。其中,RD-101火箭发动机用于SS-3中程弹道导弹,射程达到1 800千米。1952—1953年间,格鲁什科又领导设计了RD-103发动机,采用煤油和液氧作为推进剂,真空推力为490千牛。1955—1957年间,RD-214发动机研制成功,推力为725.2千牛。以它为动力研制出的SS-4导弹,射程为2 000千米。

中程弹道导弹研制成功后,苏联又紧接着开始研制远程火箭。苏联第一枚洲际导弹命名为P-7。它是两级液体火箭,由一个配置在中央的较长芯级和4个配置在四周的较短的助推级并联而成。第二级长28米,最大直径2.95米,向下逐渐收缩,到尾段处直径为2.2米。助推器全长19米,最大直径3米,呈圆锥形。每个助推器底部装有一个翼展约0.9米的稳定尾翼,用以改善火箭的稳定性能。

P-7导弹的两级发动机均采用液氧和煤油发动机。中央芯级装有一台RD-108发动机,四个助推器各装一台RD-107发动机。RD-107的地面推力为820 260牛顿,真空推力1 058.4千牛;RD-108地面推力744.8千牛,真空推力911.4千牛。RD-108推进剂贮箱很大,工作时间也很长,达300秒。

美国第一种洲际导弹"宇宙神"进行试验发射

P-7导弹全长约29米,最大宽度约10.3米,起飞质量267吨,最大起飞推力4 762.8千牛。它在设计上有如下特点和技术战略:第一,在大推力火箭设计上,没有单纯着眼于大幅度提高单台发动机的推力,而是在推力较易实现的水平上,大胆采用多燃烧室方案;第二,避开了采用可摇摆的主发动机所带来的结构复杂、技术难度大的问题,采用相对简单的游动发动机提供姿态控制力;第三,在助推器和主级连接上,采用了尽量减少耦合的设计思想,提高了可靠性;第四,避开了火箭发动机高空点火的困难,采用主级和助推级同时地面点火的方案,实现了设计的简单性和火箭的可靠性;第五,在设计中就考虑到适应性和通用性。

1949年苏联成功地爆炸了第一颗原子弹,因此加速发展能携带核弹头发射到美国、日本等国家的洲际运载工具就显得尤为重要。果然,苏联实现了既定

美国“大力神”型洲际导弹准备发射

的目标。1957 年 8 月 21 日，世界上第一枚洲际弹道火箭 P－7 成功地进行了全程试射试验，射程达 8 000 千米。苏联塔斯社于 1957 年 8 月 27 日报道：

“多级远程洲际弹道火箭于日内发射。

“火箭试验进展顺利，完全证实计算和所选定的结构是正确的。火箭在前所未有的高度上完成了飞行。在短时而长距离的飞行之后，火箭在预定区域降落。

“从得到的结果表明，这种火箭有可能发射到地球上任何地区。”

意味深长的是，塔斯社在报道洲际导弹成功的消息之后还说：“最近，苏联进行了一系列核武器和热核武器爆炸试验……这些试验取得了圆满的成功。”把洲际运载火箭和核武器同时报道显然是一种暗示，表明苏联已经具有了把核武器直接发射到美国本土的能力。

虽然 P－7 导弹(也称 SS－6，“警棍”)以世界上第一枚洲际弹道导弹而获得极大的名声，但从实际使用上看，它的实用价值并不很大。这主要是因为它的各级发动机采用了不可贮存的液氧和煤油作为推进剂，因此它的机动性、灵活性和应变能力受到极大限制。不过，以它为基础研制的运载火箭在苏联航天事业发展中立下了汗马功劳。

与苏联洲际导弹的顺利发展不同，美国的导弹研制经历了一个曲折的过程。1950 年 6 月朝鲜战争爆发后，美国陆军部指示红石兵工厂研制射程为 800 千米的弹道导弹。1953 年 8 月 20 日，“红石”导弹进行了首次发射。第二次世界大战以后，美国曾提出了多项远程和洲际导弹计划。但由于美国政府过分相信原子弹和远程轰炸机，对大型导弹能否研制成功深表怀疑，因而投资力度不够，组织管理也极为混乱，使远程导弹研制

美国“大力神”Ⅲ型导弹进行发射试验

进度大大放慢，有的还中途下马。

中国"东风"5号洲际导弹进行发射试验

1953年情况发生了重大变化。美国首次得到了苏联加速发展洲际导弹的可靠情报。这促使美国空军对自己的政策重新进行了检查。1954年2月10日冯·诺伊曼领导的战略导弹评价委员会提交报告指出，根据原子弹和氢弹取得的进展以及火箭技术的发展，苏联的洲际弹道核导弹可望在6年甚至更短的时间内研制成功。在这个紧急关头，美国必须加速发展洲际导弹，以抢在苏联前拥有远程核打击能力。这份报告引起美国政府的重视。1954年7月1日，美国首次投资100万美元发展洲际导弹。1955年3月，"宇宙神"计划获得最高的A1级优先权。

"宇宙神"导弹有5大技术特色：箭体与推进剂贮箱同体结构；可摆动发动机喷管；可分离战斗部；底部捆绑助推器；装有游动发动机和分离火箭。它的动力装置由一台推力为253.33千牛的发动机和两台推力为666.79千牛的助推发动机组成，均采用液氧和煤油作推进剂。三台发动机共用一套贮箱，射程达8 000千米。

美国的"和平卫士"洲际导弹

1958年8月2日，试验型"宇宙神"B进行首次试射，射程超过4 000千米。1958年11月28日，"宇宙神"B进行了全程试射试验，落点距离达9 660千米。实用型"宇宙神"D于1959年7月28日进行首次试射，9月9日装备部队。"宇宙神"导弹最大射程可达15 000千米。

在此之后，美国又研制了第二种洲际导弹"大力神"号。它采用两级结构，全长27.4米，最大直径3.05米，起飞推力1 332.8千牛，总质量约99.8吨。1959年1月6日，"大力神"进行了首次发射。1962年4月，美国战略空军司令部宣布"大力神"Ⅰ装备部队。“大力神”Ⅱ于1962年3月16日试射成功，1963年服役。它可携带2 000万吨级核弹头，射程达15 000千米。

P-7、“宇宙神”和“大力神”作为第一代远程核导弹，在东西方早期“确保相互摧毁”战略中发挥了巨大作用。此后，美苏洲际导弹均多次更新换代，由液体型到固体型，由单弹头到多弹头，由固定发射到机动发射，性能越来越高。第一代洲际导弹虽然很快就退役了，但它们不断改进，演变成系列航天运载火箭，为航天事业做出了巨大贡献。自20世纪50年代末以来，它们分别和不同的上一级组合，形成了一系列性能不同、运载能力不同的航天运载火箭，发射了上千个人造卫星、宇宙探测器和载人飞船。直到21世纪初，“大力神”、“宇宙神”派生型运载火箭仍是美国主要的军民用运载火箭。

卫星时代苏联领先

苏联在研制洲际导弹方面走在了前面，为率先发射成功人造卫星，跨入航天时代创造了条件。人造卫星的出现，是人类征服宇宙空间所取得的一项巨大的成就。

大科学家牛顿是人造地球卫星最早的预言者。早在1687年他就在《自然哲学的数学原理》中谈到，有可能以极大的速度抛出一颗不再落回地球的物体(人造卫星)。他这样写道：

"行星依靠向心力，可以保持在一定的轨道上，这只要考虑一下抛射体的运动就可以理解了：一块被抛出的石头由于其自身质量的压迫不得不离开直线路径，它本应按照开始的抛射方向走直线的，现在在空气中划出的却是一条曲线，它经过这条弯曲的路径最后落到了地面上；抛出时速度越大，它落地前走得就越远。因此我们可以假定抛出的速度不断增大，使得它在到达地面之前能划出1、2、5、10、100、10 000英里的弧长，最后一直增加到超出地球的界限，这时石头就要进入空间而碰不到地球了……

"但是，如果我们现在想像物体从更高的高度沿着水平方向抛射出去，例如从5千米、10千米、100千米、1 000千米或更高的高度，甚至高达地球半径的许多倍，那么，这些物体就会按照其不同的速度并在不同高度处有不同重力作用下，划出一些与地球同心的圆弧或各种偏心的圆弧，它们在天空沿着这些轨道不停地转动，正像行星在自己的轨道上不停地转动一样。"

19世纪末和20世纪初，有许多科学家和文学家分别从科学上和文学上探讨了人造卫星的可能性。20世纪40年代后期，研制人造卫星的设想开始提到议事日程上来。

为了科学研究的需要，第二次世界大战后，许多国家都有科学家研究发射人造卫星的可能性，并建议为了和平目的和开发宇宙的需要研制发射人造地球卫星。1946年9月在巴黎召开的"第6届国际实用机械会议"上，美国加州理工学院的马林纳和索末非宣读了《利用火箭远离地球的问题》，倡导发展用于研究外层空间的火箭。美国的海军航空局和空军的兰德公司也曾建议于1951年发射小型卫星。由于科学家们的大声呼吁，美国国防部于1948年12月向国会提出由军方研究地球卫星的计划。1951年举行的"第二届国际航空联合会议"又有许多人提出发射人造卫星和载人太空站的倡议。英国国际航空协会的盖特兰德等人于1952年3月22日提出利用三级火箭发射人造卫星的建议。

科学家的极力倡导和太空飞行文章的预测，不仅引起了许多政界人士包括美国总统艾森豪威尔和杜鲁门的注意，更引起了一般公众的极大兴趣。为了给各国科学家们提供共同研究地球的机会，国际地球物理年(IGY)创办。这就使人更加清楚地看到发展人造卫星的必要性。1954 年夏，国际无线电科学协会和国际地形学和地球物理联合会通过了在地球物理年(1957—1958)间发射一颗人造卫星的决议，得到美、苏等国的支持和响应。

苏联第一颗人造卫星准备发射

苏联第一颗人造卫星的热心倡导者是吉洪拉沃夫。早在 1934 年，他就在列宁格勒举行的首届全苏同温层研究会议上所作的《应用火箭飞行装置研究同温层》的报告中，提出用火箭把人造卫星发射到同温层和宇宙空间的设想。第二次世界大战后，他又重新着手人造卫星研究工作，并组织了一个研究小组，进行了大量研究和计算工作，证明多级火箭原则上可使重物达到第一宇宙速度。1954 年，吉洪拉沃夫提出论证人造地球卫星可行性和必要性的建议。他在《关于人造地球卫星》的报告中，充分论证了利用二级火箭可以达到第一宇宙速度并可用于发射人造卫星。他和“卫星小组”的工作给科罗廖夫提供了启示。当时苏联正在研制中程导弹和二级洲际弹道导弹，科罗廖夫认为：导弹稍加改进就可以作为发射卫星的运载火箭。

1954 年 5 月 26 日，科罗廖夫致函苏共中央，他指出：“目前正在研究的末速度为 7 000 米每秒的新产品有可能使人造地球卫星于近年内制成。用减少若干有效载荷的办法，可使发射卫星所需要的末速度达到 8 000 米每秒。我认为，现在成立一个科研机构，开始对卫星的初步探索工作以及进一步详细研究与此有关的种种问题是适宜的。”1955 年 6 月 25 日在提交给苏联科学院的报告中，科罗廖夫指出，“利用火箭飞行器实现超距离和实际无限高度的超高空飞行，在原则上是可能的。目前，制造人造地球卫星和进行载人高空飞行研究星际空间的火箭飞船日趋接近现实。”

1956 年 1 月 30 日，苏联政府正式做出在 1957—1958 年内研制人造地球卫星的决定，2 月开始制定卫星的技术要求。第一颗人造卫星计划包括四个组成部分：研制运载火箭；建设发射场；研制卫星本体和星上科学仪器；建立地面测控网。

研制运载火箭实际上同发展洲际弹道导弹是一致的。为了发射人造卫星和达到第一宇宙速度的要求，对P－7导弹进行了改进，主要的是取消了武装部有效载荷。这枚运载火箭是以科罗廖夫为主主持设计和研制的，定名“卫星”号运载火箭。它的总起飞质量为498吨，为当时世界上最大的航天运载火箭。

人造卫星本体和星上设备是以吉洪拉沃夫为主设计的。苏联的第一颗人造卫星代号CП－1，它是的外形是一个铝合金的密封球体，直径0.58米，质量83.62千克。卫星周围对称安装四根鞭状弹簧天线，倾斜伸向后方，其中一对长2.4米，另一对长2.9米，卫星内部充以干燥氮气。下半球壳表面是热控制系统的辐射表面；上半球壳外部装有隔热层。苏联科学院确定卫星的主要科学探测项目有：测量200～500千米高度的大气速度、压力、磁场、紫外线和X射线等数据，卫星上还携带试验动物，用以考察动物对空间环境的适应能力。

苏美两国在发射人造卫星上展开了一场激烈竞赛。在1955年7月29日国际无线通信联合会第三次大会召开之前，美国总统艾森豪威尔就宣称美国正在进行发射人造地球卫星的准备工作。苏联科学院院士谢多夫在这次大会上也宣布苏联打算在国际地球物理年期间发射一颗到几颗卫星。但由于种种原因，苏联人抢在了前面。1957年6月，苏联科学院院长斯米扬诺夫宣布苏联的地球物理年卫星运载火箭已准备就绪。当时P－7洲际导弹已开始进行首发前的准备工作，第一颗人造地球卫星CП－1也接近完成。种种迹象显示，苏联在这场争夺战中似乎稳操胜券。

在轨道上的苏联第一颗人造卫星

1957年8月，P－7洲际导弹首次试验成功。与此同时，改装“卫星”号运载火箭的工作也在科罗廖夫的领导下进展迅速。1957年10月4日晚，“卫星”号运载火箭携带世界上第一颗人造地球卫星CП－1号在苏联拜科努尔航天发射场发射成功。它先进入近地点215千米，远地点947千米，轨道倾角65度，周期96.2分的椭圆形轨道。它共在轨道上运行了92天，绕地球飞行约1 400圈，并于1958年1月4日再入大气层时烧毁。这颗人造卫星进行了星内温度压力试验、地上大气密度测量和电离层研究，并用卫星探测出几百千米高空的空气阻力。但同它的科学研究成果相比，它的政治影响和对科学技术发展的影响更加深远。

1957年10月4日午夜，莫斯科电台向全世界公布了苏联首颗人造地球卫

苏联发射第一颗人造地球卫星

星已成功发射进入轨道的消息。塔斯社宣称:“人造地球卫星开辟了星际航行的道路。”不久,世界各地都能通过无线电接受到这颗卫星从天空发射出来的“的……的”声响。在政治上,它表明苏美太空竞赛第一个回合的胜利者是苏联,由于苏联的广泛而成功的宣传,以致于在许多人的眼中,苏联在科学上占据了领导地位。对全人类来说,它标志着航天时代真正到来了。

美国落后急起直追

美国的人造卫星计划提出并不晚，但由于重视程度不够高，因而在首次发射人造卫星方面落后于苏联。不过，美国发射的第一颗人造卫星却有一个重要发现——范·爱伦带。

美国在 20 世纪 40 年代和 50 年代初，先后就人造卫星的运载火箭研制的可能性和潜在的科学技术及军事价值进行了广泛的研究和讨论，工作之细致甚至远远超过了苏联。然而由于美国政府和军事当局缺乏长远眼光，并且犯了指导思想和政策、决策的错误，致使人造卫星和运载火箭研究长期没有进入工程发展阶段，贻误了大好时机，以致于未能追上苏联的发展步伐。

美国第一个真正的人造卫星计划出自美国陆军弹道导弹局红石兵工厂冯·布劳恩小组。他和弹道导弹局的同事们对人造卫星和太空飞行始终怀有满腔热情。在承担“红石”导弹和“丘比特”导弹研制的同时，他就一直在考虑将“红石”导弹改装成运载火箭的可能性。他认为，如果在“红石”导弹上面加装几级固体火箭，那么最末一级完全可以达到第一宇宙速度。利用这种小型火箭，不久就可能发射成功第一颗美国卫星。这就是轨道器计划的最初设想。

美国第一种运载火箭“先锋”号准备发射

1954 年 8 月 3 日，海军研究实验室的代表和陆军弹道导弹局又一次在亨茨维尔聚会。冯·布劳恩在会上介绍了利用改装的“红石”导弹发射人造卫星的技术细节。这项计划的目的是，在最短的时间内，以相当低的费用改装“红石”导弹，并利用其他可能得到的部件，制造卫星运载火箭。这次会议正式提出轨道器计划，它是美国陆军和海军的联合发展计划。陆军弹道导弹局负责将“红石”导弹改装成运载火箭，海军研究实验室负责研制人造卫星。会议还认为，这个计划是进入航天的第一步，以后还将发射更大、功能更全的科学和应用卫星。1955 年 5 月 23 日，红石兵工厂再次举行轨道器计划会议，正式提出发展美国人造卫星的轨道器计划。

1955 年春，海军研究实验室原海盗探空火箭计划小组提出了一个“先锋”计划；空军有关单位也提出了一个用阿特拉斯导弹改装成运载火箭发射卫星的计划；航空喷气工程公司和马丁公司也提出了各自的卫星计划。这些计划都递交到国防部特别能力研究委员会。经过几个月的研究论证，委员会成员都认为轨道器计划最有可能率先发射成功人造卫星。但如果批准轨道器计划，将影响到“丘比特”导弹的研制。1955 年 8 月 4 日，该委员会宣布批准“先锋”计划作为地球物理年发射卫星的计划，同时取消其他所有的卫星计划。

国防部的决定是对弹道导弹局的一个重大打击，但国防部取消其他人造卫星计划并不等于完全消除一切与卫星有关的研究活动。正像冯·布劳恩在事后的一篇文章中写的：“我们在亨茨维尔的人们不可能在心里抹掉人造卫星的思想。我们也不会中止与卫星有关的硬件发展。”在梅德里斯和冯·布劳恩的努力下，陆军弹道导弹局和喷气推进实验室制定了一项合作计划，在“红石”导弹的基础上发展多级火箭，在公开目的上，这种多级火箭主要用于弹头再入的防热研究；另一层意思是为研制运载火箭暗自准备。这就是有名的“丘比特”C 多级火箭计划。

1957 年 12 月 6 日美国“先锋”号火箭发射人造卫星失败

“丘比特”C 是三级火箭，第一级与“红石”导弹基本相同，第二级安装 11 枚小型固体火箭，第三级由 3 枚小火箭组成。“丘比特”C 火箭长近 20 米，底部最大直径 1.78 米，火箭总质量约 28 吨。

1956 年 9 月 20 日，第一枚“丘比特”C 试验火箭在卡纳维拉尔角发射，成功地把一个载荷送到 1 100 千米高处，最后落在 5 500 千米远的地方。“丘比特”C

取得成功后，陆军再度要求批准轨道器计划，但仍无结果。苏联洲际导弹试验成功和成功发射人造卫星的消息传到美国，立即引起了极大的震动和冲击。美国国会和民间到处是批评政府的声音，有的报纸上还登出了打油诗讽刺：

“噢，小小的卫星高高飞翔，

莫斯科造的广播在上安装。

你告诉我们这是共产主义的蓝天，

你告诉世界山姆大叔睡得正香。”

苏联发射成功第一颗卫星的消息才真正促动美国政府改变战略决策。弹道导弹局局长梅达里斯和冯·布劳恩第二天便向白宫请求执行轨道器计划。陆军部长布鲁克表示，陆军弹道导弹局“在做出决定之后 4 个月即可把一个卫星送入轨道”。11 月 8 日，国防部长授权陆军准备在 1958 年 3 月前发射两颗卫星。

鉴于“丘比特”C 取得的突破，将其改制成运载火箭已不很困难，主要是提高它的末速，使之达到 8 千米每秒的第一宇宙速度。这枚运载火箭被命名为“朱诺”1 号，它是在“丘比特”C 的基础上加装了一枚固体火箭构成的四级火箭。卫星是喷气推进实验室设计制造的“探险者”1 号，它呈柱形结构，长约 1 米，直径 0.15 米，质量仅 4.8 千克，上面装有盖革计数器。

1958 年 1 月 31 日美国利用“朱诺”1 号火箭发射成功第一颗人造卫星

1958 年 1 月 31 日，在卡纳维拉尔角，“朱诺”1 号火箭将“探险者”1 号卫星送入了近地点 360 千米、远地点 2 534 千米的地球轨道，从而使美国也跨入了航天时代。“探险者”1 号卫星虽然个头很小，但取得的科学成就却很大。这颗卫星在远地点处，星上的盖革计数器停止了计数。范·爱伦博士分析后认为，这是因为在这个高度上存在环绕地球的辐射带，使计数器达到饱和之故。这个辐射带后称范·爱伦带。范·爱伦辐射带是人类认识近地空间环境的第一个重大发现。“探险者”1 号卫星一直在轨道上运行了 12 年，直到 1970 年 3 月 31 日才坠毁。不过由于电源之故，从 1958 年 5 月 23 日起，它就成了在轨道上运行的“铁块”。

与轨道器计划的成就相比，“先锋”计划就显得不那么突出了。由于它是一个全新的计划，所有硬件都要从头做起，又不能借鉴导弹的技术，因此一直就不很顺利。

"先锋"号卫星由国际地球物理年委员会和美国科学院联合设计实验项目，有几种不同的尺寸并带有不同的科学仪器。"先锋"1号为试验卫星，直径仅16.3厘米，质量1.47千克，内装一台跟踪信标机和测量星内、星外温度的传感器。"先锋"2号卫星直径50.8厘米，质量9.8千克，带有测量太阳X射线、地球云层和磁场传感器。"先锋"3号质量45千克，内部装23千克探测仪器。

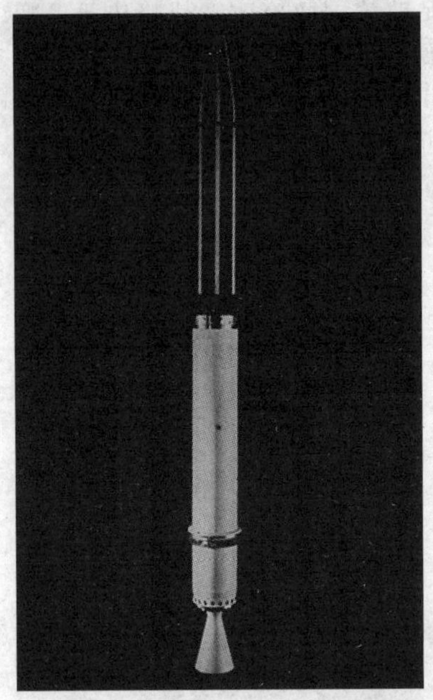

美国的第一颗人造卫星"探险者"1号

虽然"先锋"计划小组以及各承包公司几年来一直在不懈地努力，但由于这是一项十分庞大的工程，需要解决许多新的技术问题。11月3日苏联发射了第二颗重型的卫星后，再次给美国人以沉重的心理打击。面对国内压力，"先锋"号火箭在没有充分试验的情况下，冒险决定于1957年12月6日发射卫星。消息一宣布，美国新闻界纷纷派出采访团来到卡纳维拉尔角，许多政府官员和附近的老百姓也云集于此，更有成千上万美国人在电视机前等待着观看第一次美国卫星发射的实况转播。但"先锋TV"3火箭的发射却是一场惨败。火箭点火后不到2秒，上升了约2米高时，由于发动机故障而失去推力，整个火箭折回发射台上，接着是爆炸和浓烟。这次失败对美国人自尊心的又一次打击之深是可想而知的。1958年2月5日，另一枚"先锋"运载火箭在发射时再次失败。直到1958年3月17日，"先锋TV"4号火箭才首次把"先锋"1号卫星送入地球轨道。这颗卫星仅有1.4千克重。

冯·布劳恩把美国落后于苏联的原因归结为1955年以前，美国政府没有真正重视人造卫星和太空飞行问题。他说："美国在1945至1951年间没有值得一提的弹道导弹计划。在这些年间，俄国人显然为他们的巨大的火箭计划奠定了基础，这6年是无可挽回地丧失了……目前的困境不是由于我们现在努力不够，而是我们在战后的最初6年或10年里努力不够。"

法日中英争先恐后

发展洲际导弹、运载火箭和人造卫星具有十分重要的科技、经济和军事价值，因而许多国家都制定了导弹和人造卫星发展计划。从时间上看，法国、日本、中国、英国是继苏、美之后，陆续进入航天时代的国家。20 世纪 80 年代后，印度和以色列也利用自制的火箭成功发射了本国的卫星。

航天技术的发展，使人类突破了大气层的屏障，摆脱了地球引力的束缚，活动范围从陆地、海洋及天空扩展到广阔无垠的太空。各种应用卫星利用位置更高的优势，能够更全面更及时地获取人类赖以生存的地球及其周围环境的信息。借助卫星远距离、大容量传递和中继各类信息，人类超越了传统的接力信息传递模式，实现了信息技术的革命。通过宇宙飞船、空间站，人类能够在太空利用微重力和超真空环境，制备地球上无法制造的更高质量，更高性能，甚至全新的材料和药品。同时，利用太空技术，人类可以广泛进行新的科学技术研究，从全新的角度认识宇宙，极大地增加了人类的知识财富。

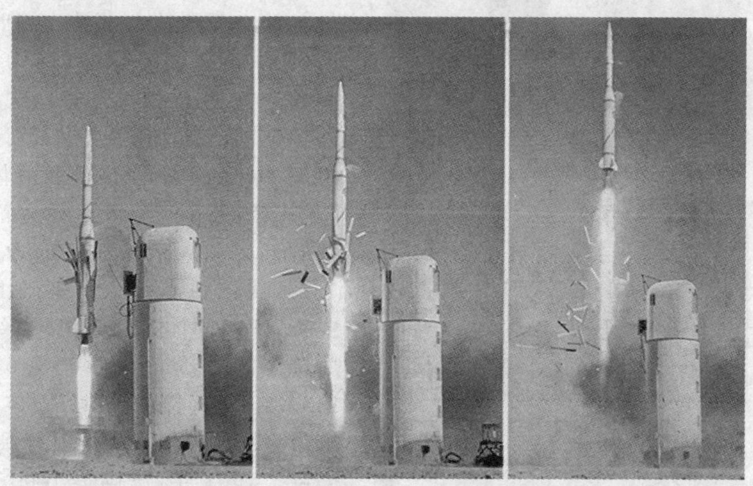

1965 年 11 月 26 日法国用“钻石”1 号火箭发射成功第一颗人造卫星

正因为航天技术有着广泛而深远的政治、军事、科学技术、经济和社会价值，因此继苏联和美国进入航天时代后，其他一些国家包括第三世界国家也纷纷根据自己的国情制定了各自的航天发展计划，并且取得了很大成就。

法国在航天技术发展中具有独特的地位。经过几十年的努力，法国已成为举足轻重的航天大国。20 世纪 70 年代后期，在法国的极力倡导下，欧洲成立了独立的欧洲空间局，法国在其中起着核心和骨干作用。欧洲空间局之所以是仅次于美国和苏联的第三大航天中心，法国功不可没。

法国发展航天技术是从探空火箭和弹道导弹开始的。早在 1949 年，法国政府就制定了中程导弹和潜射导弹计划。苏美的导弹竞赛在 1954 年前后逐渐明朗化以后，法国于 1956 年提出新的防务政策，宣布法国需要有“战略性报复武器”。1965 年，法国研制成功 SSBS 弹道战略导弹。1966 年，潜射导弹 MSBS 研制成功。它能携带 50 万吨当量的核弹头，发射距离 2 500 千米。

1970 年 2 月 11 日日本用 L－4S－5 号火箭发射成功第一颗人造卫星

1960 年，法国正式制定发展人造卫星和运载火箭的计划。为了能顺利研制航天运载火箭，法国在 1960—1962 年间制定并执行了两项辅助计划，这些计划的目的，一是在液体和固体探空火箭及弹道导弹基础上，发展适合发射卫星需要的火箭技术；二是进行各种必要的技术试验，包括制导和控制技术研究、再入技术试验、结构设计与试验研究和空气动力学研究等。这两项计划分别是“绿宝石”计划和“蓝宝石”计划。

“绿宝石”火箭是单级液体火箭。“蓝宝石”火箭是一种两级运载火箭，是法国第一种航天运载火箭的核心。为了研制第三级火箭，法国在单级火箭基础上又发展了“红宝石”两级固体运载火箭。“红宝石”火箭总质量 3.4 吨，第一级可产生 52 千牛的推力；第二级为新研制的小型固体火箭。它可以携带 35 千克有效载荷上升到 2 400 千米的高度。1961 年，法国提出将一颗质量 50 千克的卫星送入 300 千米的轨道。根据这一计划，法国研制了第一种运载火箭“钻石 A”。它是一种液体和固体组合的三级火箭。

“钻石 A”火箭长 18 米，起飞质量 19 吨。1965 年 11 月 26 日，法国用“钻石 A”运载火箭成功地将法国第一颗人造卫星“试验卫星”1 号送入近地点 530 千米、远地点 1 820 千米轨道。该卫星虽然只有 38 千克，但它的意义却十分重大：它宣告法国第一个打破苏美垄断，成为第三个进入航天时代的国家。而后，法

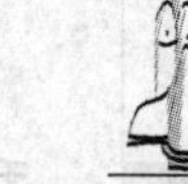

国在 1966—1967 年间又用“钻石 A”运载火箭发射了三颗小型卫星。

通过本国发展航天技术的经验，法国感到单单依靠自己的力量，还无法摆脱对美国的依赖，自主的思想无法实现。因此在 20 世纪 70 年代，法国花费了很大精力游说西欧各国，走联合发展航天与空间技术的道路。从 1975 年开始，法国成为欧洲空间局的骨干和核心，为欧洲成为世界第三大航天发达地区立下了不朽业绩。

日本航天发展之初，完全是来自民间的努力。日本最早研究火箭的单位是东京大学。1955 年 2 月，东京大学生产技术研究所开始研究小型固体火箭。1954 年 4 月 12 日，该校试射了一枚质量只有几百克，直径还不到 3 厘米的“铅笔”火箭。这是日本开始探空火箭研制工作的标志。1964 年 4 月，东京大学理工研究所的空间技术部和东京大学航空技术研究所合并，组成东京大学宇宙航空研究所。该研究所的主要目标是研究如何利用大型高空气球、探空火箭和人造卫星来探测空间环境。

东京大学宇宙航空研究所成立后，在原来工作的基础上采取积木化、系列化，由小到大发展了十几种探空火箭。有单级火箭 S 系列，也有多级火箭 K 系列和 L 系列，有效载荷从 10 千克到 170 千克，飞行高度从 60 千米到 2 000 千米。

在固体探空火箭的基础上，东京大学正式开始研制航天运载火箭。第一种发射卫星的运载火箭是 L－4S－5 火箭。它是一种 4 级全固体火箭，长 16.5 米，最大起飞质量 9.4 吨。1970 年 2 月 11 日，日本用 L－4S－5 运载火箭发射成功第一颗人造地球卫星“大隅”号。这是一颗技术试验卫星，质量 23.6 千克。日本成为继苏、美、法之后第四进入航天时代的国家。

日本东京大学宇宙航空研究所主要致力于固体火箭的研究。由于缺乏液体火箭的经验和技术，因此决定引进美国“雷神-德尔它”运载火箭技术。1969 年 12 月，美国国会批准向日本输出火箭技术。因此日本宇宙事业开发团的 N 系列火箭的最初型号 N－1 在很大程度上是仿制美国的德尔它 M－6 运载火箭。N－1 火箭长 32.57 米，起飞质量 90.9 吨，起飞推力 1 520 千牛，它能将 600 千克载荷送到 1 000 千米高的地球轨道，能将 130 千克载荷送到同步轨道。1975 年 9 月 9 日，N－1 火箭首次发射时将一颗 85 千克的“菊花”号卫星送入近地点 975 千米、远地点 1 100 千米的轨道。1977 年 2 月 23 日，日本利用 N－1 火箭发射了一颗同步轨道技术试验卫星，从而使日本成为第三个掌握发射地球同步卫星技术的国家。

此后，日本对 N－1 火箭进行了改进，产生了 N－2 火箭。N－2 火箭于 1981 年 2 月进行了飞行试验，在 8 月将气象卫星“向日葵”2 号卫星送入同步轨道。

N－2 火箭的运载能力仍然偏低，且由于是引进技术，美国一直限制日本用

N 系列火箭发射外国卫星，这两方面影响到日本的火箭进入国际航天发射市场。因此日本在 1981 年决定，尽量采用本国技术，研制出运载能力更大的 H-1 火箭，以便在国际上占有一定地位。H-1 火箭是三级火箭，第一级与 N-2 基本相同，第二级采用液氢液氧发动机，第三级采用固体发动机。火箭全长 40 米，起飞质量 140 吨，起飞推力 2 156 千牛，同步轨道运载能力 550 千克。自 1986 年开始，H-1 火箭两次试验发射成功，于 1988 年 2 月正式投入使用。

当前，日本航天技术在国际上具有一定地位，其卫星发射数量占世界第三位。在已发射的 60 多颗卫星中，有“极光”等系列科学卫星，“菊花”系列技术实验卫星，“向日葵”系列气象卫星，“樱花”系列通信卫星以及“百合花”系列广播卫星。由于日本是经济强国，政府对航天技术发展又比较重视，预算投资连年增加，因此日本发展航天技术具有很大的潜力。

1971 年 10 月 28 日英国用“黑箭”型火箭发射成功第一颗人造卫星

英国发展航天技术同法国相似。早在 20 世纪 50 年代中期，英国就制定了探空火箭计划，以适应科学研究的需要。50 年代，英国火箭技术发展的另一条线索是研制洲际导弹。这方面的努力带动了液体火箭发动机的发展。1955 年英国政府决定研制“兰缕”式洲际导弹，运载火箭改型取名为“黑骑士”。1958 年 9 月 7 日，“黑骑士”火箭在澳大利亚进行了首次飞行。

1964 年英国政府决定发展人造卫星。这导致了“黑箭”运载火箭计划的开始。在方案设计阶段，决定广泛吸取“黑骑士”火箭的技术和经验。“黑箭”是一种三级运载火箭。第一级采用伽玛 8 型发动机，起飞推力为 220 千牛。第二级采用伽玛 2 型发动机，推力约为 69 千牛。第三级采用固体发动机。英国研制的第一颗卫星 X-3（又称普罗斯帕罗）呈八面体，中间是柱体，两端是台体，直径约 1.1 米，高 0.66 米，质量 66 千克，靠自旋保持稳定。这颗卫星主要用于技术试验，在卫星上还安装了测量微流星的实验装置。

1969 年 6 月 28 日，“黑箭”运载火箭准备进行首次发射，但由于电子系统故障，试验只好推迟进行。1970 年 3 月在第二次发射过程中，它只达到了亚轨道。1970 年 9 月准备用它正式发射一颗试验卫星，但由于火箭第二级过早停火而失败，卫星没有达到预定轨道。直到 1971 年 10 月 28 日，英国才用“黑箭”将其第一颗卫星普罗斯帕罗送入近地点 537 千米、远地点 1 593 千米的轨道，成为继苏、美、法、日、中之后第六个用自己研制的火箭成功发射自己研制的卫星的国家。

英国政府在发展航天技术上采取的政策是强调应用，在各种应用卫星方面取得了较高的成就。在欧洲空间局的航天活动中，英国也扮演了重要角色。

在进入航天时代的 8 个国家中，印度和以色列分别是第 7 和第 8 位能自主研制和发射卫星的国家。

印度从 20 世纪 70 年代中期开始研制科学卫星。1975 年研制成功第一颗人造卫星"阿里亚巴塔"号。当年 4 月 19 日，这颗卫星由苏联用"宇宙"号运载火箭在拜克努尔发射场发射进入轨道。这颗卫星对印度航天事业的发展有着十分重要的作用，揭开了印度空间事业的序幕。通过这个卫星的研制，印度逐步掌握了卫星设计、研制、测控等方面的技术，对印度的运载火箭计划也是一个很大促进。印度的运载火箭研制起步虽然不晚，但由于印度航天发展方针强调应用卫星，因而 70 年代印度才正式制定运载火箭计划。第一代运载火箭 SLV－3 于 1973 年开始研制。这是一种四级全固体运载火箭，长 19.4 米，质量 17.3 吨，低轨道运载能力约为 40 千克。这种火箭主要采用的是印度本国的技术。1980 年 7 月 18 日，第二枚 SLV－3 火箭在发射时，成功将质量 35 千克的罗西尼试验卫星送入地球轨道，从而使印度成为第七个进入航天时代的国家。

1988 年 9 月 19 日以色列用"彗星"2 号火箭发射成功第一颗人造卫星

以色列的导弹计划和航天计划一直严守秘密，不大为外界所知。长期以来，以色列与巴勒斯坦等中东国家连年交战，彼此敌意很深。为了避免各种嫌疑和西方国家的指责，以色列对自己的弹道导弹计划和卫星计划长期秘而不宣。1987 年 5 月，以色列研制并发射成功中程弹道导弹"杰里科"Ⅱ型，飞行距离 850 千米。1988 年 9 月，以色列又第二次试射了这种导弹。利用中程导弹技术，以色列研制成功第一种运载火箭"彗星"2 号。它是一种两级固体火箭，低轨道运载能力约为 150 千克。1988 年 9 月 19 日，以色列用"彗星"2 号将其第一颗卫星"地平线"1 号送入近地点 250 千米、远地点 1 155 千米的轨道，在全世界引起了巨大反响。

中国航天举世瞩目

中国航天事业是独立自主、自力更生发展起来的。40多年来，中国航天取得了举世瞩目的成就，在世界范围内产生了极其广泛的影响。

“嫦娥奔月”的神话故事，描绘了古代中国人登天飞行的理想。20世纪70年代，这一美好愿望初步实现了。1970年4月24日，中国发射成功第一颗人造卫星，进入了航天时代。经过几十年的发展，中国航天取得了举世瞩目的伟大成就，形成了一套完全独立的航天科研、生产、发射、运行及管理的综合体系，具备了向各种地球轨道发射各种型号、大小、用途的应用卫星的能力，研制、制造、运行成功科学卫星、多种应用卫星60余颗。从综合能力上看，目前中国在世界航天的地位可以排在俄、美之后居第三位。中国航天的影响正日益扩大。

中国第一颗人造卫星“东方红”1号

1956年10月8日，中国成立了第一个导弹研究机构——国防部五院。在发展导弹事业的初期，中国曾得到苏联的援助，包括培养留学生、派遣技术专家、提供导弹实物等。我国制造的第一枚弹道导弹“1059”就是仿制苏制P-2近程导弹。“1059”的仿制是依照苏联提供的P-2导弹的图纸资料进行的。它全长17.7米，起飞质量为20.5吨，起飞推力为36千牛。1960年11月5日，中国仿制的第一发“1059”近程导弹在西北导弹试验基地发射成功。“东风”2号导弹是在P-2导弹的基础上稍加改进而来的。主要的三项改进是：提高发动机推力和比冲；液氧箱改为单层结构；尾段改成圆柱形的铝合金结构。1961年3月21日，“东风”2号导弹进行了首次发射试验。1964年6月29日，修改后的“东风”2号进行了飞行试验，获得了成功。1966年10月27日，中国成功地进行了“东风”2号甲和核弹头的两弹结合试验。

在从近程导弹到远程导弹再到洲际导弹的发展历程中，中国先后突破了火箭发动机并联技术、大推力发动机技术、先进结构技术、多级火箭技术、稳定与

控制技术、高空发动机技术、再入防热技术等关键难题。1966 年 12 月 26 日，中程导弹进行首次试验；1969 年 11 月 16 日，中远程导弹首次试射；1971 年 9 月 10 日洲际导弹首次试射；1980 年 5 月 18 日洲际导弹进行了首次全程试射试验。中远程和洲际导弹的研制成功，为中国航天运载技术打下了坚实的基础。中国第一种运载火箭“长征”1 号是在中远程导弹基础上改进而来的，“长征”2 号系列则是在洲际导弹基础上改进的。直到目前，“长征”2 号仍是中国“长征”系列火箭家族中的核心成员。

中国人造卫星研制的设想始于 1958 年，但研制计划纳入正轨是在 1965 年召开的第一颗人造卫星方案论证会上。1970 年 4 月 24 日，“长征”1 号运载火箭将“东方红”1 号卫星发射升空。卫星进入一条近地点 439 千米、远地点2 384 千米的近地轨道，其轨道倾角为 68.4 度，运行周期为 114 分钟。“东方红”1 号为球形多面体，直径 1 米，四周装有四根杆状天线。卫星总质量 173 千克，包括结构、温控、能源、“东方红”乐曲播放装置、短波遥测、跟踪天线、姿态测量等分系统。在研制过程中，解决的主要技术问题有热真空模拟试验、卫星温度控制、卫星天线释放、卫星用红外地面仪、光电技术等。这颗卫星在轨道运行期间基本上完成了预定任务。

“东方红”1 号卫星发射成功具有极其重大的意义，它标志着中国跨入了航天时代，同时也是我国拥有洲际核打击能力的公开宣言。这个重大事件立刻震动了全世界，在国际范围内产生了广泛而深远的影响。至此，中国宏伟的“两弹一星”研制目标都初步得已实现。

中国返回式遥感卫星返回舱正在回收

继“东方红”1 号试验卫星之后，中国又研制了“实践”系列科学卫星。“实践”1 号卫星根据“综合利用，一次试验，全面收益”的精神提出了设计方案。为了进行科学探测，上面安装了大量探测仪器。“实践”1 号卫星也是靠自旋稳定的卫星。它的外形与“东方红”卫星基本相同，差别是在 72 面球形多面体上，有 28 面贴有太阳能电池。“实践”1 号卫星比“东方红”1 号卫星稍大，约为 225 千克。1971 年 3 月 3 日，“实践”1 号科学试验卫星由“长征”1 号火箭发射升空，进入近地轨道。它是一颗长寿卫星，在轨道上运行了 8 年多，向地面发回了大量科学探测和试验数据。

返回式地球观测卫星是中国应用卫星中一个重要成员。从 1972 年到 1996 年，中国利用“长征”2 号火箭发射了 17 颗返回式卫星，获得了大量地球观测资料，对国民经济和国防建设作出了重大贡献。更为重要的是，研制返回式卫星掌握的再入防热技术对于载人航天也具有十分重要的意义。各国载人飞船在返回时，都要经历再入防热的严峻考验。

在“长征”2 基础上，中国又研制了“长征”3 号和“长征”4 号火箭，它们的前两级基本相同。“长征”3 号第三级采用液氢液氧发动机。它使中国成为世界上少数几个能够发射地球同步卫星的国家。“长征”3 号第三级发动机具有较高的技术水准。“长征”4 号是全部采用常规液体推进剂的三级大型运载火箭。1985 年中国正式宣布运载火箭开始对外承揽发射任务。为此，决定在原“长征”1 号，“长征”2 号、“长征”3 号和“长征”4 号运载火箭的基础上，进行重大的技术改造，从而派生出几个新的运载火箭，包括“长征”1D、“长征”2E、“长征”2F、“长征”4A、“长征”2A、“长征”2B 和“长征”4B。这些火箭基本上可以满足从小到大，从低轨道到高轨道各种卫星发射的需要，并且大多已经研制成功。1999 年，“长征”2F 研制成功，将中国第一艘试验飞船“神舟”1 号送入轨道。目前，新一代大型运载火箭也在研制之中。

中国“神舟”号飞船返回舱

应用卫星能够对国民经济建设产生巨大影响。中国研制成功了包括通信卫星、气象卫星、资源卫星、导航卫星在内的各种应用卫星。通信卫星的探索工作始于 1970 年，到 1975 年卫星方案基本确定。这是一个一步走的方案，即不进行中、高轨道试验，不进行国外研制通信卫星初期所作的技术试验，直接发射高轨道静止通信卫星。中国的试验通信卫星呈圆柱体，直径 2.1 米，总高 3.1 米，质量 910 千克。1984 年 1 月 29 日，第一颗试验通信卫星发射。4 月 8 日，第二颗试验通信卫星发射，它成功地进入了同步轨道，并定点于东经 125 度赤道上空。中国的试验通信卫星上带有两个转发器，设计寿命为 3 年。1984 年 5 月正式交付使用。

第二代实用通信卫星“东方红”2 号甲转发器数量比原来增加了一倍；设计寿命提高了 1.5 倍；它能提供 3 000 路电话或 4 路电视，分别比“东方红”2 号提高了 3 倍和 2 倍。第一颗“东方红”2 号甲于 1988 年 3 月 7 日发射，并成功定点于东经 87.5 度的赤道上空。第三代中等容量通信卫星“东方红”3 号于 1996 年

发射成功，它拥有 24 个转发器，大大提高了通信能力。

气象卫星对于国民经济有着举足轻重的作用。20 世纪 70 年代后期，上海卫星工程研究所开始研制“风云”系列气象卫星。“风云”1 号是一颗太阳同步轨道气象卫星。卫星本体呈六面体，在主体外侧各有三块太阳能电池板；主体连同电池板共高 1.67 米，总长 8.6 米。1988 年 9 月 7 日，第一颗“风云”1 号卫星由“长征”4 号火箭发射升空。1989 年 9 月 3 日，我国从太原卫星发射中心又发射了第二颗“风云”1 号试验气象卫星。

中国“神舟”3 号飞船正在发射之中

从 20 世纪 90 年代到 21 世纪初，中国还研制并发射成功静止气象卫星“风云”2 号，第三代通信卫星“东方红”3 号，第一代资源卫星“资源”1 号和导航卫星“北斗”1 号。“东方红”3 号是一颗中等容量通信卫星，星上有 24 个转发器。“风云”2 号是一种同步轨道气象卫星，其技术性能和遥感能力都有较大的提高。由于处在同步轨道，“风云”2 号观测的范围将比“风云”1 号有很大的增加。1997 年，“风云”2 号气象卫星发射成功。两颗资源卫星在 1999 年和 2000 年发射成功。这些卫星的研制成功对我国的通信、气象、经济、社会和科技事业产生了极大的影响。

通信卫星传播信息

利用人造卫星实现远距离通信，是航天技术的重要应用之一，也是目前产生社会和经济效益最大的应用卫星。因此，各国都十分重视通信卫星的研制和使用。没有能力研制卫星的国家，也通过购买或租用国外卫星转发器开始了卫星通信。

每当你坐在家里，收看远在意大利的意甲比赛直播画面，或者手按遥控器从五六十个电视频道中选择你喜爱的节目，千万不要忘记有好几颗远在地球赤道上空 36 000 千米高的通信卫星在默默地为你担负着电视信号传递工作。在今天，尽管大部分人都没有见过通信卫星，但可以肯定地说，如果突然没有了通信卫星，不但人们的生活将变得非常单调，甚至社会的正常运行都成问题。那么通信技术是怎样一步步发展的，通信卫星又是怎样成为现实的呢？

国际通信卫星 7 号

自从 19 世纪末人类发明了电话和电报，远距离快速通信才成为可能。最初，人们只能通过有线的方式实现电话和电报传输，也就是有线通信。有线通信需要架设远距离通信线路，耗资惊人。电磁学的发展，诞生了另一种通信方式——无线电。利用无线电通信，可以不需要通信线路，但这种方式也有问题。我们知道，无线电波是直线传播的，由于地球表面是圆弧状，距离较远处就收不到信号了。解决这个问题的办法是建设很多地面信号中转站，以 30～50 千米的间隔接力式传递信号。这样做耗资大不说，如果遇到浩瀚的大洋就更麻烦了。为了实现跨大洋通信，人们曾寄希望于海底电缆，等于又回到了有线方式。早在 1858 年，人们就开始尝试建造海底电缆。1956 年终于建成了横跨大西洋的海底电缆 TAT1。这条电缆耗资达 2 500 万美元，但通话能力很低，只能同时进行 36 对双向电话通话。于是后来又陆续建成了从 TAT2 到 TAT5 大西洋海底电缆。TAT5 虽能进行 720 对电话通话，但仍然跟不上急剧增长的越洋通话的需要。

看来，无论是地面台站接力式的无线通信方式还是海底电缆的有线通信方式，都无法满足日益增长的对信息传播的需求。那么进行远距离通信还有什么方法呢？

俗话说：站得高，看得远。地面台站架得越高，通信距离越远。有人计算过，如果要实现跨大西洋通信，地面台站天线的高度至少应是640千米。这显然是无法实现的。然而人造卫星发射成功，可以将通信天线"架"到数百甚至上万千米的高度上，从而为实现远距离通信创造条件。这种专门用于信息传递的卫星就是通信卫星。

1960年8月12日，美国发射了"回声"1号气球卫星。它是一种用聚脂薄膜做成的大型反射式气球，于1960年8月18日首次进行了图像转播实验，取得了成功。8月22日，美国又利用它首次进行了跨大西洋的通信实验，也取得了很大成功。1962年4月24日，"回声"1号首次成功地进行了电视传输实验，成为世界头条新闻。

第一颗真正的通信卫星是美国于1962年7月10日发射的"电星"1号。它是一颗实验卫星，星上装有简单的无线电通信中继装置和太阳能电池。两个星期后，欧美第一次实现了横跨大西洋卫星直接通信。后来发射的低轨道通信卫星"电星"2号也取得了很大成功。

国际通信卫星8号

低轨道通信卫星在使用上有很大不便。第一，"站"得还不够高，因而信号传递的距离就不够远；第二，卫星的位置相对地面台站不断变化，经常转到了另一面，无法实现连续的信号传输。解决上述问题的办法是将轨道抬高，并设法保持卫星在某一点"不动"。研究表明，将卫星发射到地球赤道上空36 000千米高的圆形轨道上，并使其以每秒3.07千米的速度运行，就可以使卫星相对于地面上的一点保持不动。这条轨道就是地球静止轨道。显然，静止轨道卫星对通信十分有利，而且它能够覆盖高达40%的地球表面。如果在静止轨道上均匀布置三颗通信卫星，就可以实现全球通信。

大运载能力运载火箭的出现，使发射静止通信卫星成为可能。1963年2月14日，美国用"雷神-德尔它"火箭发射了"辛康"1号通信卫星。7月26日，美国又发射了"辛康"2号通信卫星，进入大西洋上空的同步轨道。由于轨道倾角是28度，所以它相对地面并非静止，而是走一条8字形路线。1964年8月19日，美国把"辛康"3号卫星发射到静止轨道，使之成为第一颗真正的静止通信卫星，并利用这颗卫星成功地转播了东京奥运会的实况。

尽管美国的几颗早期同步通信卫星不很完善，但在通信实验中已显示出巨大的应用价值。1964年，在一些西方国家的倡议下，成立了国际通信卫星组织。1965年4月6日，国际通信卫星组织发射了国际通信卫星1号"晨鸟"。当年这颗卫星可进行240路的电话商业服务。此后近40年，国际通信卫星组织先后发射了国际通信卫星2～9号，共有80颗以上。每一代的性能都大幅度提高。例如1980年发射国际通信卫星5号重1 000千克，有2路电视频道，12 000多条话路。2001年发射的国际通信卫星9号共有56个转发器，寿命高达14～19年。

国际通信卫星9号

随着卫星通信技术、数字技术和计算机技术的发展，一方面由于卫星功率和地面接受灵敏度的不断提高，卫星通信较高频段的开发应用以及卫星天线方向性的改善，使得小型地面接受装置，甚小孔径通信终端，即VSAT得以出现。1984年，美国首先开始运行VSAT网，成为卫星通信的一个全新发展方向。VSAT通信网可在各个领域获得广泛应用，如交互式计算机通信；各种信息数据的发送、接受和交流；银行金融结算；电视会议以及电视教育；商品交易和定货；移动通信、电子邮件、股票交易、自动出纳等等。

大功率转发器技术的进步以及VSAT技术的成熟，使电视直播卫星投入实用成为可能。电视直播卫星是卫星把电视信号直接送到用户接收机上，无须经过地面台站的转发，这对于提高接收质量、方便移动用户和边远地区用户十分有利。美国在1974年发射成功ATS－6通信卫星，首次实现了直接电视广播和双向视频通信。20世纪80年代中期以后，欧洲和日本也开始发展电视直播

卫星和建立直播卫星电视系统。用户只须使用45厘米天线和小型接收装置就可直接收看卫星发送的新闻、体育、娱乐和信息服务节目。进入90年代,随着数字视频压缩技术的成熟,卫星传递信号容量大幅度增加。一颗带有32个转发器的卫星可以转发128套电视节目或256部电影。这一技术使人们通过直播卫星看到上百套电视电影节目成为可能。1993年12月18日,美国发射了第一颗商用电视直播卫星,1994年又发射了第二颗。这两颗直播卫星可为用户提供175套电视节目,使卫星电视直播进入了一个新时期。

美国洛克希德-马丁公司研制的“亚洲通信卫星”2号

人们将当今的时代称作信息时代,信息时代需要先进的信息传播手段。通信卫星就是一种革命化的信息传播工具,它使人类社会、经济、文化和人们的生活方式发生了革命性变化。通信卫星能够产生巨大的经济效益,应用通信卫星可产生直接效益、二次效益和三次效益,最终可以将它产生的效益放大甚至800倍。

铱星移动通信卫星星座

卫星通信的发展能够促进社会整体通信产业的发展。利用通信卫星建立通信系统,具有建设周期短、投资少、不受或较少受地理条件的限制的优越性,是其他任何通信手段无法相比的。举例来说,要建设西藏与成都间、新疆与兰州间的电话通信系统,若用铺设电缆的方法需要投资10亿元,如果采用通信卫星,投资不到1亿元,而且建设周期短、覆盖面积大、通信效果好。通信卫星还会产生无法估量的社会效益。以卫星电视教育来说,它可以解决边远地区师资缺乏、教育设施差的问题,对普及教育和培养师资都有很大的作用。通过卫星开展电视教育,可以对广大农村和边远地区进行文化和科技知识教育,对于农业经济的发展起到巨大作用。一句话,通信卫星为教育、医疗、文化、经济、社会带来了一场深刻的变革。

气象卫星测云卜雨

气象卫星对于气象观测、天气预报、大气研究和环境监测都具有十分重要的意义。目前,许多国家都有了气象卫星观测系统,其他国家也通过接收气象卫星云图而实现了气象卫星的应用。

电视播出的天气预报是收视率极高的节目。气象观测和天气预报与国民经济和人们日常生活息息相关。由于气象与农业、自然灾害预防、交通运输、人们日常出行都有密切关系,因此气象研究和预报在古代就引起了人类的高度重视。中国古代劳动人民根据长期的观察和经验积累,总结出许许多多预报天气情况的农谚,像“天上勾勾云,地下雨淋淋”,“蚂蚁搬家,大雨哗哗”等等。但是,天气的变化是复杂的,太阳、海洋、河流、湖泊、山脉都会影响天气。有一个十分形象的说法,在南美热带雨林一只蝴蝶扇动一下翅膀,几天后可能会给西欧带来一场大雨。这个说法虽然夸张,但却道出了这样一个实际情况:细小的因素也会给天气带来重大影响。

美国诺阿-K极轨气象卫星

每天的天气是怎样变化的呢?气象学家认为,天气变化取决于大气扰动的发展和运动。地球只有一个大气层,大气扰动的范围极大,从几百乃至数千千米,而且在一昼夜间,大气扰动的影响可扩展到上千千米。预报一个地区的天气情况,就需要对周围广大地区的大气状况进行监测,范围上万平方千米。如果要进行几天后天气的预报,则需要半个地球的气象信息。如果预报时间再长,则必须依靠全球气象资料。这么多气象信息从哪里来呢?

以前的办法只有一个,就是在全球范围内建立地面气象观测站。为了研究天气,全世界已建成成千上万座气象站,单单我国就有2 360多个。这些观测站日复一日地监测着大气,对气压、气温、水汽、云量、风速进行测量。地面观测站能够获得一定数量的气象信息,但无法覆盖更大的范围。地球表面实在太大

了，高山、高原、戈壁、极地，占地球表面三分之二的广博的海洋，那里根本不可能建设观测站。气象资料大量空缺，使气象研究和天气预报所依据的数据和资料不充分，难以做到及时准确的预报。

20 世纪 50 年代初，火箭事业的发展以及发射卫星进行科学探测的倡议，使人们进一步设想利用卫星进行气象观测。1959 年 2 月 17 日美国发射了“先锋”2 号卫星，卫星上装有望远镜和光电管，计划对经过区域的云层进行拍摄。由于设备没有控制好，没有获得云层信号。1959 年 8 月 7 日发射的“探测者”6 号卫星终于拍摄到一片月牙形地球和墨西哥上空的云图。1960 年，美国航空航天局研制出第一颗气象卫星“泰罗斯”1 号，并于 4 月 1 日发射成功。“泰罗斯”是英文“电视与红外观测卫星”的缩写。它用电视摄像机拍摄地表及云层图像，研究这些图像用于天气预报的可能性；用红外探测器测量大气热辐射及温度。它在运行期间，共拍摄了 23 000 张云层照片，显示了卫星进行气象观测的可行性和巨大价值。此后一个时期，气象工作者便利用云图与实际的天气系统变化进行对比，形成了一系列判读云图的原则，例如把云图上的云按亮度、构造、颜色、高度、外形、大小来划分。这些工作为卫星气象学奠定了重要基础。从 1962 年 4 月 15 日起，美国正式利用云图分析进行天气预报了。

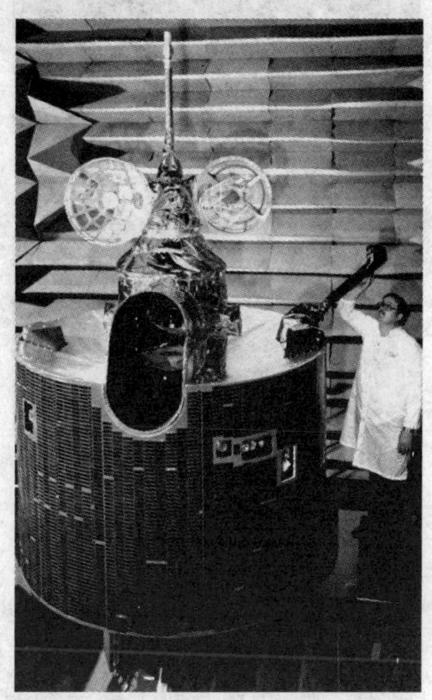

美国 GOES－D 静止气象卫星

到 1964 年，美国又发射了“泰罗斯”2 号到“泰罗斯”8 号卫星，取得了很大成就。“泰罗斯”2 号用于勘察海上浮冰。“泰罗斯”3 号则用于搜索飓风。这颗卫星不负重望，从 1961 年 7 月到 1964 年 12 月，它向全世界发出了 1 000 多次风暴预警，预报了 118 个飓风，避免了无数财产和生命损失。袭击美洲大陆的卡拉号飓风是少有的大飓风。由于“泰罗斯”3 号在 3 天前就准确作出了预报，受威胁地区的居民得以及早疏散，使生命财产损失出奇的小。有人估计，“泰罗斯”3 号在工作期间至少避免了几十亿美元的损失。“泰罗斯”5 号更是被誉为“飓风猎手”。

1965 年 1 月 22 日，“泰罗斯”9 号发射成功。这个卫星进行了重大改进，一是相机能够连续发送拍摄的图片，世界各地的接收站都能接收卫星实时发送的云图，对及时进行云图分析和天气预报极为有利；二是卫星首次采用了太阳同步轨道，不但能够拍摄整个地球表面图像，而且能借同步的光获得最好的光照

美国“戈斯”号地球静止气象卫星拍摄的戴安娜号飓风图像

条件；三是定向技术得到改善，云图质量更高。

气象卫星的出现为气象观测提供了革命化手段。气象卫星观测的地域广阔、观测时间长、观测数据汇集迅速，因而能提高气象预报的质量，对长期天气预报更有重要意义。气象卫星所提供的气象资料广泛用于气象业务、气象科学、大气物理、海洋学和水产学的研究。1966 年，美国建成了“泰罗斯”业务卫星系统，提供全天全球范围的气象观测资料。该系统由两颗“艾萨”号气象卫星组成。1970 年 1 月 23 日，美国发射成功第二代气象卫星“艾托斯”1 号。它的观测能力相当于两颗“艾萨”号卫星。从 1970 年 12 月 11 日发射的第二颗“艾托斯”卫星开始，这个系列被重新命名“诺阿”。“诺阿”系列是国际著名的太阳同步轨道气象卫星系列。它们的观测能力、精度和寿命都迅速得到提高。它主要用于获得局部地区高分辨率卫星云图。

低轨道气象卫星和太阳同步轨道气象卫星观测精度高，但视野相对较小，预报的范围有限。20 世纪 60 年代中期，静止轨道气象卫星应运而生。1966 年 12 月 7 日，美国发射了第一颗静止气象卫星“应用技术卫星”1 号。70 年代中期，美国发展了第一代实用静止气象卫星“地球静止业务卫星”。卫星呈圆柱体，质量 294 千克，寿命为 3 年。它装有 40 厘米口径可见光和红外扫描望远镜，可见光和红外自旋扫描辐射仪。它能够通过对连续观测的云图进行数据处理，获得风速和风向的资料，并有较高的精度。卫星能昼夜观测云层运动，测定温度分布、云系和风速。静止气象卫星能够监视大范围天气系统的演变情况，极轨气象卫星则观测特定地区天气系统的细部，二者相互补充为气象研究和精确天气预报服

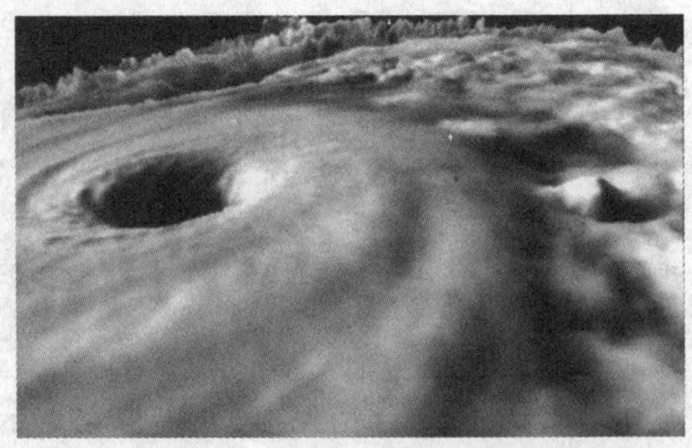

美国“泰罗斯 N”气象卫星拍摄的戴安娜号飓风

务。地球静止业务卫星共发射了 12 颗。它们为全球气象观测和各国气象预报事业做出了突出贡献。

苏联也发展了系列气象卫星，包括“流星”系列极轨气象卫星。欧空局自 20 世纪 70 年代开始发展静止气象卫星“欧洲气象卫星”，共计发射了 6 颗。1991 年，欧空局着手研制第二代静止气象卫星。日本也很重视气象卫星，自行研制了“葵花”系列静止气象卫星。印度也自行研制了多用途气象卫星。中国气象卫星包括两大系列：“风云”1 号极轨气象卫星和“风云”2 号静止气象卫星。

美国诺阿-M 极轨气象卫星

气象卫星是对地观测卫星中十分重要的一种。日常气象预报是气象卫星的基本功能之一。气象卫星资料还可用于数值预报、中长期天气预报和气象科学研究。它还可广泛用于地球环境的动态监测，服务于森林火灾监视及洪涝、农业病虫害、作物产量、渔业、海冰、泥沙等监测。卫星图像可以监视海冰情况，对远洋运输至关重要；卫星图像可以监测河口泥沙，对航运、水利、港口的建设和发展十分重要；卫星图像还可用于监测土壤温度、地表温度、高原积雪、沙尘暴、城市热岛、地震前兆、森林虫害、地质构造、海洋水色、环境污染等，对科技、经济、环境以及人类生活各方面都有深刻的影响。

资源卫星探矿寻宝

资源卫星主要用于勘查地球资源，还可以用于环境监测、海洋监测、农作物监测等，是经济效益仅次于通信卫星的应用卫星。

资源勘测和军事侦察似乎是风马牛不相及的两回事儿。然而，在应用卫星的发展过程中，它们二者联系得异常紧密。从技术上讲，它们可以说是一对亲兄弟。早在第二次世界大战期间，军事部门非常关心的一个问题是透过伪装弄清里面藏着的军事装备。例如，在丛林中，坦克和大炮等装备被用绿色伪装掩盖着，怎样才能利用空中侦察把这些装备识别出来呢？

科学家们通过一些观察和研究发现，我们看到各种颜色是由于自然光并非单一频率造成的。如果对两个红色目标进行拍摄，并在镜头前放置滤色镜，就会发现两个目标的颜色是有差异的——一个可能红中微微带黄，另一个可能是红中微微带蓝。这些微小的差别人的肉眼分辨不出来，但在滤色镜和感光片下，差别就显现出来了。

美国陆地-4号地球资源卫星

科学家们由此又进一步设想，如果用感光范围更宽，包括红外的感光片进行拍摄会发生什么情况呢？红外线是人眼看不到的，但底片上能显示出来。美国加州大学教授科威尔首先进行了研究。他所关心的问题是导致小麦、谷物大量减产的病害。他十分惊奇地发现，原来难以区分的健康植株和受害植株在底片上很容易区分，因为后者的颜色带有暗黑色。

这个发现首先引起军事部门的注意。既然用红外底片可以区分健康的和染病的植物，也一定能够区分有机物和无机物。情况正是如此，用红外底片拍摄，不同的植物会显示出色调不同的红色，把底片制成相片，得到的不是普通彩色照片，而是一种假彩色片。在假彩色片上，死了的植物呈现黑色，健康植物则是红色，无机物呈现蓝色。

这个重大发现为军事部门进行空中侦察、揭露伪装提供了可能。利用红外照片，可以将隐蔽在丛林中的武器装备轻易识别出来，因为这些装备在假彩色

片上是蓝色，而森林植物是鲜艳的红色。越南战争时期，美国利用这项技术发现了许多隐蔽在丛林中的道路、重武器和暗堡。红外探测于是成为军事侦察中非常重要的技术手段，得到日益广泛的应用。美国在研制侦察卫星过程中，红外探测器是十分重要的侦察设备。

上述发现说明了这样一个事实，大自然中的任何物质，不论是有生命还是无生命，都以它们自身特有的方式发射、吸收和反射电磁波辐射，从而给出不同物体特有的频谱"标记"，这种特有规律在物理学上称物体的光谱特性。也就是说，大自然物质有它自己的"指纹"。如果把这些"指纹"记录下来，并进行详细识别，那么就有可能揭示出大自然的许多奥秘——包括植物生长、矿藏、海洋、江河以及人类的活动等各方面信息。对于金属矿藏，它虽然深埋在地下，但由于金属受太阳照射会辐射出热量，春天表层积雪会将这个特性反映出来。这些认识形成了遥感技术的基础。

美国陆地-7号地球资源卫星

对地球资源进行观测，必须掌握大量的不同资源的信息特征即光谱特性，也就是说要首先建立大自然的"指纹库"，以便能够识别资源照片上的不同资源。从20世纪60年代中期开始，美国科学家开始有意识地进行这项工作。首先要弄清的是不同物质在光照下的"指纹"特征，其次是找出这些指纹在哪些波段下的差别最大。研究、测量的物质包括岩石、沙土、植物，得出了许许多多"指纹"，然后又到野外进行实地测量，搜集自然状态下不同物质的电磁波反射特性。这样，"指纹库"规模越来越大，并不断更新。将红外探测仪器安装到卫星上和载人飞船上进行检验表明，这个思想确实是可行的。与此同时，航空测绘实验工作也在进行，得到的照片与地面照片对比，并进行修正。到60年代末，科学家从空中和太空鉴别各种植物的准确性可达95%，生长情况、庄稼收成、病虫害都能区分开来。

1972年7月23日美国发射了世界上第一颗地球资源卫星“陆地卫星”1号。它位于高度约920千米的圆形太阳同步轨道上，倾角99度。1975年1月22日，美国又发射“陆地卫星”2号。这两颗卫星承担起了对地观测和资源勘探的任务。卫星上带有多光谱扫描仪、反波束光导管摄像机、宽频磁带记录仪和数据收集、转发系统。它们每天绕地球旋转14圈，每一圈观测或拍照的范围为一个185千米宽的条形带，第二天卫星轨道向西偏移159千米。经过18天后，卫星轨道又回到原来的地方，实现对同一地区重复拍摄。

美国“陆地卫星”拍摄的地表照片

“陆地卫星”显示了巨大的应用价值。它不但在找矿方面发挥了巨大作用，而且可以考察农业作物种类、生长状况、收成情况、地质结构、地质断层、岩石类型、土壤特性、地面含水线、地表水源分布、工业污染程度。1985年又开始研制新一代“陆地卫星”6号和7号。1993年，“陆地卫星”6号卫星发射升空。它的发射质量2 800千克，全色波段分辨率15米。

70年代后期，美苏等国又开始研制和发射专门用于海洋勘察的海洋资源卫星。美国1978年发射了“海洋卫星”1号，带有5种遥感仪器。它可以观测海水特征、海水漂移、水陆界面、海水波浪、海面温度和海风、海流、海冰岛屿等，也可以寻找鱼群，绘制航路和海底地形。

苏联在70年代曾研制和发射了几颗试验性地球资源卫星。1979年5月17日，发射了新一代资源卫星“宇宙”1099号。“资源”系列和“钻石”系列是苏联资源卫星的代表。1986年2月法国发射了第一颗耗资4亿美元的地球资源卫星“斯波特”1号。这颗卫星分辨率10米，超过了美国的“陆地卫星”。它在运行期间，通过出售资源卫星照片，取得了可观的经济效益，每年可获利4 000万美元。1990、1993、1998年“斯波特”2号、3号、4号资源卫星相继发射成功，给法国带来很大的经济效益。

目前，国际上著名的资源卫星还有欧洲空间局几大成员国和加拿大联合研制的“欧洲遥感卫星”1号和2号，日本的“芙蓉”号、先进地球观测卫星和热带降雨观测卫星。印度也对遥感卫星极为重视，研制了两代资源卫星。中国发射的

返回式卫星也兼有资源勘测任务，在农业、渔业、环境、林业、矿业等方面取得了大量有价值的遥感资料。中巴合作研制的“资源”1号”和“资源”2号卫星分别于1999年和2000年发射成功。

地球资源卫星的应用范围十分广泛，已远远超出了“资源”这一范围。在农业方面能够估计作物的产量、估计土壤含水量、早期预报病虫害、报告森林火灾、野生动物调查、渔业探测等；在环境监测方面能够调查内陆水资源、监视海岸侵蚀、进行地震和火山探测、地理绘图和地质学研究、大气流以及海湾污染调查、臭氧层监视等；在矿物调查方面，能够通过岩石的光谱特征和地形的类型来识别矿物种类和储量、对地下能源进行查明和估计贮量、勘察海洋石油资源等。地球资源卫星至少有40种以上不相重复的用途，目前已形成了仅次于通信卫星的第二大航天产业，社会与经济效益十分明显。

侦察卫星明察秋毫

侦察卫星是一种军事卫星，是苏联、美国和法国等国十分重视的应用卫星，发射的数量达上千颗。这种卫星对于侦察别国的军事设施具有十分重要的意义。

卫星站得高，看得远，利用卫星进行侦察是自然而然的想法。20 世纪 50 年代末，为了全面了解苏联的导弹和核武器状况，美国开始研制侦察卫星。利用卫星进行侦察有许多好处。第一，卫星位于几百千米高的轨道上，视野广阔，一张卫星照片可覆盖几千甚至几万平方千米的区域；第二，卫星运行速度快，能在短时间内对广大地区进行侦察，采用特殊轨道其侦察范围可覆盖整个地球。第三，卫星在轨道上运行不受领土和地理条件限制，大大优于其他侦察手段。正因为如此，照相侦察卫星受到美国和苏联的高度重视，至今已发展到第六代，发射总数达上千颗。

美国"日冕"系列照相侦察卫星相机

1959 年，美国中央情报局制定了"发现者"侦察卫星计划，旨在进行综合性军用侦察试验。"发现者"卫星头 11 次发射均未成功。在进行两次试验发射后，1960 年 8 月 18 日发射的"发现者"14 才首次成功地在空中回收了胶卷暗盒。从照片中，判读辨认出苏联东北部的一个军用机场，初步显示了卫星照相侦察的重大意义和潜力。这一成功导致美国空军和中央情报局于 1960 年 8 月 25 日联合成立一个专门组织来管理美国的空间侦察计划。这个组织后来改称美国国家侦察办公室。这是一个绝密组织，神秘的面纱笼罩了长达 30 年，直到 1992 年美国国防部才首次正式承认这个组织的存在。

侦察卫星最初被混在"发现者"卫星中。后来当卫星侦察技术逐步成熟后，美国中央情报局又制定了绝密的"日冕"侦察卫星计划。这期间，共计发射了试验型和实用型侦察卫星 144 颗，成功 102 颗，回收了 165 个胶卷盒。"发现者"侦察照片的分辨率从最初的仅 15 米提高到后期的 1.5 米，对掌握苏联和其他

国家的战略军事部署立下汗马功劳。

早期卫星发射成功率很低。1960 年 8 月 18 日发射的“发现者”14 号首次在空中回收了胶卷盒。它拍摄的侦察胶片长达 1 080 米，覆盖面积约为苏联国土面积的五分之一。从“发现者”D16 号开始，卫星换装 HK－2 相机，长度和质量有所提高，侦察分辨率提高到 9 米左右。在此后，有的开始使用新型KH－3相机，侦察分辨率进一步提高到 4～6 米。第一颗高分辨率侦察卫星是 1961 年 8 月 30 日发射的 D29。到 1962 年 1 月 13 日为止，“发现者”B 系列共发射了 6 颗，其中 4 颗成功。

从“发现者”D38 号开始，美国侦察办公室将侦察卫星称为“锁眼”号。其中“锁眼”4 号最大特点是安装了两架成 30 度角的相机，从而可获得目标的高度信息。

从 1963 年 8 月开始，由于换装新的相机，产生了 HK－4 的改进型KH－4A和 KH－4B 侦察卫星。它的长度有所增加，总质量大致不变，分辨率提高到 3 米。KH－4B 质量提高到1860 千克，分辨率提高到 1.5 米。其主要特点是安装了太阳能电池，相机带有滤光镜，并能选择目标进行曝光；寿命也增加到 19 天。两种卫星共计发射了 69 颗，最后一颗于 1972 年 5 月发射。

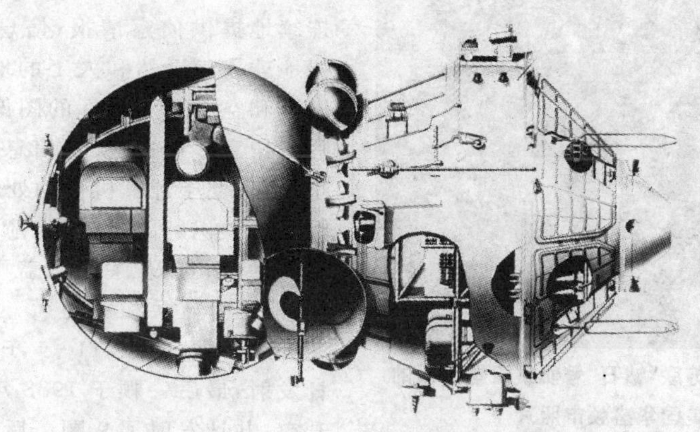

苏联“钻石”号照相侦察卫星

美国空军研制的“锁眼”7 是第一种真正的“详查”型照相侦察卫星。在运行期间，变轨发动机可使其近地点降到 137 千米，因而分辨率进一步提高，达到 0.5 米。自 1963 年 7 月 12 日首次发射到 1967 年 6 月 4 日为止，前后共发射了 38 颗。KH－7 执行的重要任务之一是侦察苏联 SS－7 和 SS－8 洲际导弹的部署情况，监视反弹道导弹基地。

“锁眼”8号是美国第三代“详查”卫星。卫星长度和质量进一步提高，照相机口径1.14米。它的轨道最低点仅有135千米，分辨率可达0.15米，寿命超过50天。到1984年4月，KH－8号估计共发射了53颗。它与第三代普查型卫星HK－4B搭配使用。

20世纪70年代初，美国研制成功著名的“大鸟”号第四代侦察卫星，将普查和详查合二为一，并用电子传输方式发回侦察信息。主要侦察设备是两台照相机。详查相机的焦距长达2.44米，分辨率高达0.15米。除可见光照相机外，卫星还装有红外摄像仪、红外扫描仪、多光谱摄像机等，可获得更多的侦察信息，包括动态信息，如机场的繁忙程度，哪些飞机发动机正在工作着，哪些刚停机不久，停机坪上飞机飞走的次序等。到1986年4月，该卫星共发射了20颗。

苏联“钻石”号侦察卫星拍摄的美国华盛顿市照片

美国第五代照相侦察卫星是“锁眼”11。它吸收了“大鸟”的技术成就，也有重大改进。卫星上侦察设备的最大特点是：用光电侦察设备CCD取代了以往各代采用的传统胶片式照相侦察设备，可以提高获得信息的速度，达到实时侦察的目标。CCD相机除具有红外扫描仪和多光谱扫描仪的特长外，还有其自身的特点：时效性好，能及时、准确、连续地提供侦察情报；信息量丰富，能够获得地球表面天然和人工的地形、地物、地貌、海上和空中各类目标的图像信息，比普通照片的信息多得多；获得信息受环境条件影响小；信息便于计算机自动处理。“锁眼”11号能全天候识别出导弹、火箭、火车等目标；能揭露伪装；能从森林掩盖下识别出人工物体；能区分士兵和平民。

第一颗“锁眼”11－1于1976年12月19日发射，最后一颗于1988年11月6日发射升空，共计发射了9颗。后3颗卫星在海湾战争中立下很大功劳。据称它的分辨率可达0.15米。

在KH－11卫星基础上，美国又研制了“锁眼”11照相侦察卫星。它装有改进型大功率反射式望远镜，镜面直径约3.8米，镜头焦距2.4米。为防止大气层引起的畸变，上面安装的自适应光学仪器可以改变反射镜的表面形状，校正图像。卫星上还装有对红外线特别敏感的热红外成像仪和电子侦察设备。它的低轨道分辨率可达到4.17厘米，实际分辨率也达10厘米，可识别出导弹上的部件。第一颗“锁眼”11于1989年8月8月由“哥伦比亚”号航天飞机发射成

功。第二颗于1990年2月28日由“亚特兰蒂斯”号航天飞机发射。此后,发射任务改由“大力神”Ⅳ火箭在西部的范登堡空军基地发射。

美国还研制了作为“锁眼”11补充的雷达侦察卫星“长曲棍球”。它除能全天候工作外,还可以揭露伪装,进行大面积高分辨率侦察,侦察方式相当灵活。

苏联从1962年开始发射照相侦察卫星,频率很高,初期平均每年达30多颗,至今已发展了五代以上。总的来讲,苏联的侦察卫星比美国晚一代,卫星分辨率、寿命等指标比美国同一代卫星差。由于寿命低,苏联用增加发射数量的办法弥补。目前,俄罗斯侦察卫星发射数量大大降低,并采取三代共用的方式。此外,法国、以色列都发射了自己的照相侦察卫星。

电子侦察卫星主要用于监视敌方军事通信、雷达等情报。美国电子侦察卫星共发展了三代,第一代是“发现者”;第二代是“流纹岩”;第三代是“大酒瓶”号,是当今最先进的电子侦察卫星。卫星上装有全波段无线电接收机,可监听和分辨所有频率的信号。为了监听全波段通信信号,它采用了两副大口径碟形天线,直径达22.5米。一副用于接收雷达、通信和无线电频率变化等电子信号,一副用于向地面接收站回送信号。它的首要任务是截获苏联导弹试验的遥测编码信息,其次是监听雷达信号及其他微波通信、无线电通信甚至步话机的信号。

1985年1月25日,“发现”号航天飞机飞行时将第1颗“大酒瓶”卫星送入近地轨道,然后卫星利用上面级发动机推进,进入地球同步轨道。估计这种卫星共发射了4～5颗。

照相侦察卫星和电子侦察卫星不愧是太空中的“千里眼”和“顺风耳”。在几次局部战斗中,侦察卫星获得的情报都派上了大用场。美国和苏联利用侦察卫星情报,作为外交谈判和削减核武器谈判的筹码,发挥了不可替代的作用。另外,照相侦察卫星与资源卫星非常相似,美国政府已决定将早期侦察卫星拍到的照片公开发售,以获得很大的经济效益。

导航卫星太空指南

利用导航卫星可以获得重要的用户地理位置信息，因而用途十分广泛。导航卫星对于地理学研究、地质勘探、铁路线选线等都有很大价值。

指南针是中国古代的四大发明之一，它的主要功能是辨别方向，引导人们走出迷途。所以指南针很早就成为远洋航海的导航装置。后来，科学家又发明了许多导航仪表，包括无线电导航仪、陀螺导航仪。卫星时代，又出现了一种全新的导航系统——卫星导航系统。

导航卫星为地面、海上、空中和空间用户提供导航定位参数，可作为飞机、潜艇及舰船导航的专用卫星。这些用户为了准确航行到达目的地，必须时时刻刻了解是否运行在正确的航线上，包括经度和纬度，有时还需要知道速度方面的信息。导航卫星能够提供各种运输工具所需要的导航信息。随着应用的深入，人们发现导航卫星还能用于提供精确的定位信息，从而大大扩展了导航卫星的应用领域。

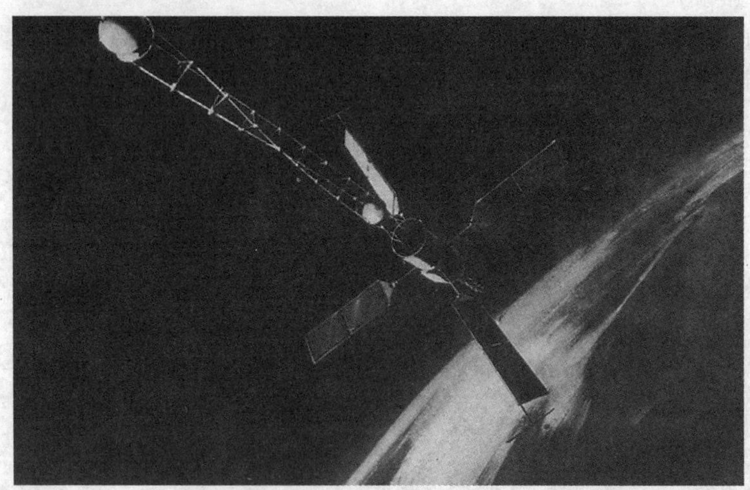

美国“子午仪”导航卫星

定位常常是军用系统和民用系统需要解决的重要问题。飞船和返回式卫星在回收时，需要及时发现精确落点位置；舰只在茫茫大海上航行需要知道自

己的位置；发射洲际导弹需要时时跟踪它的位置、方向和速度；坦克部队在沙漠上行动需要知道自己的方位；士兵在丛林中执行任务时要经常确定自己的位置；为保证运钞车的安全，银行也要通过实时确定它的位置和路线，进行安全监视。导航定位系统卫星可以满足不同用户的复杂定位要求，可为飞机、舰船、坦克、步兵、导弹、低轨卫星和各种民用用户提供全天候、连续、实时、高精度的位置、时间和速度的精确信息。导航卫星是太空中的指南针，但已远远超出了“指南”的作用。

导航卫星上装有专用的无线电设备和测距仪、计时器。用户接收卫星发来的无线电导航信号，通过多普勒测速或时间测距分别获得用户相对于卫星的距离或距离变化率等导航参数，并根据卫星发送时间、轨道参数求出定位瞬间卫星的实时位置坐标，从而定出用户的地球（二维或三维）位置坐标和速度矢量分量。在实际应用中，通常由几颗卫星组成导航卫星网，具有全球和近地空间的整体覆盖能力。这意味着世界各地用户都能依靠导航卫星进行导航定位。

美国 GPS 全球星导航定位系统第二组卫星

20 世纪 50 年代末，美国海军为了解决“北极星”潜艇执行长期任务的导航问题，提出研制“子午仪”导航卫星的计划。第一颗“子午仪”卫星于 1959 年用侦察兵火箭发射失败。1960 年 4 月 13 日，第二颗“子午仪”1B 卫星发射成功。1963 年 12 月，实用型“子午仪”卫星发射成功。

“子午仪”卫星采取组网形式，由 6 颗卫星组成，分布在 6 个等距极轨道平面内。轨道高度多为 800 千米的圆轨道。1967 年，组网工作完成，这个导航卫星网被命名为“海军导航卫星系统”。到 1968 年，“子午仪”卫星共发射了 23 颗。利用“子午仪”卫星，用户每隔 90 分钟定位一次。通过用户接收机上的计算机进行计算，每次定位需要 8～10 分钟，定位精度约 80～100 米左右，双频接收机导航定位精度可提高到 15～25 米。

对高速飞行的飞机、运载火箭，“子午仪”系统就显得不够了。一方面定位间隔太长，对高速运动的用户定位极为不利；二是精度低；三是只能提供二维定位信息，不能提供用户高度信息；四是不能给出用户的速度信息。这些问题导致美国后来又发展了全新的“导航星”全球定位系统，就是常说的 GPS 系统。

“导航星”全球定位系统是美国国防部 20 世纪 60 年代提出研制的系统，目的是为美国陆海空三军提供统一的全球性精确、连续、实时的三维位置和速度的导航和定位服务。"导航星"全球定位系统共由21颗实用卫星和3颗备用卫星组成，采取中高轨道，均匀分布在6个轨道面内，高度约2万千米。导航星上的主要专用设备有：高稳定度原子钟、导航电子存储器、双频发射机等。用户只要配有合适的接收机和数据处理设备，就能同时接收4～6颗卫星发送的导航信号，并根据信号传送时间，计算出用户的精确位置。它的定位精度在16米以内；测速精度优于0.1米每秒；计时精度优于120毫微秒，300万年误差仅1秒。这个系统可为飞机、舰船、坦克、步兵、导弹及低轨卫星等提供全天候、连续、实时、高精度的三维位置、时间和速度的精确定位信息。

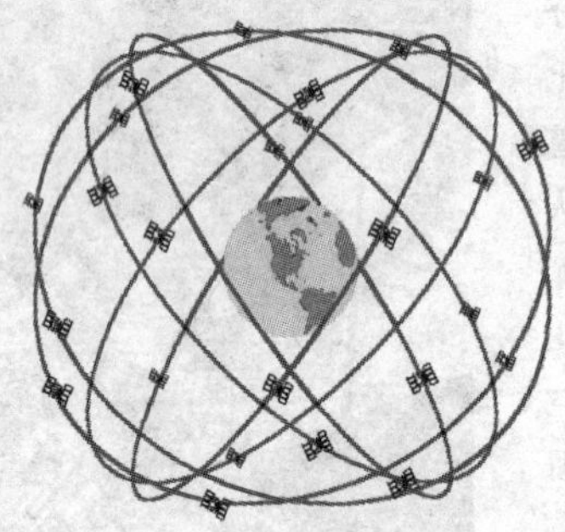

美国GPS导航卫星星座

1978年2月22日第一颗"导航星"由"宇宙神"火箭发射成功，到1993年10月26日，第21颗"导航星"在卡纳维拉尔角发射升空，标志着整个"导航星"全球定位系统已经建成。此后又发射了3颗备用星。从而使这项历时20年、耗资100亿美元的"导航星"全球定位系统全部建成。

"导航星"全球定位系统可实现24小时全球定位，导航定位精度大大高于"子午仪"卫星，每次定位时间也大大缩短，几乎可以"实时"显示用户的位置和速度信息，用户进行导航定位就像使用计算器一样方便。"导航星"信号编码分P码(精确码)和C/A码(粗捕获码)两种。精确码定位精度约为16米，而粗捕获码定位精度只有100米。向民用用户和外国开放的是粗捕获码。只有美国及其盟国的军事用户才能不受限制地使用精确码。中国只能接收到粗捕获码，精度较低。可以采取建差分台方法，将定位精度提高到几米。

"导航星"全球定位系统不仅为美国三军提供导航服务，而且也可用于民用和移动通信服务。20世纪90年代后，许多国家有大量公司在开发不同用途的"导航星"全球定位系统接收装置，应用领域遍及社会经济各个方面，GPS的开发和应用已形成前景十分广阔的技术产业。除用于飞机、舰船、导弹等的导航定位、战术导弹制导外，还可用于航天器定位、全球授时、地形测绘、地质勘探、资源调查、城市规划、国界测定、海岛与礁石联测、山体测高、测量板块和地壳运动、地震探测、交通管制、工程建设等。鉴于GPS系统取得的巨大成功，美国还计划对其进行改进和扩充，计划研制和发射51颗新的导航卫星组成规模更大、应用更广的"导航星"全球定位系统。

苏联的早期导航卫星使用与“子午仪”卫星完全相同的方法，所用频率也相同。1967 年 11 月，苏联发射了第一颗导航卫星“宇宙”192 号。卫星质量约 800 千克，运行在高度约为 1 000 千米、倾角 80 度的轨道上。经过近 5 年的试验，到 1978 年苏联建成由 3 颗卫星组成的第一个低轨道导航卫星星座。新一代中高轨道全球导航卫星网（GLONASS）分两阶段建设。第一阶段发射 10～12 颗卫星，到 1992 年 3 月 11 日组网完成。第二阶段将把该系统卫星数扩大到 24 颗星，包括 3 颗备用星。质量分 1 300 千克和 1 400 千克两种，轨道为 19 000 千米的圆形。1995 年 12 月 14 日俄罗斯发射了最后一组三颗“导航星”，这样全部 24 颗星都已发射。在标准模式下（相当于美国的粗码），定位精度为 50～70 米。

像美国的 GPS、俄罗斯的 GLONASS 那样的导航定位系统能够实现全球导航定位，但建设这样一个系统耗资极大，周期很长，一般国家无力承担。虽然其他国家可以免费使用美国的导航系统，但所能得到的定位精度不高，而且完全受制于人。1982 年美国几位科学家提出的双星导航定位概念可以以较低的费用，并在较短的时间建成这样一个系统。据估计，双星定位可使定位精度达到 10 米以内，而且这种方法还能将导航、定位和通信三者结合起来，因而大大扩大了应用领域。中国正在组建双星导航卫星系统。2000 年，两颗导航卫星“北斗”1 号和“北斗”2 号先后发射成功，试验运行表明，达到了设计要求。

深空探测造访行星

航天时代以来，苏联和美国发射了大量探测月球、金星、火星、木星、土星、天王星、海王星、太阳的深空探测器，对于深入了解太阳和行星具有十分重要的科学意义。

在地球上遥看天上的繁星，尽管它们是完全不同的天体，但除了亮度的差别外，肉眼看不出有何不同。望远镜的发明使天文观测有了全新的手段，但利用地面望远镜所能观察到的宇宙和星星的细节仍然十分有限，大气、尘埃、灯光成了探索星空奥秘不可消除的障碍。航天时代以来，天文观测有了全新的革命化手段。短短几十年间，利用行星探测器，科学家可以就近甚至直接登陆观测一颗颗过去可望而不可及的行星。现在，人类的创造物已飞出太阳系，正向宇宙深处漫游。天体和宇宙的奥秘正一个个向人类展示答案。

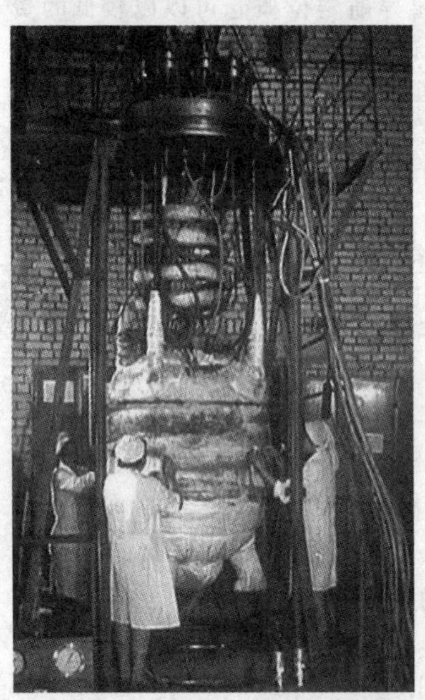

苏联“金星”7 号金星探测器

人类发射的第一枚探测器是月球探测器，尔后逐步开始发射金星、火星、外行星探测器。1958 年 10 月到 12 月，美国发射了 4 个“先驱者”号探测器，大都失败了。1959 年 1 月 2 日，苏联发射了月球 1 号探测器，取得了很大成功。它到达了离月球只有 5 000 千米的地方，测量了月球和地球的磁场、宇宙线的强度、太阳辐射以及星际分子等数据。9 月 26 日，这个探测器进入日心轨道，成为第一颗人造行星。9 月 26 日，苏联发射的月球 2 号探测器取得了极大的成功。它是第一个击中月球的人造物体，在撞到月面之前，向地球发回了有关月球磁场和辐射带的重要资料。10 月 4 日发射的月球 3 号探测器则第一次观察到月球神秘的背面，并拍摄到月球背面约 70%面积的照片，意义十分重大。

1961—1964 年，美国发射了 6 颗新型“徘徊者”号探测器。1964 年 7 月 28 日发射的“徘徊者”7 号不但成功地到达了月球表面，而且在击中月球之前，发回了 4 300 张精细清晰的月面电视照片。它在离月面 1 600 米拍摄的最后一张照

片的分辨率高达 0.4 米。后来美国又发射了“徘徊者”8 号和 9 号探测器，也取得了成功，它们为人类登月选择预定点做出了杰出贡献。

1966 年 1 月 31 日，苏联的月球 9 号终于实现在月面上软着陆。在 4 天的工作寿命期，月球 9 号发回大量关于月球的资料，包括着陆周围的全景图。1966 年 3 月 31 日发射的月球 10 号则成为第一个人造月球卫星，运行在 350～1 017千米的轨道上，对月球及周围环境进行了长时间的观测，获得了大量宝贵资料。1966 年 6 月 2 日，美国发射的“勘察者”1 号探测器才首次实现软着月。它在着陆后的 6 个月中，共向地球发回了 11 237 张照片。大量的月球科学探测和研究成果使人类对月球有了完整而真实的了解。在月球上看到的景象是：黑色的天空、蓝色的地球、明亮的星星和耀眼的太阳。它的表面一直承受着太阳风和流星体的轰击，经受着温度剧烈变化的侵蚀。总而言之，那是一个死寂的世界，没有任何生机。

美国“火星探路者”探测器的火星漫游车

1960 年 3 月 11 日，美国发射了第一个金星探测器，它创造了飞行距离 3 650 万千米的记录。但探测器上面的电池系统发生了故障，导致无线电系统通信中断。1961 年 2 月 12 日，苏联发射成功“金星”1 号探测器，于 5 月 20 日从距离金星约 10 万千米处飞过，最后进入了日心轨道。美国在 1962 年发射了两个“水手”号探测器，“水手”2 号于 12 月 14 日在离金星 34 800 千米处飞过。它发现金星没有磁场或辐射带，表面既干燥又焦热，温度可达 425 摄氏度，大气压力是地球的 20 倍。

1965 年 11 月 16 日，苏联发射了重 960 千克的“金星”3 号探测器。它于 1966 年 3 月 1 日首次击中金星，成为第一个到达另一个行星的人造物体。1967 年 1 月 12 日，苏联发射了“金星”4 号探测器，取得了极大成功。它在距离金星 45 000 千米的地方释放了一个直径 1 米的密封舱，利用降落伞进入了金星大气层，发回了距金星表面 25 千米高时的探测数据。

1970 年 8 月 17 日苏联发射了“金星”7 号探测器，成功地于 12 月 15 日首次实现在金星表面软着陆。它第一次获得了金星表面的数据：温度为 475 摄氏度，压力为 75～105 个大气压。1972 年，苏联又发射了两个金星探测器，其中“金星”8 号在金星表面软着陆成功，进一步对它的一些物理参数进行了探测。1975 年 6 月 8 日，苏联发射了重达 4 650 千克的“金星”9 号探测器。它由轨道舱和下降舱组成。10 月 22 日，它的着陆舱成功地在金星表面着陆，轨道舱则成为第一颗人造金星卫星。1978 年 5 至 9 月间，美国发射了“先驱者-金星”号探测器。1 号进入了环绕金星的轨道，详细研究了金星附近空间，用雷达探测了被大气迷雾遮掩的金星表面。2 号探测器在与金星相会之前 3 周，释放出 4 个锥形探测器，进入了金星大气，发回了 67 分钟的探测数据。苏联发射的“金星”11 号和 12 号也对金星进行了详细的研究和考察。

为了了解金星表面的全貌，美国研制了“麦哲伦”号金星探测器。这个探测器重 3.37 吨，主要仪器是一部合成孔径雷达。它的使命非常简单：对金星表面地理面貌进行全面测绘。1989 年 5 月 4 日，“亚特兰蒂斯”号航天飞机将“麦哲伦”号探测器发射升空。1990 年 8 月 10 日，“麦哲伦”号进入金星轨道，9 月 15 日开始了对金星表面的测绘工作。美国航空航天局根据发回的资料，绘制出第一张金星地图，包括金星表面立体图像。

美国航天飞机携带“伽利略”号木星探测器在轨道上释放

苏联从 1960 年开始，先后发射了 4 个火星探测器，均告失败。1962 年 11 月 1 日，又发射“火星”1 号火星探测器，也未能同火星相会。1964 年 11 月 28 日美国发射了“水手”4 号探测器，成功地飞过了火星，最近距离只有 1 000 千米。在这样近的地方观测到火星上布满环形山，那里没有运河，也没有水。它还第一次拍摄了火星表面的照片。1969 年初，美国发射了“水手”6 号和 7 号火星探测器，向地面传送了 200 张火星照片。

1971 年 5 月，美国和苏联共发射了 5 个大型火星探测器。“水手”9 号取得了很大成功，它进入了一条周期大约为 14 小时的火星轨道，成为第一颗人造火星卫星。这个探测器获得了大量关于火星的资料，共拍摄并发回了 7 000 多张火星和其卫星的照片。苏联这一时期发射的 3 个火星探测器有 2 个进入火星

表面。1973 年七八月间,苏联又发射了 4 个火星探测器,"火星"4 号在与火星相会前失灵,火星 5 号成功地进入了火星轨道,发回了一些数据。美国于 1975 年 8 至 9 月发射了两个海盗号火星探测器。着陆舱分别于 1976 年 7 月 20 日和 9 月 3 日在火星软着陆成功。它们在火星表面工作了 3 个月之久,发回了不少探测数据和照片,加深了人们对火星的认识。

1992 年 9 月 25 日,美国利用"大力神"Ⅲ运载火箭发射了"火星观测者"号探测器。然而,"火星观测者"没有达到火星就丢失了。1996 年 11 月 7 日,美国用"德尔它"2 号运载火箭发射了火星"环球勘测者"号探测器。它于 1997 年 9 月 11 日进入火星轨道,对火星大气、表面特性、湿度和矿藏进行了勘测。它还研究了火星地貌、重力场和表面组成。1996 年 12 月 4 日,美国又发射了"火星探路者"号探测器。1997 年 7 月 4 日美国独立日,"火星探路者"到达火星,开始了新一轮火星探测工作。7 月 7 日,美国航空航天局公布了它的一个重大发现:火星表面曾经有大规模的洪水。火星漫游车在探测器着陆点周围漫游,进行了大量科学探测,对火星环境、岩石和土壤进行了前所未有的考察和研究,获得了具有重要意义的新发现。

对木星、土星等外行星的探测进行得较晚。1972 年 3 月 3 日,美国用德尔它火箭发射了第一个外行星使者"先驱者"10 号探测器。它探索和研究的主要目标是木星。这个探测器带有 10 多种仪器。1973 年 12 月 3 日,到达整个旅途距木星最近处,约 13 万千米。在它掠过太阳系这颗最大的行星时,发送回来 300 张中等分辨率的木星和其卫星的照片。它还探测到木星的一些物理参数。"先驱者"10 号后来利用木星的巨大引力加速,向太阳系边缘的冥王星轨道飞去,于 1986 年 10 月通过冥王星平均轨道,因而成为第一个飞出太阳系的人造物体。1973 年 4 月 6 日发射的"先驱者"11 号于 1974 年 12 月掠过木星,最近距离只有 4.3 万千米。1979 年 9 月 1 日,"先驱者"11 号又从距离土星约 3.4 万千米处飞过,发回了关于土星两个巨大的光环的资料。由于所走过的路线不同,它很晚才离开太阳系,时间是 1990 年 2 月。

美国的"旅行者"号深空探测器

具有深远历史意义的是,这两个最早发射的外行星探测器都带有一张表明地球方向和大致特征的"名片"。上面画着地球人的形象、太阳系相对于 14 颗脉冲星的位置、地球的方位等信息。也许它们经过 800 万年的飞行后,将同某一颗具有生命的恒星及行星系相会。

1977 年 8 月 20 日和 9 月 5 日，美国发射了第二代“旅行者”1 号和“旅行者”2 号探测器，它们的主要任务是详细考察木星和土星，以及它们的主要卫星。“旅行者”1 号于 1979 年 3 月 5 日从距离木星 27.8 万千米处飞过，后又于 1980 年 11 月逼近土星。“旅行者”2 号于 1979 年 7 月 9 日在距离木星 64.3 万千米处掠过，于 1981 年 8 月 20 日靠近土星。由于这两个探测器性能优良，它们拍下了非常完美的木星、木星卫星、木星大气和旋涡照片，拍摄了土星、土星环及其卫星照片。对木星大红斑拍摄的照片使人类对它的本质有了的新的认识：木星大气有一个巨大的旋涡，红色、橙色、黄色、褐色、蓝色条纹时隐时现，交替变换。这个大红斑看起来像是静止的，实际上是绕粒状中心逆时针旋转的云团。它们对木星、土星、天王星、海王星及其卫星的观测也获得了许多重要的新发现。“旅行者”1 号在考察完土卫六后，于 1988 年 11 月离开太阳系。“旅行者”2 号于 1989 年 10 月离开太阳系，并朝全天最亮的恒星天狼星飞去。

“旅行者”号探测器肩负着寻访地外文明的使命。它们各带有一套反映人类状况的镀金铜质声像片，可保存 10 亿年左右。声像片的 116 幅照片和图表基本上反映了全人类形态、工作、生活、文化、艺术、科学技术以及地球环境、自然界各种现象、生物、生态的概貌。录音带上有 55 种语言的问候语和各种自然现象的声音以及 27 首世界名曲的录音。它们作为地球的使者，携带介绍地球与地球人的珍贵礼物，漫游于茫茫宇宙，期待能有一天与地外文明相遇。这个机会虽说犹如大海捞针，十分渺茫，但地球人仍然对它们寄予厚望。

“先驱者”和“旅行者”探测器都是从几颗大行星旁边飞过，距离仍然较远，观测的时间也很短。美国在 80 年代初开始研制在外行星上登陆考察的探测器，分别是考察木星的“伽利略”号和考察土星的“卡西尼”号。1989 年 10 月 18 日，“伽利略”号木星探测器由航天飞机携带发射升空，开始了长途旅行。1995 年 12 月，“伽利略”号到达木星。在此之前 5 个月，它先释放了下降探测器。这个重 339 千克的探测器在木星引力下加速，以每秒 50 千米的速度冲入木星大气。在烧毁前 1 小时的宝贵时间里，它首次获得了木星组成物质和深层大气的重要信息。

1996 年 1 月 22 日，美国航空航天局公布了“伽利略”下降探测器传回的木星大气层数据的初步分析结果。这个探测器遇到了极其强烈的狂风和湍流，风速达到 530 千米每小时，比估计的快 180 千米。这表明木星风与地球风的形成原因不同：它主要由木星深处释放的热量造成的，而与太阳照射的角度和水的凝结无关。木星大气比预计的干燥得多，含水量极少，也没有地球大气中的那种云。木星大气成份与太阳相似，主要由氢和氦构成，但氦的含量只有预计的一半，其他元素如氖、碳、硫、氧的含量也比预计的低。科学家认为，对木星大气数据的分析，可能会改变目前关于木星和太阳系其他行星形成过程的理论，将使科学家重新思考地球生命的奥秘。

天文卫星探索宇宙

在地球之外进行天文观测具有许多优点，可以不受地球大气、人造光的干扰和影响，因而可以看得更远、更清晰。苏联、美国和欧洲发射了许多天文卫星，对人类认识宇宙立下了大功。

不识宇宙真面目，只缘身在宇宙中。我们所处的太阳系与宇宙相比，不过是沧海中的一滴水。时至今日，人们对宇宙的认识还相当粗浅。今天，我们连宇宙究竟有多大，宇宙的年龄有多大，星系是如何形成和演化的等一系列基本问题仍所知甚少。揭开宇宙一个又一个奥秘是摆在人类面前的艰巨任务。

宇宙实在太大了，进行宇宙天文学研究，除了进行理论推测外，长期以来只能通过被动地接收来自宇宙深处的各类天体发出的信息，对它们的性质、距离、大小以及演化进行分析。过去人们只能通过光学望远镜进行观测，接收到的只是天体辐射出的可见光。20 世纪 40 年代一门新的学科诞生了，这就是射电天文学。人们可通过射电望远镜接收天体发出的射电信息。但可见光波段和无线电波段都只是很窄的电磁波段，远远不能覆盖天体发出的全部电磁波信息。为了全面深入地研究宇宙和遥远的天体，必须极大扩展接收辐射电磁波的范围，包括 γ 射线、X 射线、紫外线、红外线、微波波段。航天技术使天文观测发生了革命，不但诞生了空间天文学这一新兴学科，而且还使 γ 射线天文学、X 射线天文学、紫外线天文学和红外天文学真正成为独立的学科。

欧洲空间局研制的 SOHO 太阳探测卫星

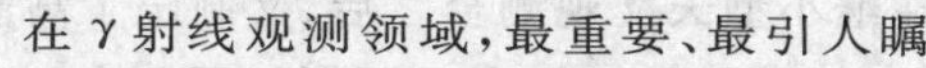

在 γ 射线观测领域，最重要、最引人瞩目、成就最突出的 γ 射线探测器是美国研制的伽玛射线观测台，又名“康普顿”号探测器，它是美国航空航天局四个“大型观测台”计划中的第二个。1990 年 4 月 5 日，“亚特兰蒂斯”号航天飞机将这台重达 15.6 吨、价值 2.5 亿美元的天文卫星送入轨道。

伽玛射线观测台为平台式结构，仪器主要有4台：定向闪烁光谱试验设备，包括4个叠层式闪烁体探测器；“康普顿”成像望远镜；高能γ射线试验望远镜；爆丛及瞬变源实验设备，由8个宽视场探测器组成。这些仪器的灵敏度和分辨率大大超过以往的任何γ射线观测仪器。单是仪器的总质量就高达6 662千克。它的观测范围比过去的大300倍。

伽玛射线观测台进入轨道后，从1991年5月16日开始，进行了为期1.5年的全天搜巡。到1993年，它一共记录到1 000个宇宙γ射线爆发事件。它探测到的γ射线爆发的灵敏度大大超过了以往任何γ射线卫星，同时观测得也更加细致。它几乎每天都能观测到γ射线爆发，记录到的速度约每年250次。1991年8月8日，伽玛射线观测台对准天鹅座的X-3双星，拍摄了它的图像。此后，它又拍摄了船帆座脉冲星、武仙座X-1、苍蝇座γ射线图像。它还发现了位于室女座方向的一个最远的、最明亮的γ射线源，它是一个可变的类星体，代号3C279。它距地球的距离是90亿光年，它发出的单一光子γ射线的能量超过了1亿电子伏特。这颗类星体辐射的能量比我们的银河系总能量还要大1 000万倍。

在轨道拉格朗日点上的SOHO太阳探测卫星

在宇宙X射线领域，美国、欧洲也发射了多颗专门或兼用天文观测卫星。1962年3月7日—1975年6月21日美国共发射了8个轨道太阳观测台。欧洲空间研究组织研制了一颗ESRO-2B卫星。第一颗真正的X射线观测卫星是美国发射的小型天文卫星1号。1970年12月12日发射后，进行了高灵敏度、高分辨率的X射线源巡天观测；研究了X射线源强度随时间的变化情况。它在对全球进行了巡察后，又调整对特殊的目标进行详细观测。它取得的最大成果是双星X射线源，即半人马座X-3。它在对另一个星座天鹅座X射线源进行观测时，得到的结果确认它可能是一个绕巨大的蓝星旋转的黑洞。

为了深入研究宇宙天体，美国在继小型天文观测台之后，又制定了高能天文物理观测台计划，英文缩写HEAO。HEAO-2又名爱因斯坦观测台。1978年11月13日，爱因斯坦观测台发射。它的第一个目标是可能的黑洞天鹅座X-1，得到了非常清楚的信号，并完成了第一幅X射线图像。它观测到极弱的X射线源，比以往的要弱数千倍。它观测到大量大质量、年轻的恒星X射线流；

它拍摄到一些快速爆发的X射线源;它的新发现修改了以前关于恒星X射线产生的模型。它还对许多超新星遗迹进行了详细观测。它的许多重大发现令天文学家激动不已。这颗天文卫星被认为是第一颗真正的X射线天文卫星。

继高能天文观测台之后,最雄伟的计划是美国很早就提出的四个“大型观测台”计划之一的高级X射线天文物理设施。这个探测器1999年发射,目前仍在轨道工作。

红外天文观测具有十分重要的意义。它是观测被宇宙尘埃掩蔽的天体的有力手段,可以观测到许多分子的谱线。许多银河系外天体在远红外区的辐射很强,因此红外天文观测是观测天文学最重要的领域之一。迄今为止,全世界总共发射了两颗红外探测卫星,一是荷兰、英国和美国研制的红外天文卫星,一是欧洲空间局研制的红外空间探测器。

红外天文卫星最初是荷兰构想的,后来美国和英国也参加了进来。这样红外天文卫星就成了上述三国的联合计划。这是世界上第一颗红外天文卫星。它于1983年1月25日发射到900千米高的近圆形太阳同步轨道上。

在轨道上的美国“哈勃”空间望远镜

红外天文卫星果然不负众望。它在短短的不足一年时间里,一共观测到25万个红外辐射源,发现了6颗新彗星。它在织女星附近探测到比预计强得的红外辐射,意味着这颗恒星被比普通星际尘埃大得多的冷尘埃云所包围。它在全天探测到斑点状的60和100微米的红外辐射,这是一个新的发现。它获得了大量关于恒星诞生初期的信息,观测了大量正在走向死亡的恒星。它观测到上万个星系,最奇特的是有的星系发出的红外线竟占全部辐射能量的90%。

欧洲研制的红外空间探测器更加引人瞩目。由于它的观测波长范围比可见光长，因而能深入观测研究太阳系的天体、恒星的一生、电离氢区、分子云、星系、类星体，是可见光望远镜的重要补充。因而，红外天文卫星的研制一直受到高度重视，只是由于技术难度大、耗资惊人，才使这种卫星发射数量极少。人们对先进的红外空间探测器寄予厚望。由于它的巨大观测潜力和科学价值，人们将它称作欧洲的“哈勃”，可见它的意义有多么重要了。

1995 年 11 月 16 日，红外观测台由“阿丽亚娜”44P 运载火箭发射入轨。为避开地球辐射带和其他干扰，它的轨道是远地点达 71 000 千米的大椭圆轨道。

美国航天飞机释放“哈勃”望远镜

在很短的时间里，红外空间探测器做出了一些令人激动的新发现：对深空的冷氢分子进行了红外观测，直接观察到了这种过去无法看到的暗物质，这为关于宇宙中存在大量暗物质的理论提供了极好的证据；通过对正在消亡的恒星的细致观测，发现了深空天体产生的水蒸气。有人认为这一点将从根本上改变恒星演化模型；发现了过去一无所知的新星系；拍摄到两个星系剧烈碰撞的图像，并观察到那里正在形成的新恒星；拍摄到远离地球 2 000 万光年的旋涡星系的图像，表明在其旋臂的特定位置正在诞生一颗恒星；观察到恒星正在消亡的细节，如距地球 3 000 万光年的 NGC6543 星；它对恒星周围尘埃环进行了系统搜索，将揭示出行星系统形成过程的信息。

各国在过去的年月里，已经发射了不少专用或多功能兼备的宇宙探测卫星和宇宙探测器，对宇宙的可见光观测研究进行得更加广泛。在众多的天文卫星和探测器中，名声最响、影响最大，同时人们寄与希望也最大的是“哈勃”空间望远镜。1990 年 4 月 24 日，“发现”号航天飞机将“哈勃”空间望远镜发射升空，进入 600 千米高的地球轨道。

“哈勃”空间望远镜主体结构呈圆柱形，科学仪器有 5 个，包括广角行星照相机、暗弱天体照相机、暗弱天体摄谱仪、戈达德高分辨率摄谱仪和高速光度计。空间望远镜上还装有精确制导敏感器，它可测出“哈勃”空间望远镜到目标天体的距离。测量精度是地面望远镜的 10 倍。整个空间望远镜的设计从各方面来讲，都是相当先进的，观测能力大大超过了地面所有的任何光学望远镜和已有的天基望远镜。据估计，“哈勃”空间望远镜能观测到 27 等星那样微弱亮度的恒星，比地面上 5 米口径望远镜观察到的星光暗 50 倍。它的分辨率之高

可以这样形象地比喻：相当于从华盛顿看到1.5万千米外悉尼的1只萤火虫发出的光亮，或从地球上看到月球上1支手电筒发出的光。它观测的距离可达140亿光年，几乎可以看到宇宙诞生时的景象。基于这样一些突出的优点，全球科学家都对“哈勃”空间望远镜寄予很大希望，认为它有可能为解开宇宙起源及演化之迷提供莫大的帮助。

自“哈勃”望远镜发射至今，已经过去了十几年。期间，于1993、1997和1999年三次对它进行了修理和仪器更换。“哈勃”望远镜在投入天文观测后，获得了一些重大发现，令科学家们激动不已。“哈勃”望远镜取得了丰硕的科学成果。全世界20多个国家有2 000多名科学家利用它进行了10余万次科学观测，并在分析的基础上撰写了数千篇论文。它取得的主要成就有：第一，增进了人类对宇宙年龄和大小的了解；第二，证明某些星系中央存在超高质量的黑洞；第三，观察了数千个星系和星系团，探测到了宇宙诞生早期的“原始星系”，使科学家有可能跟踪研究宇宙发展的历史；第四，对神秘的类星体和其存在的环境进行了深入观测；第五，更深入揭示了恒星的不同形成过程；第六，对宇宙诞生早期恒星形成过程中重元素的组成进行了研究；第七，揭示了已死亡的恒星周围气体壳的复杂组成；第八，对猎户座星云中年轻恒星周围的尘埃环进行了观测，揭示出银河系中存在其他行星系统；第九，对苏梅克彗星与木星相撞进行了详细观测；第十，对火星等行星的气候情况进行了观测；第十一，发现木星的两颗卫星的大气层中存在氧。

美国利用航天飞机维修“哈勃”望远镜

科学家们预言，在未来的太空和宇宙观测中，它有可能做出最为激动人心的科学发现，让人们看到宇宙大爆炸后10亿年内星系形成的整个过程，为科学家们提供有关黑洞、行星、恒星和星云的活动细节，以解答数不清的关于宇宙及天体的奥秘，如宇宙起源之谜、宇宙年龄之谜、神秘的黑洞之谜、类星体之谜等等。

载人航天梦想成真

1961年，苏联宇航员加加林率先进入太空，拉开了载人航天的序幕。这是一件具有巨大历史意义的事件，产生了极为广泛的影响。

嫦娥奔月、牛郎织女等神话传说，都反映了人类登天飞行的美好愿望。火箭技术的发展，终于使人类有了遨游太空的飞天之车。载人太空飞行最能激发人们的想像，最能使人激动，也最能体现人类的智慧和奋斗精神。因此20世纪初众多的火箭先驱者都将载人太空飞行作为最终的努力方向。人造卫星研制发射成功后，把人送上太空就成了航天时代到来后一个十分重要的目标。载人航天飞行的梦想，就要变成现实了。

苏联"东方"1号飞船载宇航员加加林即将发射

但是，把人送上太空和发射卫星完全不同。人的生命是最可宝贵的，而太空环境又是非常险恶的。太空没有空气，飞船稍有泄漏就会危及宇航员的生命；太空温差极大，保温做得不好也极为危险；太空充满了有害辐射，需要采取非常可靠的防护措施；太空有大量微小流星，对飞船会造成意料不到的破坏；从太空回到地球非常困难，返回技术掌握不好，宇航员很可能在返回时随飞船一起化为灰烬。所有这些，都要求在载人航天计划中做大量仔细的工作，确保万无一失。

然而,20 世纪 50 年代末的政治、军事、科技以及感情等各种因素的综合,导致正常的科学规程被打破了,竞争意识占据了主导地位。太空竞赛客观上加速了载人航天之梦的实现。

苏联早在 1956 年 11 月就开始了载人太空飞行的规划工作。科罗廖夫在设计第一枚洲际导弹及“卫星”号运载火箭过程中,起飞推力很大和留有较大余量就是为了为载人航天做准备。用于载人航天的第一种运载火箭“东方”号大致就是在“卫星”号火箭基础上加装第三级构成的。1958 年底载人太空飞行的研究工作全面展开。这就是“东方”号载人太空飞行计划。

1958 年年中,苏联先后进行了不同方案的可行性研究。首次载人太空飞行应采取何种形式明显地分成两种观点。一种主张像美国那样,首次飞行采取亚轨道形式,飞船只在地球轨道上飞行一段,而不是飞行一周。持这种观点的人认为,亚轨道飞行可以充分利用现有的技术成果,而且能保证较高的安全性;利用亚轨道飞行取得的经验可以为下一步轨道飞行创造条件。另一种观点则主张首次飞行就应采取轨道方式。经过一番热烈的讨论,在科罗廖夫的支持下,最后决定直接进行轨道飞行,理由是:第一,从硬件发展上看,亚轨道飞行几乎要做与轨道飞行完全相同的工作,难易程度并没有很大差别;第二,轨道飞行面临的重大问题无非是长时间的失重和太阳辐射及流星体的影响,这些问题可通过几次不载人实验加以认识;第三,亚轨道飞行也要解决最关键的再入和回收这一难题,从安全上看,这两种飞行方式差别并不大;第四,亚轨道飞行的成果比轨道飞行逊色得多。

加加林在发射前与苏联航天专家科罗廖夫话别

“东方”号载人宇宙飞船系统方案的详细技术评价工作于 1958 年 11 月开始。到 1959 年初,第一艘载人飞船开始实际设计。与此同时,飞船各分系统的设计工作也分头进行。这些工作包括高度控制、通信、轨道转移等分系统设计。到 1959 年底,飞船的设计工作全部结束。

“东方”号飞船由两部分组成,上端是球形乘员舱,直径 2.3 米,质量约 2.46 吨,乘员舱外部有两根遥控天线和顶端安装的通信天线,通信电线下端是一个小型通信电子设备舱。乘员舱侧旁有一个观察窗和一个弹射窗,内部除装有生命保障系统及食物外,还有一台电视摄像机,一个光学定向装置,一个宇航员观测装置和宇航员应答装置。按计划,宇航员在飞行过程中一直躺在弹射座椅上，生命保障系统可供宇航员生存10昼夜。飞船下端是仪器舱，它呈圆台圆锥结合体，最大直径2.43米，高2.25米，质量2.27吨。气瓶下面是圆台形仪器舱，再往下则是反推发动机和推进剂贮箱。反推火箭用于飞船再入前变轨制动，能把飞船的速度减到155米每秒。

载人飞行必须保证宇航员的绝对安全。为此，"东方"号飞船的飞行轨道设计有一个突出的特点：近地点只有180千米。在这样低的高度上，大气对飞船运行轨道的衰减十分厉害，但也有几大优点：第一，一旦制动火箭系统失灵，飞船可以在10天内逐渐衰减降低轨道，最终以不太大的再入速度返回地面；第二，飞船设计可以不必考虑复杂的轨道保持系统，简化了设计；第三，由于飞船不是垂直高速再入而是缓慢地大倾角再入，因而使烧蚀防热设计更简单。当然这种轨道也有一个严重缺点：飞船的再入和着陆地点很难预测。

苏联女宇航员捷列什科娃与科罗廖夫

1960年5月15日，第一艘"东方"号飞船发射，进行制动火箭工作情况试验。由于不回收，飞船没有装防热烧蚀层。飞船在轨道上共飞行了3天。5月18日按计划试验反推减速火箭，但由于点火时飞船的方向差了180°，结果飞船未能返回地球。1960年7月23日，另一艘飞船发射失败。1960年8月19日，第三艘飞船发射。这是一次完整的试验，考察发射、入轨及回收全过程的性能，为此飞船上载有两只小狗。"东方"号飞船在轨道上飞行了约1天后，安全返回地面。载有动物的小舱室弹出舱外并安全回收，试验取得圆满成功。然而后面的两次试验却遭到失败，一次是12月1日，另一次是12月下旬。前一次在回收时，飞船未能承受住气动加热烧毁；后一次飞船未能入轨。两次失败给科罗廖夫带来沉重打击，甚至还导致他心脏病发作入院。为了保证宇航员的安全，苏联不得不决定对飞船重新进行设计审查。

1961年3月，3艘"东方"号飞船运抵丘拉坦发射场，前两艘计划用于补充不载人试验，第三艘正式用于载人飞行。1961年3月9日和3月25日，两艘飞船先后搭载一只小狗进行了飞行试验。在整个试验过程中，遥测结果表明飞船和试验动物一切正常。最后飞船均安全再入并成功回收。这些成功预示载人轨道飞行即将开始。

1961年4月3日，苏联政府正式批准进行载人轨道飞行。第一次飞行任务由宇航员尤里·加加林担任。1961年4月12日莫斯科时间9时07分，一枚

"东方"号运载火箭将加加林乘坐的"东方"1号飞船发射升空。发射过程正常，经过14分钟的飞行，飞船连同火箭第三级一同进入近地点180千米、远地点230千米的地球轨道。经过1小时4分钟的飞行，飞船绕地球运行一周，然后反推发动机点火，飞船降低轨道准备再入。10分钟后，飞船下降舱分离并进入大气层。当下降舱距地面7 200米高时加加林被弹射出舱，最后降落在萨拉托夫地区恩格尔城西南26千米处。

加加林的首次太空飞行成功具有重大的历史意义。它实现了人类千百年来登天飞行的理想，把20世纪初伟大的航天先驱者的理论变成了现实。加加林绕地球飞行一圈还有着无可辩驳的科学意义，它证明人类在短时间失重状态下完全可以正常生活。加加林后来回忆说："当失重出现时，我的感觉好极了。任何事情都很容易去做。真是不可思议，腿和胳膊感觉不到质量，物体在座舱内飘浮，我也离开了座椅，悬在了半空。"他在描述从舷窗看到的景象时说："我第一次亲眼见到了地球表面形状。地平线呈现出一片异常美丽的景色，淡蓝色的晕圈环抱着地球，与黑色的天空交融在一起。天空中，群星灿烂，轮廓分明。但是，当我离开地球的黑夜时，地平线变成了一条鲜橙色的窄带，这条窄带接着变成了蓝色，复而又成了深黑色……"

继加加林之后，"东方"号飞船又进行了5次载人轨道飞行。1961年8月6日，宇航员季托夫乘坐"东方"2号飞船进入地球轨道，完成了完整的一天的太空飞行。1962年8月11日，宇航员尼古拉耶夫乘"东方"3号飞船进入地球轨道。这次飞行持续了近4天。在他进入轨道第二天，"东方"4号飞船也进入了地球轨道。两艘飞船进行了编队飞行。8月15日，两艘飞船先后安全返回地面。1963年6月14日，宇航员比耶科夫斯基驾驶"东方"5号飞船升空。16日世界第一位女宇航员捷列什科娃乘坐"东方"6号飞船升空。这两艘飞船除各自进行生物医学实验和对地观察任务外，也进行了编队飞行，最近距离只有5千米。6月19日，"东方"5号和"东方"6号飞船安全返回地面。这次飞行，宇航员比耶科夫斯基创造了留空时间119小时的记录。

苏联还计划在1963年夏进行"东方"7号的飞行。但由于计划调整，这次飞行被取消了。作为人类历史上第一个成功的载人轨道飞行计划，"东方"号计划取得了许多重大的历史性成就，比美国的"水星"计划风光得多。除创造了多项第一外，还在医学实验上，特别是人在轨道飞行期间的反应和适应性方面取得了第一批重要资料和成果，为新一轮载人太空飞行积累了丰富的经验。单是这一点，"东方"号计划也值得永久载入航天史册。

“水星”计划迟到一步

美国的“水星”号载人宇宙飞船计划提出的并不晚，但在执行期间遇到了许多困难，因此成功的日期比苏联晚了一步，但它取得的成就比苏联更大。

美国的第一个载人太空飞行计划是“水星”计划，它提出设想并不比苏联的晚，但是由于种种原因直到 1958 年底美国才正式批准把它列为国家计划。1958 年 8 月 8 日，艾森豪威尔总统签署命令，指示载人太空飞行计划将由新成立的美国航空航天局负责。10 月 7 日在航空航天局正式成立一周后，第一任局长格伦南宣布开始执行太空载人飞行计划，11 月 26 日这个计划被命名为“水星”计划。其基本目标是：第一，把一个人送上太空，使之绕地球轨道飞行；第二，研究他在太空中的表现和工作能力；第三，安全返回并回收飞船和人。

美国利用“红石”火箭发射“自由”7 号载人飞船，宇航员是谢帕德

考虑到时间和竞争因素，航空航天局还确定了“水星”号飞船的重要设计原则：第一，“水星”号飞船必须具有可靠的发射—逃逸系统，可以在发射阶段火箭出现故障的危险时刻迅速将飞船同运载火箭分离；第二，宇航员必须有能力用手动方式控制飞船的姿态；第三，应用比较简单的大阻力、钝体、无翼面、零升力飞船结构；第四，飞船本身和回收系统应当满足在海上溅落回收的要求。

麦克唐纳公司研制的“水星”号飞船主体可分成三个部分：圆台形乘员舱、圆柱形伞舱和较小的柱形减速伞舱。飞船总长约 2.9 米，底部最大直径 1.8 米，根据任务不同其质量在 1.3～1.8 吨范围之间。飞船的顶部还安装了一个逃逸救生塔，救生塔上端有一个三喷管固体火箭。大喷管是逃逸火箭，它可在 1 秒钟时间内产生约 235 千牛的推力，用于将飞船与火箭分离。另外 2 个小喷管能在 1.5 秒内产生 2.45 千牛推力，用于

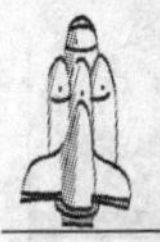

在正常加速后将逃逸塔抛掉。

"水星"计划的各种试验分成三个主要阶段，一是技术和设计验证，二是载人亚轨道飞行试验，三是载人轨道飞行。第一阶段全面试验了"水星"号飞船的防热结构和逃逸救生系统。1959 年 9 月 9 日，在卡纳维拉尔角发射了一枚"大约翰-宇宙神"号火箭，上面装有飞船实体比例模型，旨在考察烧蚀防热结构的实际效果。飞船底部采用的烧蚀材料是结合苯酚树脂的玻璃纤维。这次试验取得了巨大成功。结果表明，采用这种防热方式的飞船可以承受高达 3 500 摄氏度的气动加热温度。这次试验还获得了其他一些重要成果，包括飞船再入时的气动特性、飞船回收系统的特性、飞船与"宇宙神"号火箭配合情况、飞船承受过载情况、飞船控制系统性能等。

美国总统肯尼迪给美国第一位宇航员谢帕德授勋

1959 年 11 月 4 日和 12 月 4 日两次发射试验救生系统均未获得满意结果。1960 年 1 月 21 日又发射了第四次，这次又带了一只名叫"山姆小姐"的猩猩，在上升了约 14 千米后，逃逸火箭将飞船分离出去并安全回收。这些试验虽然取得了一些成果，包括失重、过载对动物的影响，飞船回收与海上溅落，但逃逸救生系统的工作并不像预期的那样，因此有必要进行改进。这前后又经历了近 1 年时间。1960 年 7 月 29 日，第一艘生产型"水星"号飞船进行不载人发射试验。结果由于火箭问题，飞船最后以极高的速度冲向大海，粉身碎骨。这次失败使美国航空航天局不得不修改计划，预先的飞行试验计划也被打破了。

此后，"水星"与"红石"运载火箭结合试验也遭失败。第二艘"水星"号飞船与"红石"号火箭结合体于 1960 年 11 月 21 日进行了首次发射试验。火箭点火后，随着几声巨响和一阵浓烟，它只是稍稍晃了晃便又停止不动了，发动机停止工作。不过,惟一的收获是飞船上面的逃逸塔救生火箭却工作正常,将飞船上面的塔身分离,而飞船在箭上纹丝不动。第二天,停顿了很长时间的“小约翰”火箭准备再试验一次,目的是检验逃逸系统。在火箭上升了约16秒种后,逃逸火箭和救生塔抛落火箭不像正常的那样先后点火,而是同时点火,结果飞船没有从火箭上分离。这又是一次重大的失败。

1960年12月19日,“水星”与“宇宙神”组合体在卡纳维拉尔角点火发射。这次试验取得了成功。“水星”号飞船进入了2 102千米高的轨道。2分23秒后,它安全再入大气层并顺利回收。研究表明,飞船承受住了再入大气层的气动加热。1961年1月31日另一艘“水星”与“宇宙神”组合体的试验发射是一次综合性演练,飞船顶部载着一位动物宇航员:名叫“汉姆”的黑猩猩。飞行过程验证了飞船的生命保障系统以及再入与回收系统。3月18日“宇宙神”火箭与“水星”号飞船组合体的试验取得完全成功。在18分钟时间内,火箭从点火发射到关机、逃逸塔分离、飞船分离、反推发动机点火、飞船再入、降落伞打开、海上溅落,一切都按计划依次完成。

美国第一位绕地球轨道飞行的宇航员格伦乘“友谊”7号飞船升空

1961年5月5日,名为“自由”7号的“水星”号飞船在卡纳维拉尔角由第3枚红石号火箭发射升空,飞船上乘坐的是美国第一位宇航员阿兰·谢帕德。这次发射是一次亚轨道弹道飞行,飞船上升的最大高度为186千米。飞船正常分离后,又以弹道状再入大气层并安全回收。据说在全部15分22秒的飞行过程中,谢帕德只有5分钟的失重经历。由于这是在苏联之后,而且成就也小得多,因此可以说在苏美载人太空飞行这场竞赛上,美国再一次失败了。但这次飞行对美国来说具有深远的历史意义。为此,肯尼迪总统于5月8日在白宫为谢帕德授勋。时隔两个月,格里索姆于7月21日乘坐“自由钟”7号飞船又一次进行了亚轨道飞行。

1962年2月20日,宇航员约翰·格伦乘坐“友谊”7号飞船升空。他驾驶这艘“水星”号飞船在260千米高的轨道上飞行了3圈,历时4小时55分23秒。在飞行过程中,飞船也出现一些故障。在第一圈飞行末尾,由于姿态控制系统发生故障,迫使他由自动操纵改为手动操纵。在第二圈飞行时,地面收到的信号表明飞船防热层有可能与密封舱分离。按设计要求,防热层只在溅落前最后时刻才抛掉。如果在轨道上脱落，飞船再入时必然烧毁。在返回时，地面控制中心指示格伦保留制动火箭装置，期望能较长时间维持防热层不与飞船脱离。幸运的是，除了在心理上造成很大恐慌外，格伦并没有遇到灾难性危险。原来那个信号是错误的。

1962 年 5 月 24 日，宇航员卡彭特乘坐“曙光”7 号飞船又一次成功地进行了轨道飞行，绕地球飞行 3 周。10 月 3 日，宇航员谢拉乘坐“西格玛”7 号飞船绕地球轨道飞行了 6 周，飞行总时间达 9 小时 12 分钟。1963 年 5 月 15 日，宇航员库珀乘坐“信心”7 号“水星”号飞船进入了近地点 267 千米、远地点 161 千米的地球轨道。这次飞行绕地球 22 周，历时 34 小时 19 分 49 秒。在飞行过程中，库珀进行了正常的饮食和睡眠，考察了人在失重环境下工作和生活 1 天的生理反应。飞行还进一步验证了“水星”号飞船的姿态控制系统、防热系统、生命保障系统、仪器仪表长时间工作的可靠性。

美国宇航员格伦

“水星”计划的科学成就主要在航天医学上，包括研究了宇航员在失重条件下的生理和心理效应、宇航员的进食和睡眠、太阳辐射对宇航员的影响、宇航员在太空环境中的工作和活动能力，这些成果为未来航天计划提供了宝贵的科学资料。此外，“水星”计划在气象、地理、天文等学科上也取得了一些收获。

在苏美第一轮载人太空飞行竞赛中，苏联不仅比美国早 10 个月完成首次轨道飞行，而且总飞行时间长达 382 小时，而美国仅有 58 小时，不够苏联的零头。造成这种差距有多方面原因。首先美国政府在战略上对载人航天计划重视不够；其次，美国航空航天局在领导载人航天计划时，由于种种原因权力显得不足，运行的效率完全不如苏联的真正集中统一领导的体制；第三，“水星”计划实施过程过于复杂，光大小火箭就用了 4 种，它们相互牵制，一个不成功影响整个计划，造成时间的浪费；第四，“水星”计划比“东方”计划采用了更多未经验证的新技术。但是，“水星”计划在技术上取得的成果比“东方”计划更大。通过“水星”计划美国发展了一些新技术，特别重要的是宇航员发射救生系统、飞船姿态控制系统以及后来广泛采用的再入回收技术。这些技术为美国几年后在“双子星”计划中击败苏联，并进而完成登月壮举奠定了坚实的基础。

双子飞船太空对接

美国的“双子星”计划是载人航天的一个重要里程碑，实现了许多重大的技术飞跃，包括航天器太空对接和载人太空飞行时间长达两周，为“阿波罗”登月计划打下了坚实的基础。

“阿波罗”计划在很大程度上是感情用事作出的决策，技术上冒险性很大。登月计划所需要的许多技术还处在开发阶段。1961年以前，对于“水星”计划之后载人航天何去何从，美国航空航天局上下的意见并不统一。登月计划正式提出之后，“水星”计划和“阿波罗”计划的中间环节明朗起来，这就是“双子星”计划，其主要任务有二：载人轨道飞行时间大大延长，达到两周以上；实现飞船在轨道上机动、交会和对接。

美国“大力神”火箭发射“双子星座”载人飞船

1961年7月27、28日，航空航天局、太空任务小组（后改为载人太空飞行中心）和麦克唐纳公司联合召开了评审会议，正式确定了新飞船的结构方案。此后的两个月间，航空航天局主要根据“阿波罗”登月的要求制定新飞船的各种任务。它主要完成宇航员太空行走、飞船交会对接任务，飞行时间要达到14天。

“双子星座”号飞船由三段连接而成。最下面是圆台形的设备舱，里面装有电源系统、推进剂贮箱、轨道和姿态控制系统、通信系统、仪表设备以及生活用品。中间段是发动机舱，主要用于飞船离轨与再入控制。它除装有反推发动机及推进剂贮箱外，还装有机动发动机。最上段是载人飞船。这部分很像放大的“水星”号飞船，内部装有两套宇航员弹射座椅、导航系统、电子设备以及生命保障系统，座舱内也采用纯氧环境。它的前端是一个降落舱，头部装有交会雷达、对接器以及再入高度控制系统。除此之外，载人舱还装有各种姿态控制系统、宇

航员观察口、宇航员舱外活动舱口和设备。飞船总长 5.6 米，底部最大直径 3.05 米，其中乘员舱长 3.35 米，底部直径 2.35 米，飞船总质量在 3.2～3.8 吨之间。

为了在轨道上完成变轨、机动、交会、调姿等各种任务，“双子星座”号飞船安装了全新的机动、交会和姿态控制系统，可完成各种机动和姿态控制动作。机动发动机均为火箭发动机，采用四氧化二氮和甲基肼作为推进剂，推力范围在 110.7～449 牛顿之间，均可多次点火工作。这样的发动机共有 32 个之多，其中设备舱和反推发动机舱安装了 16 台，另外 16 台安装在载人舱和伞舱连接处四周。这些发动机分别用于姿态操纵，向前加速机动，后向、垂直和两侧机动，飞船与设备舱分离控制，飞船再入轨道控制等。此外它还具有使飞船再入时有横向机动的能力，从而大大提高溅落的精度，同时也可在应急状态下选择新着陆点。

“双子星座”号飞船的任务时间提高到 14 天，比“水星”号飞船长得多，这对整个飞船的供电系统提出了更高的要求。普通化学电池功率小、寿命短，太阳能电池效率低且电池板体积过大，因此，“双子星座”飞船决定采用以前从未用于航天领域，且技术发展尚不成熟的燃料电池。

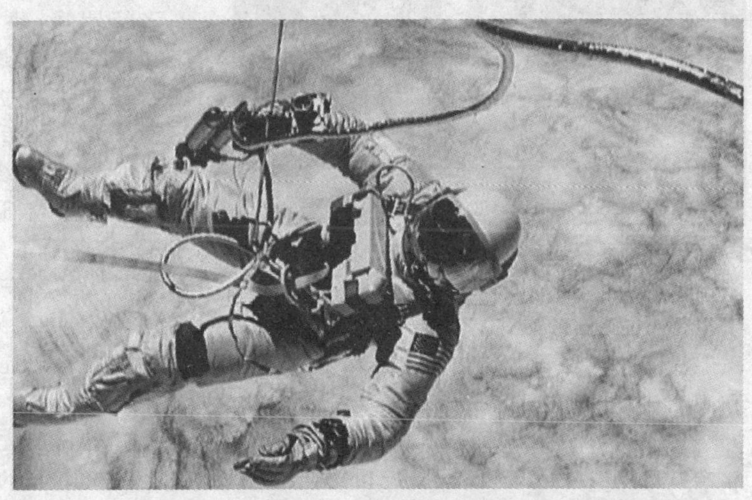

美国宇航员怀特进行首次太空行走

“双子星座”号飞船要完成的一项任务是宇航员太空行走，舱外机动。为了简化设计，“双子星座”飞船侧部各有一个矩形舱门，它具有极好的关闭密封性，可以在太空中打开和关闭。在执行舱外活动任务时，宇航员先使舱内氧气压力下降，采用宇航服的供氧系统呼吸。当舱门打开时，一任舱内氧气散失。宇航员在太空中完成行走任务返回舱内并关闭舱门后再重新放出氧气，使座舱增压。这种方式在设计上比较简单，但氧气消耗较大。为方便宇航员舱外活动，还特别设计了一种舱外机动系统，它有三个相互垂直的喷口，利用压缩氮气提供动力。

1964年，“双子星座”1号和“双子星座”2号进行了不载人飞行试验，均获得成功。1965年3月23日，“双子星座”GT-3号飞船载宇航员格里索姆和约翰·扬升空，主要任务是考察飞船各系统设计和再入过程。这次飞行除检验了飞船基本性能外，取得的一项重要成果是：宇航员首次在轨道上实现了真正的飞船操纵、变方向和变速度控制。此外还进行了几项科学实验并拍摄了地球照片。最后飞船顺利与设备舱分离，启动反推发动机，进入大气层、降落伞回收过程均很正常。

“双子星座”4号飞船于1965年6月3日发射。这次飞行任务由宇航员怀特和麦克迪维特承担。在绕地球飞行第三圈时，怀特按预定计划在夏威夷上空打开舱门，进入开放空间。他身上连了一根长索，利用小型机动系统进行了美国首次太空行走。除身体有些轻微旋转外，一切均正常。他在舱外共活动了约21分钟。在飞行期间，他们还进行了科学和技术实验，医学测试，利用弹力器来维持肌肉的弹性，拍摄了许多舱外活动和地球大气的照片。飞船绕地球飞行62圈，于6月7日返回地面。“双子星座”5号飞船于1965年8月21日发射，宇航员是库珀和康拉德，主要任务是进行轨道机动和交会练习。由于供练习用的鉴定舱失踪，飞船没能按计划与鉴定舱对接。尽管如此，“双子星座”5号仍完成了许多实验和观测任务，留空时间长达8天，绕地球120圈。

美国两艘“双子星座”飞船进行轨道交会对接试验

1965年12月4日和15日，“双子星座”7和6号两艘飞船先后发射。它们靠宇航员操纵完成了机动、接近和交会飞行，在间距只有40米的情况下持续飞行了7小时15分钟，最近时只有0.3米。第二天，“双子星座”6号在完成全部飞行任务后返回地球。“双子星座”7号飞船继续飞行了3天，创造了在太空中持续飞行330小时35分钟，绕地球206圈的新记录，于12月18日安全返回地球。1966年发射的“双子星座”8号和“双子星座”9号飞船也进行了交会对接训练。

1966年7月18日，“双子星座”10号飞船载宇航员约翰·扬和科林斯升空。他们驾驶飞船对新发射的阿金纳10号火箭舱进行了跟踪、会合。飞船用

了约 6 小时时间完成了与阿金纳 10 号的会合与对接任务。阿金纳 10 号发动机工作了 80 秒钟，将“双子星座”飞船结合体送到 763 千米的远地点，尔后发动机二次点火，又把远地点降到 382 千米，最后一次点火把“双子星座”10 号飞船推入 377.6 千米的圆轨道。二者分离后，科林斯爬出舱外，依靠机动系统来到阿金纳 10 号上，完成了取样任务。最后，他们于 7 月 21 日安全返回地面。这次高度成功的太空对接与轨道机动是航天史上一项伟大的成就，这是完成“阿波罗”计划的关键技术，为载人登月开辟了道路。

1966 年 9 月 22 日和 11 月 11 日，“双子星座”11 号和 12 号飞船先后发射。这两艘飞船更加出色地完成了空间对接任务、舱外活动任务，进行了重力梯度实验、人造质量实验以及更长时间的生物医学实验。在“双子星座”11 号飞行期间，阿多纳火箭一度将它推进到 1 368 千米的高度。它历时 71 小时 17 分钟，于 9 月 15 日返回地面。“双子星座”12 号的宇航员奥尔德林曾 3 次出舱，共进行了 5 小时 30 分钟的舱外活动。他还从空间拍摄了第一张日蚀照片。11 月 15 日，“双子星座”12 号安全返回地面，留空时间 94 小时 34 分钟。

“双子星”计划共计进行了 9 次载人轨道飞行。整个计划期间，宇航员共完成了 52 项实验，其中 27 项是实验和检验新技术，8 项是医学实验，另外 17 项是科学实验。“双子星座”飞船还在不同的高度上拍摄了 1 400 张地球彩色照片。更为有价值的是，“双子星”计划对人在太空中长期工作和生活进行了更全面的研究。作为一项既是独立的又是过渡性的计划，“双子星”计划取得了许多开创性成就：飞船完成了空间交会和对接工作，宇航员在开放空间活动长达 2 小时，最长飞行时间达 14 天，实现了飞船姿态控制、机动、变轨飞行和受控再入，发展了新型燃料电池，宇航员积累了长时间飞行的经验，包括生理、医学、生活等。为“阿波罗”计划提供了极其宝贵的经验和科学技术成果。

载人登月世纪之旅

1969 年 7 月 20 日，美国宇航员阿姆斯特朗和奥尔德林首次登上月球，实现了人类登月的理想。此后，美国又有 5 艘“阿波罗”飞船登月成功，先后共有 12 人踏上月球的土地。

月球是距离地球最近的天体，在地球上看它的大小、亮度仅次于太阳。与耀眼、火热的太阳相比，月球显得恬静、娇媚。自古以来，月球引发了无数诗人的灵感，创作了大量动人的诗篇。许多幻想小说家也把登月作为主题，尽情地发挥着他们的想像。科学家也对月球情有独钟，研究月球是了解太阳系、探索宇宙的重要突破口。航天时代到来后，人类创造了一个又一个奇迹。然而，在航天时代前 40 年的发展历程中，最激动人心的一幕莫过于“阿波罗”飞船载人登月了。美国的登月计划是苏美太空竞赛的产物。为了在载人航天领域击败苏联，显示美国在科学技术方面的领先地位，美国为这项计划投入了巨大人力、物力和财力，整个计划持续 10 余年，最多时动用人力 20 万人，耗资达 255 亿美元。

美国“土星”V 火箭发射“阿波罗”11 号飞船进行首次登月飞行

苏联宇航员加加林领先于美国首次完成太空飞行的消息又一次给美国带来沉重打击。原来不太重视航天发展的肯尼迪总统立即要求有关部门对美国在航天领域的地位和成就作出总结，研究美国在航天领域采取何种行动能够击败苏联。航空航天局认为，美国现有的载人航天计划都不能保证击败苏联；但如果采取更为大胆的步骤，制定一个载人在月球着陆并安全返回的计划，那么以美国强大的经济实力和工业技术为后盾，是完全能够击败苏联的。

航空航天局的见解得到国防部长麦克纳马拉的支持。他们联合向总统提交一份报告，指出制定登月计划的必要性和可能性。这个报告成了肯尼迪批准“阿波罗”计划的依据。

1961 年 5 月 25 日，肯尼迪总统在美国国会发表了一篇特别国情咨文，宣布美国将执行“阿波罗”载人登月计划。他说：“我认为，美国应当努力在这十年结束以前，实现把一个人送上月球并使他安全返回的目标。”这是“阿波罗”计划的宣言，从此，人类历史上最大的一项科学技术工程拉开了序幕。

“阿波罗”计划研制的主要硬件包括“土星”系列运载火箭、“阿波罗”指令/服务舱和登月舱。“土星”号系列火箭最初计划研制 5 种型号，后根据实际需要研制了 3 种：“土星”1、“土星”1B 和“土星”5 号。前两种火箭是供试验“阿波罗”飞船、进行近地轨道载人飞行和研制“土星”5 号服务的，“土星”5 号最终用于载人登月飞行。“土星”5 号运载火箭是当时最新技术的综合产物，它的第一级装有 5 台推力巨大的 F-1 液氧煤油火箭发动机，单台推力 6 670 千牛，总起飞推力 33 350 千牛(3 400 吨力)。第二级装有 5 台先进的 J-2 液氢液氧发动机，单台推力 1 022 千牛(105 吨力)。第三级装有 1 台 J-2 发动机。连同“阿波罗”飞船在内，“土星”5 号运载火箭的最大高度 110.6 米，第一级直径 10.1 米，发射质量 2 870.9 吨。它的近地低轨道运载能力 104.3 吨，登月轨道运载能力 43.09 吨。

美国首次登月的三位宇航员，左起：阿姆斯特朗、科林斯、奥尔德林

“阿波罗”飞船系统由三部分构成：指令舱、服务舱和登月舱。登月舱又包括下降舱和上升舱两部分。登月过程是：火箭垂直发射后，一、二级连续工作和第三级第一次点火将飞船送入近地轨道；然后第三级第二次点火将飞船加速到第二宇宙速度并送入登月轨道。这时飞船系统与火箭分离，并通过小发动机推进掉头、机动与从结合部弹出的登月舱对接；然后再掉转方向朝月球飞去。经过约两三天的飞行，当接近月球时，服务舱发动机点火使飞船系统减速，进入环

奥尔德林正在下到月球表面

月飞行状态。在飞临预定登月点时，两名宇航员乘登月舱利用下降舱发动机减速在月面上软着陆。考察和工作完后，宇航员乘上升舱起飞与轨道上的飞船系统对接，而下降舱则抛弃在月面上。宇航员由上升舱进入指令舱后，上升舱随之抛掉。最后，飞船指令舱在服务舱发动机的推动下，离开月球轨道返回地球。

“阿波罗”计划硬件发展工作告一段落后，开始了四个阶段的研制发射试验和载人发射试验。其中，“阿波罗”4 号完成了“土星”5 号火箭的首次发射试验，“阿波罗”7 号完成了首次飞船载人轨道飞行试验，“阿波罗”8 号首次完成载人环月飞行试验，“阿波罗”9 号载人首次试验了登月舱，“阿波罗”10 号综合演练了除登月外的全过程。美国航空航天局在“阿波罗”10 号飞行试验圆满结束后，宣布“阿波罗”11 号飞船将执行载人登月任务。具体任务和目标只是简单的两句话:完成载人登月并安全返回任务;完成月球考察和取样任务。首次登月的“阿波罗”11 号飞船指令舱被命名为“哥伦比亚”号，登月舱被命名为“鹰”号。

阿姆斯特朗与奥尔德林在月球上竖起美国国旗

参加首次登月任务的是宇航员尼尔·阿姆斯特朗、米切尔·科林斯和埃德温·奥尔德林。阿姆斯特朗是指令长，科林斯是指令舱驾驶员，奥尔德林是登月舱驾驶员。他们三人当时都是 39 岁，都有技术熟练、性格内向、不善言辞、遇事冷静等特点。按计划，阿姆斯特朗和奥尔德林将乘登月舱登上月球进行考察。科林斯驾驶指令舱留在月球轨道上。

1969 年 7 月 16 日是预选的“阿波罗”计划登月日。这天，佛罗里达的肯尼迪航天中心天气晴朗，气温很高。这一举世瞩目的登月发射吸引了大批观众。据估计有 100 万人云集卡纳维拉尔角附近，准备观看这次壮观的发射。当地时间 9 时 32 分，格林威治标准时间 13 时 32 分，巨大的“土星”V 火箭载着“阿波罗”11 号飞船在肯尼迪航天中心 39A 发射台点火发射。

在点火起飞 11 分 39 秒后，“土星”V 火箭一、二级相继工作和第三级第一次工作，将飞船系统推进到地球轨道上。经过两圈的飞行，对飞船进行了系统检查后，第三级在 2 小时 44 分 16 秒时再次点火，将飞船推向奔月轨道。3 小时 17 分后，第三级与指令服务舱分离，此时距地球 17 210 千米。此后，指令服务舱掉转方向，与从第三级接合部弹出的登月舱对接，最终与第三级分离。

奥尔德林在月球表面上

在飞行途中，“阿波罗”飞船系统分别于发射后 26 小时 44 分 58 秒和 75 小时 49 分 50 秒进行两次轨道校正。在起飞后 75 小时 49 分，也就是 7 月 19 日下午 5 点，服务舱发动机逆向点火，使“阿波罗”飞船系统减速进入环月飞行轨道，轨道高度为近月点 113.5 千米、远月点 312.6 千米。绕月飞行持续了 22 个多小时，绕月飞行近 13 圈。这期间他们的主要任务是休息、检查和观察预订登月点，并多次启动服务舱发动机减速降低轨道。

7 月 20 日上午 7 时，宇航员开始对飞船和登月舱进行全面检查。起飞时间 100 小时 14 分，登月舱与指令舱、服务舱分离。在绕月球飞行过程中，登月舱发动机于 102 时 33 分点火减速，使它的轨道降为远地点 105.8 千米和近地点 16.7 千米的椭圆形。在距登月点 480 千米处，下降发动机再次点火，小型制动发动机和精确调整发动机协同工作，登月舱以抛物线轨迹缓慢地在月球“静海”区安全降落。登月时的水平速度约为 1.06 米每秒，下降速度约为 0.75 米每秒。登月舱降落的时间是飞船总起飞时间 102 小时 45 分 43 秒。此时地面上是美国东部时间 7 月 20 日下午 16 时 17 分 42 秒。

征得地面同意，他们没有进食和休息，在登月舱内进行了认真检查并观察了登月舱周围情况，又进行了 2 个小时的准备后，比计划提前 5 小时开始登月考察。登月舱门打开后，阿姆斯特朗第一个通过梯子踏到月面上。此时此刻的时间从他们在地球上起飞算起是109小时24分15秒，地面时间是美国东部时间1969年7月20日晚22时56分14秒。就在踏上月面的瞬间，阿姆斯特朗说了一句后来广为流传的话："对我个人来说，这只是一小步；但对全人类来说，这是一次巨大的飞跃！"接着，奥尔德林也来到月面上。

"阿波罗"17号飞船登月返回后在太平洋溅落

阿姆斯特朗和奥尔德林在月球上停留了2小时31分钟，他们竖起了一面美国国旗、放置一台激光反射器、一台月震仪和一个捕获太阳风粒子的铝箔帆。他们还拍摄了月球表面、天空和地球的照片，采集了22千克月球土壤和岩石标本。

阿姆斯特朗和奥尔德林掀开登月舱下降舱支架上一块金属板上的塑料盖。这是一块长22.5厘米、宽19厘米的不锈钢纪念牌。上面镌刻着地球东西半球的平面图，以及由美国总统尼克松和阿姆斯特朗、奥尔德林共同署名的一段文字："公元1969年7月，我们从行星地球首次在月球上留下足迹。我们为全人类的和平而来。"

预定的月面考察时间很快过去了。他们回到登月舱内，吃完饭后就休息了。他们在月球上共停留了21小时36分21秒。22日，他们乘登月舱上升舱段起飞，与轨道上的指令舱会合。然后一同返回地球。在从地面起飞195小时18分35秒，美国东部时间7月24日12时55分22秒，"阿波罗"11号飞船指令舱安全降落在北纬13度19分，西经169度9分的太平洋檀香山西南1 500千米的海域。人类首次登月飞行划上了圆满的句号。

"阿波罗"11号飞船完成了空前的登月壮举，实现了人类几千年来的奔月梦想，显示了人类征服自然的巨大能力，肯尼迪总统提出的雄心勃勃的登月计划取得了成功。"阿波罗"11号飞船正是以其开创性的月球之旅和深远的意义而被载入航天史册。

此后，美国又进行了6次载人飞行。1969年11月14—24日，"阿波罗"12号飞船载了3名宇航员完成第二次登月飞行。宇航员在月面装置了核动力试验设备，测量了月球磁场、大气密度和电离层。1971年1月31日—2月9日，"阿波罗"14号飞船登月成功。宇航员在月面上安装了核动力科学实验站、测量月球离子流量和强度的探测器、冷阳极激光反射器以及计数太阳质子与电子的

装置。宇航员还使用手推车，车上有测量月球磁场变化的仪器。1971 年 7 月 26 日—8 月 7 日，“阿波罗”15 号飞船登月成功，宇航员在月面上首次使用月球车(重 209.5 千克)，除进行科学实验外，还进行了月面活动和采集样品，活动范围达 35 千米。1972 年 4 月 16 日—27 日，“阿波罗”16 号登月成功。这次任务期间除进行科学考察外，还带回了年龄长达 46 亿岁的岩石样品。1972 年 12 月 6 日—19 日，“阿波罗”17 号登月成功。在登月飞行中，宇航员还成功进行了人工陨石撞击试验，引起月震 55 分钟；利用彩色摄像机实时传回了宇航员活动情景。在返回地球过程中，宇航员还出舱进入空间，把相机和其他探测仪器收回

“阿波罗”13 号宇航员安全返回地球后与美国总统尼克松合影

舱内，并发射了小型卫星。由于任务基本完成，加之经费超支，原订“阿波罗”18、19、20 号飞船的登月飞行任务被取消了。

“阿波罗”13 号虽然登月失败，但却显示了该计划极强的应变能力。1970 年 4 月 11 日，“阿波罗”13 号飞船载 3 名宇航员发射升空。在登月途中，服务舱氧气箱发生爆炸。在紧急情况下，地面指挥人员经过周密研究，指示宇航员停止登月，最后宇航员靠登月舱的动力、水、空气及食物绕过月球，安全回到地球。

航天飞机全新登场

航天飞机是一种部分可重复使用的航天器，它集运载火箭、宇宙飞船和太空实验室于一身，在功能上有了很大的扩展，代表了航天技术发展的新阶段。

无论是苏联发射第一颗人造卫星，还是美国“阿波罗”飞船载人登月，使用的发射工具都是多级运载火箭。运载火箭虽然能完成各种航天发射任务，但它的缺点很多，一是发射成本高，一枚造价数千万甚至上亿美元的昂贵运载火箭，只能一次性使用，发射完后它本身也就报废了；二是起飞过载高，往往达5～6倍重力，只有身体素质好，并经过严格训练的宇航员才能乘火箭飞上太空，普通人只能做着太空飞行的梦；三是准备时间长，通常需要数天准备才能发射，不利于应付紧急事态；四是适应性差，对有效载荷的限制较多。

美国航天飞机发射升空

20世纪70年代以前，航天技术已取得了惊人进展，航天技术的应用已在众多领域中推广开来，载人航天逐步变成现实，直至登月成功。这些成就是振奋人心的，但冷静地思考航天技术的现状，存在许多问题和不足也是十分明显的。使用一次性的运载火箭和载人飞船使得航天发射的成本很高，代价很大；各种应用卫星都是高技术的产物，价格昂贵，如果因没有进入轨道或因故障而不能使用，损失也是巨大的；载人航天最重要的是安全，如果飞船发生故障，势必威胁着宇航员的生命。研究表明，研制可重复使用的航天飞机是解决这些问题的有效途径之一。

另外，美国航空航天局在 20 世纪 60 年代末提出了雄心勃勃的载人火星飞行计划和大型空间站计划。当时认为，实现火星飞行应当制造巨大的飞船，用火箭根本无法一次发射，只能是把部件一个个发射到地球轨道上进行组装，然后再从轨道上出发。大型空间站需要经常性进行访问，往来运送人员和物品。为了降低发射和运行成本，使用可重复使用的航天飞机是最现实的途径。

当美国总统尼克松明确否决了火星飞行计划后，美国航空航天局把其中的航天飞机项目拿出来，作为一项独立的航天发展计划。

美国航天飞机在水平运输

为了获得批准，航空航天局非常乐观地描述了航天飞机的价值，包括经济价值和国防价值。作为由航空航天局和国防部联合使用的航天运输工具，能取代现有的 12 种不同的运载火箭；当地球或空间出现有关国家安全的严重事件时，可用航天飞机迅速查明情况；能迅速回收或更换与国家安全密切有关的失效或失误的航天器；能捕捉、使其失效或摧毁不友好的航天器；能回收或在轨修理出现故障的各种卫星；能迅速救援处于困境或生病的宇航员或使他们摆脱困境。除了这些以往航天器不具备的能力外，航空航天局还表示利用航天飞机发射有效载荷的成本只有一次性运载火箭的十分之一。而且航天飞机发射时过载低，普通人也能乘坐。

经过航空航天局频繁游说，先后说服了国防部和预算委员会，最后也打动了尼克松总统。尼克松对航天飞机能大幅度降低发射成本、能回收和修理卫星等能力很感兴趣，也十分欣赏“普通人也能乘坐航天飞机”这一点。另外，实施航天飞机计划能提高就业率对他的影响也很大。1972 年，尼克松批准了航天飞机计划。美国国会在批准这项预算时，要求航天飞机的发展费用不得超过 50 亿美元。

1972 年夏，航天飞机方案正式确定，其结构和布局与原方案相比发生了根本性变化，它由最初的完全可重复使用的两级方案演变成大部分可重复使用的三位一体方案：一架航天飞机轨道器背驮了一只巨大的、一次性使用的外贮箱，在外贮箱的两侧各有一只固体助推器。除了外贮箱不能回收外，其他主要部件都能回收和重复使用。

轨道器就是人们所称的航天飞机,外形与普通飞机非常相似。它是最复杂的部分,由洛克韦尔公司承包。轨道器长 27.21 米,翼展 23.79 米,机高 17.39 米。它的中部有一个长 18.3 米,直径 4.6 米的载荷舱。在轨道上,载荷舱门从中间向两侧张开,载荷由此发射,或在此进行回收、修理卫星以及科学实验等工作。它最多可载 7 名宇航员,最长飞行时间 30 天。

轨道器装有各种仪器设备,单是推力大小不等的发动机就有 49 台,其中三台是尾部安装的可调推力主发动机,每台推力 2 058 千牛,可重复使用 50 次。其他小型发动机用于轨道和姿态调整,分布于轨道器四周。轨道器上装有 23 种天线,5 台计算机,各种控制、通信、导航和操纵系统。与宇宙飞船防热层不同,轨道器周围采用可重复使用的防热瓦,在面积为 1 100 平方米的表面共安装了 24 000 块防热瓦,重总 7 吨,最高可承受 1 650 摄氏度的高温。

美国航天飞机返回地球后水平着陆

外贮箱是航天飞机系统最大的部件,也是惟一不可回收的部件。它长 47.1 米,直径 8.38 米,空载质量 34.6 吨,可加装液氢液氧推进剂 700 吨。它由马丁公司承包。

两枚固体助推器由锡奥科尔公司承包。它长 45.5 米,直径 3.7 米,质量 584.7 吨,单台最大推力 1.29 万千牛。为方便推进剂加注、清洗,助推器由 11 段连接而成,可分解和组装。对接处接口用卡口方式连接,四周用螺栓固定,并用两只 O 型密封圈密封。密封圈直径 0.71 厘米。

组装在一起的航天飞机总长 56.14 米,起飞质量 2 040 吨,起飞推力 34 562 千牛,最大着陆质量 104.33 吨。近地轨道运载能力 29.5 吨,极轨道运载能力 13.1 吨,横向机动距离为 2 035 千米。从轨道上返回时,可带回载荷质量 14.5 吨。

为了实现"普通人也能坐航天飞机"的设想,航天飞机在起飞过程中的最大过载限制在 3 倍重力以下,在返回时过载限制在 1.5 倍重力以内。航天飞机在研制过程中,解决了一系列高难度的技术问题,包括研制可重复使用的高性能液氢液氧发动机、大推力可重复使用的固体助推器、可重复使用的航天飞机防热瓦等。

1976 年 9 月 17 日,第一架供试验用的航天飞机轨道器"企业"号交付。它经历了长达几年的各种试验。1979 年 3 月 24 日,首架用于轨道飞行的"哥伦比

亚”号完成了装配，并空运到肯尼迪航天中心。

1981年4月12日，正值加加林首次进入太空20周年纪念日，“哥伦比亚”号航天飞机发射升空。担任轨道飞行任务的是约翰·杨和罗伯特·克里平，主要目的是验证轨道器轨道飞行能力、稳定与操纵特性、再入与着陆特性，同时还试验入轨后货舱门的开闭特性以及机上惯性基准的建立。航天飞机的首次飞行从当地时间4月12日上午7时开始，到4月14日东部时间13时20分结束，历时54小时23分，绕地球36圈，最后在加利福尼亚州爱德华兹空军基地降落。美国电视台现场直播了这次发射，全球大约有5亿多人观看了当时发射的盛况。

美国航天飞机经过试验和投入使用后，证明了它在技术上是成功的，能够执行以往航天器和火箭不能完成的任务，如回收、修理卫星、在轨发射卫星，实现了部分可重复使用等。

1992年美国航天飞机进行第100次发射

到“挑战者”号失事时，航天飞机共发射了25次，显示了它的独特能力，像轨道修理、卫星捕捉、科学实验和对地观测等方面，都是一次性使用的火箭和飞船无法相比的。在发射商业卫星时，也取得了很大成功，但每次飞行成本却大大超过了原来的设想，这使航天飞机在商业发射上的竞争力大打折扣。

1986年1月28日，“挑战者”号航天飞机载七名宇航员升空。宇航员中有一位千挑百选的中学教师克里斯塔·麦考利夫。在发射后76秒，“挑战者”号因固体助推器连接部泄露起火，发生巨大的爆炸，宇航员全部牺牲。这是当时世界航天史上最大的灾难。美国政府对“挑战者”号航天飞机的事故进行了深入调查，对助推器、主发动机、轨道器进行了全面审查和改进，增加了宇航员救生系统。整个过程历时两年多。

1988 年 9 月 29 日，在中断了 2 年多后，航天飞机恢复飞行。考虑到航天飞机发射民用载荷成本高，美国航空航天局决定以后不再承揽商业载荷发射任务，而且每年航天飞机飞行次数也将减到 9 次左右。新时期赋予航天飞机的主要使命是：发射大型军用卫星，开展与军事有关的实验与技术开发；发射大型科学探测卫星和深空探测器；发射、运行和回收大型科学载荷，如“空间实验室”、“空间居住舱”、空间卫星平台等；回收、修理重要的军用卫星和民用卫星；开展空间科学实验与技术开发工作；为空间站各舱段的发射、组装与运行服务。

1992 年 5 月 7 日，新研制的“奋进”号首次发射升空。这次飞行是航天飞机总共第 47 次飞行，有三项主要任务：对轨道器本身进行验证；对国际通信卫星 6F3 实施回收、更换远地点发动机和释放；进行空间站在轨模拟组装练习。14 日凌晨，卫星修理完后被重新在轨释放。练习空间站组装活动在 14 日下午进行，历时 6 小时，试验了大型构件的搬运和组装。5 月 16 日，“奋进”号顺利返回地面。

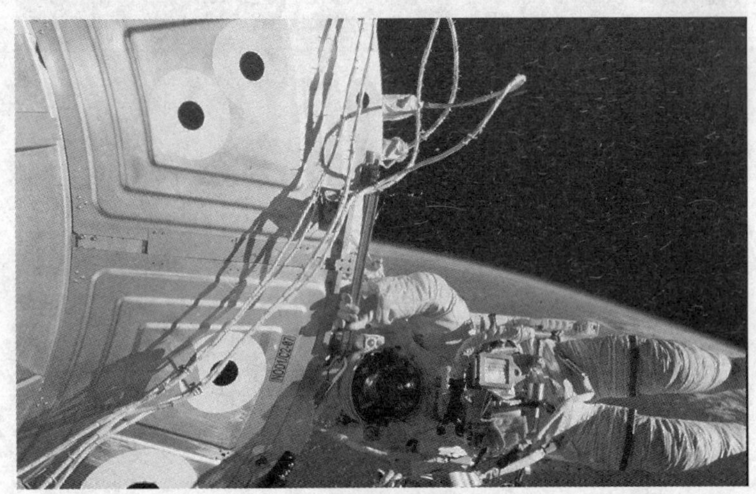

美国宇航员乘航天飞机在轨道上作业

到 1996 年 4 月 12 日，航天飞机整整使用了 15 年，5 架航天飞机轨道器——“哥伦比亚”号、“挑战者”号、“发现”号、“亚特兰蒂斯”号和“奋进”号先后共进行了 76 次飞行。这 15 年 76 次飞行中，航天飞机的总航程超过 3.85 亿千米；绕地球总圈数 9 366 圈；带入轨道的有效载荷超过 700 个；部署的有效载荷包括通信卫星、小型卫星和星际探测器共 54 颗；回收并修理卫星 9 颗；回收并带回地面的卫星 12 颗；送入轨道的各种载荷质量超过 1 100 吨。作为实验平台，航天飞机多次携带望远镜、雷达、材料加工设备进入太空进行科学研究和技

术实验。参加飞行的共 432 人次；共有 210 人参加了航天飞机的飞行；舱外活动次数 33 次；舱外活动总时间 266.5 小时 31 分钟。在航天发射、太空科学实验、宇宙探测等方面，取得了巨大成就。

2003 年 2 月 1 日，“哥伦比亚”号航天飞机在完成其第 28 次空间科学研究飞行，也是航天飞机总第 113 次飞行后，在再入大气层过程中发生解体事故，7 名宇航员全部遇难。这是继“挑战者”号之后航天飞机的第二次灾难性事故。这次事故震惊了国际宇航界，全人类都为之感到悲痛。尽管有两次事故的阴影，但航天飞机在技术上取得的成就仍举世公认。它是美国目前惟一的载人航天器，也是全球惟一能把大型轨道卫星等送回地面的航天器。它的许多独特的能力，如回收和修理卫星、对空间科学平台和卫星进行维护、进行大型空间结构的组装等，在今后相当长一段时间内都将是绝无仅有的。它的适应性强，对载荷和乘员的身体素质要求很低，普通人也能乘坐它实现飞天的梦想。总而言之，航天飞机不愧是轨道上的多面手，它把火箭、卫星、飞船、空间站的特点集于一身，体现了航天发射技术的新阶段。

“哥伦比亚”号航天飞机的最后之旅

“礼炮”系列科研先锋

苏联的“礼炮”系列空间站在太空科学技术研究过程中，取得了开创性的成就，不仅使空间站技术日臻成熟，也在空间科学和应用方面取得了非凡的成果。“礼炮”系列的运行表明，空间站代表了未来空间应用的重要发展方向。

从科学角度上讲，宇宙飞船、空间站都属于人造卫星，因为它们都是人造的、环绕地球轨道运行的卫星。但习惯上，航天界把不载人的称为人造卫星，把能保障宇航员安全在外层空间短期生活和工作以执行航天任务并返回地面的航天器称为载人飞船或宇宙飞船，把可供多名宇航员长期生活和工作，能够对接其他载人航天器轮换宇航员、补给物品的大型载人航天器称为空间站。

空间站的出现是航天技术应用化发展以及越来越强调航天活动的效益直接促成的。从应用角度特别是长期效益上看，人造卫星和载人飞船都有其不足。人造卫星太小，装载的仪器设备有限，而且没有人照料，因此无法完成大规模空间科学技术活动；载人飞船虽然比卫星大得多，但对于空间加工等任务来说还嫌不够，而且飞行时间很短，因而无法进行需要长时间的科学技术活动。人造卫星和载人飞船的不足，迫切需要有空间站来满足越来越扩大的空间活动。20 世纪 60 年代中期，随着航天技术的深化发展、空间应用化的愿望的增长和太空竞赛意识的减弱，苏联和美国都开始了空间站的实际探索和规划。

苏联在空间站计划上十分重视采取慎重、稳妥和循序渐近的发展方法。第一艘空间站“礼炮”号采取了如下设计原则：第一，简单性，可以大大缩短研制时间；第二，通用性，尽可能采用已有的且比较成熟的技术，以较少的风险获得较大的成就；第三，渐改性，努力使空间站具有较大的发展潜力。“礼炮”号空间站大量地应用了宇宙飞船的技术和成果。

第一个“礼炮”系列空间站是“礼炮”1 号。它由 3 个直径不同的柱形舱段组成，总长约 14.5 米，总质量约 18.3 吨。头部是直径 2 米的过渡舱，中间是双圆柱体工作舱，尾部是仪器/推进舱。为了保证宇航员操纵空间站运行和完成既定的实验与观测任务，“礼炮”1 号空间站设置了 7 个工作台，分别用于操纵、控制、天文观测、科学实验，完成各种观测与实验活动。

1971 年 4 月 19 日，“质子”号运载火箭将“礼炮”1 号空间站送入近地点 200 千米、远地点 222 千米，倾角为 51.6 度的轨道上，运行周期 88.5 分钟。经过 9

圈的地面测控，“礼炮”1 号运行和工作正常。6 月 6 日，“联盟”11 号飞船载宇航员杜勃洛夫斯基、伏尔科夫和帕察耶夫进入轨道，经过 6 个小时的轨道机动，第二天，飞船与空间站对接。宇航员进行了多次机动飞行，测试了空间站内辐射水平，分析了宇航员血样，用 γ 射线望远镜进行天文观测，进行鱼类在“水”中运动实验，种植植物实验，研究了无线电信号的衰减，用照相机拍摄地球。6 月 29 日下午 7 时，“联盟”11 号与“礼炮”号分离。1 小时后，宇航员操纵飞船降低轨道准备再入。直到此时，一切都很正常。在反推发动机点火后不久，指令舱的一个压力调节阀在与轨道舱分离时被打开了，舱内的空气很快泄出。由于宇航员没有穿宇航服，结果他们均因缺氧窒息而死。

苏联“礼炮”1 号空间站

“礼炮”1 号空间站的飞行基本上是成功的。苏联在修改“联盟”号飞船的同时，按使用目的不同对“礼炮”号进行了改制，形成了两种类型空间站。一种是军用型，一种是民用型，基本结构同“礼炮”1 号相似。军用型空间站的外形和结构改变较大。1973 年 4 月 3 日，“礼炮”2 号发射升空。但不久后发生了爆炸。1974 年 6 月 24 日，“礼炮”3 号发射升空。它只接待了一批宇航员。“礼炮”4 号空间站于 1974 年 12 月 26 日发射，它接待了两批宇航员，在轨运行了一年零三个月。“礼炮”5 号空间站于 6 月 22 日发射入轨，运行期间也只接纳了两批宇航员。

“礼炮”6 号和“礼炮”7 号是第二代空间站。这两座空间站要解决的问题除进一步提高安全性和可靠性外，另两项重大的变化是长寿命和扩展应用领域。为满足这两点，第二代空间站采取了多种措施，包括提高轨道高度、携带更多推进剂。它们有两个对接窗口，一个用于对接“联盟”号飞船，另一个用于轨道加油。为此，苏联专门发展了“进步”号加油飞船。另外，为进行舱外活动，空间站上侧还有一个舱门和小型气闸舱。宇航员可通过这个门进入开放空间。空间站内的生命保障系统和废物处理及水再生系统也进一步标准化改造。新增加的专用设备主要有地球资源照相系统，它能够多路实时发送资源信息，有广角对地观测系统，全波段大气数据望远镜，可应用于气象观测和天文观测，此外还有恒星望远镜、零重力实验系统、生物实验装置等。经过这些改进，“礼炮”6 号总质量约 19 吨，在轨运行时间可达 5 年。

1977 年 9 月 29 日，一枚“质子”号运载火箭将“礼炮”6 号空间站送入轨道。10 月 9 日“联盟”25 号飞船发射，但它与“礼炮”6 号对接失败。12 月 10 日，“联盟”26 号发射，宇航员罗曼年科和格列契科开始进站工作。他们在轨时间为 36 天。12 月 10 日，罗曼年科和格列契科进行了苏联航天史上的第二次太空漫步，时间长达 88 分钟。1978 年 1 月 10 日，“联盟”27 号发射并与空间站对接。这是首次由 3 个大型航天器对接在一起，联合飞行时间为 5 天。1 月 22 日，进步 1 号飞船发射并与“礼炮”6 号对接，进行了首次轨道加油。到 1979 年底，苏联又先后发射了 7 艘“联盟”号飞船和 6 艘“进步”号加油飞船。在“礼炮”6 号运行期间，共发射了 16 艘“联盟”号飞船、12 艘“进步”号飞船和 4 艘“联盟”T 飞船。共有 33 名宇航员进站工作，载人总时间为 678 天；宇航员在轨最长时间为 185 天。

苏联“礼炮”6 号空间站

“礼炮”6 号在轨运行共达 58 个月。宇航员在进站工作期间，完成了大量科学观测、地球资源观测、人体生物医学研究和技术实验，进行了大量半导体、晶体生长实验和用结晶炉及合金炉进行了金属冶炼实验。宇航员还首次在空间熔化了玻璃，这使苏联科学家十分兴奋。这项工作对于制造高性能的光导纤维有重大意义。另外，“礼炮”6 号还带来极大的国际影响。在它接纳的 33 名宇航员中，捷克斯洛伐克、波兰、民主德国、匈牙利、越南和古巴各有一名。

1982 年 4 月 19 日，“礼炮”7 号空间站发射入轨道。为适应新的任务和长寿命，它作了一些小改动，科学仪器也有所增加或更新。5 月 13 日，“联盟”T－5号飞船载宇航员别列祖瓦和列别多夫进入轨道并于 14 日与“礼炮”7 号对接成功，开始了新空间站的使用。1986 年 6 月 25 日送走了“联盟”T－15 号飞船之后，便结束了它的使命。此后它又通过遥控进行了多次轨道调整。8 月 22 日，它进入近地点 475 千米、远地点 475 千米的圆轨道。苏联预计它会在太空

停留更长的时间，但由于1986年后太阳活动剧烈，引起大气层膨胀，使“礼炮”7号的轨道逐渐衰减。经过4年多没有任务情况下的轨道运行后，1991年2月7日，“礼炮”7号再入大气层坠毁。

苏联“礼炮”7号空间站

这座空间站在轨道运行期间，共接待了10批27名宇航员进站工作。他们在轨工作期间，创造了新的记录。“联盟”10号的宇航员基茨姆、索洛维耶夫和阿特科夫创造了在轨时间237天的新记录。他们于1984年2月9日升空，于10月2日返回地面。“礼炮”7号的宇航员进行了6次舱外活动，累计时间近23小时。另外重要的活动还有：“联盟”6号的宇航员通过气闸舱释放了两颗质量为28千克的业余无线电爱好者卫星，“联盟”13号的宇航员在舱外对“礼炮”7号的对接口进行了修理，空间站内宇航员最多时有6人。宇航员共进行了涉及各个方面的120多项实验，拍摄了1万张地球和天空照片，极大地丰富了空间科学宝库。

“礼炮”号空间站在应用上仍有很大的局限性。随着空间活动的扩大，这种相对简单、任务单一的空间站显得规模太小，不易扩展，从而限制了有效载荷的规模。另外，由于各种实验设备都集中在一起，不仅相互间干扰，而且出现重大故障时系统不易修理。这些都要求有更新的大规模空间站替换。在这种背景下，苏联又发展了第三代“和平”号空间站。

天空实验室大练兵

美国航空航天局在20世纪70年代把航天飞机作为核心任务，利用“阿波罗”计划的剩余物资研制发射了试验性的空间站——“天空实验室”。尽管是试验性的，它还是取得了很大成功。

“阿波罗”计划登月成功后，美国人民的航天热情开始降温，于是有人开始指责该计划纯粹是在浪费纳税人的钱，科学上也没有什么收益。另一方面，美国航空航天局在“阿波罗”计划期间，也开始考虑该计划的应用。1967年，马歇尔航天中心提出了一项空间站计划，作为“阿波罗”应用计划的一部分。为了节省资金，马歇尔中心提出尽可能多地使用“阿波罗”计划的部件和技术，同时也有利于加快进度。这个计划后来演变为“天空实验室”计划。

美国准备发射“阿波罗”飞船向“天空实验室”运送宇航员

“天空实验室”计划有两个方面目的。一是作为未来大型空间站的过渡环节，因此它带有试验性质；另一方面，科学家们感到“阿波罗”计划从科学研究角度上看，并没有取得令人满意的成果，因此“天空实验室”被赋予四大基本任务：第一，对太阳进行比较充分的观测研究；第二，进行较长时间的生物医学研究；第三，对地球资源进行细致的勘测；第四，进行更为全面的工程技术实验。

1972年，尼克松总统宣布批准“天空实验室”计划，并谈到了该计划的目标：“天空实验室”不是促进外太空探测的深入，而是为了获得关于太空的新知识以改善地球上的生活。它将有助于发展研究、保护和增长全球资源的新方法。它将进一步获得关于我们的恒星——太阳以及它对我们的环境产生的巨大影响方面的新知识。“天空实验室”上的科学家将完成医学实验，以便全面地认识人在太空中的生理和心理表现。而且，他们将完成技术实验，以发展在独特的太空环境下的工业生产新方法。”

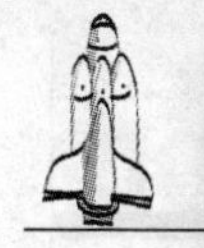

“天空实验室”主体轨道舱结构是“土星”5 号火箭第三级 J-2 发动机的巨大液氢贮箱，总长度 8.9 米，直径 6.6 米。它用隔板分成上下两部分，上层是实验间，下层是生活间。生活间又分成几个室：起居室、用餐室、盥洗室等。实验间十分宽敞，内部装有各种仪器设备以进行多种大型实验。轨道舱的上面是过渡舱。它长 5.3 米，直径 6.6 米，内部可增压也可降压，以为宇航员提供一个过渡的通道。过渡舱又是“天空实验室”的控制中枢，里面装有供电控制、测试检查、数据处理、生命保障、通信及轨道控制等系统。“天空实验室”的主要供电系统是两个安装在轨道舱的大型太阳能电池板，可产生约 20 千瓦电能供仪器设备使用，同时为蓄电池充电。

“天空实验室”最主要的科学仪器是“阿波罗”天文望远镜。它的主体是一个棱柱体，以构架的形式固定在对接舱上。在望远镜周围安装了 4 个较小的太阳能电池板。“阿波罗”天文望远镜装有多谱段照相机、电视摄像机、主望远镜和其他天文仪器。“天空实验室”各段组合在一起总长为 36 米，质量 90.6 吨，内部有效容积达 247 立方米，包括太阳能电池在内最大宽度达 27 米。

在轨道上的美国第一艘空间站“天空实验室”

1973 年 5 月 14 日，一枚两级的“土星”V 运载火箭在肯尼迪航天中心点火发射。火箭第三级位置上装着“天空实验室”。然而火箭升空后不久，一连串的故障发生了。起飞后 63 秒，发现头部整流罩已经抛掉，地面控制中心的技术人员从测控设备上发现轨道舱上的微流星防护罩和太阳能电池板展开之初出现不正常的遥测信号。10 分钟后，第二级火箭与“天空实验室”分离。又过了 8 秒种，“天空实验室”进入 442 千米的近圆轨道。在头两圈飞行期间，地面控制人员先后发出展开太阳能电池板的指令。但主体两个电池板毫无反应。另外，遥测信号表明，微流星防护罩也未展开。这时，“天空实验室”对日表面温度急剧上升。这些故障影响了计划中的宇航员进站工作，也严重威胁空间站的安全。在这种情况下，地面控制人员先采取措施将“天空实验室”的姿态改变，避免太阳光直射空间站。同时研究展开太阳能电池板、遮挡阳光的办法。

1973 年 5 月 25 日上午，第一批宇航员康拉德、克尔温和韦茨乘坐“阿波罗”飞船升空。与“天空实验室”对接后，他们经过多次出舱工作，展开了一面太阳板，为空间站安装了遮阳伞。几大故障成功地排除后，航空航天局上下一片欢腾。尼克松总统为此特地发来贺电。

第一批 3 名宇航员在“天空实验室”上进行的科学活动有：用“阿波罗”天文望远镜对太阳进行了 82 小时的观测，回收了望远镜中的胶卷盒，拍摄了 1 000 多万平方千米的地球照片，进行了大量生物医学实验。另外，他们还对空间站上的生活系统和生命保障系统进行了全面考察。这些研究表明，宇航员完全可以在太空环境中生活和工作更长的时间。经过 28 天的轨道飞行之后，3 位宇航员于 1973 年 6 月 22 日返回地面。

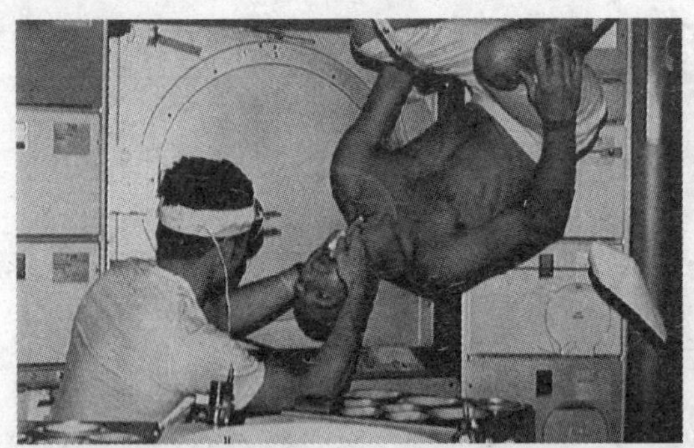

美国宇航员在“天空实验室”空间站进行医学检查

1973 年 7 月 28 日，第二批宇航员乘“阿波罗”飞船出发了。他们是比恩、加里奥特和洛斯马。宇航员加里奥特和洛斯马完成了持续 6 个半小时的舱外活动。他们给太阳望远镜装上新的胶卷盒；安装了测量微流星的装置，检查了“阿波罗”飞船的推力器。他们还在空间站上面搭起了一个新的遮阳伞。这次飞行的科学工作除继续进行有关生物学、太空医学、太阳物理学、天文物理学的研究活动外，还完成了地球资源观测计划。研究、实验与探测活动远远超过了第一次，而且比原计划多得多。原定对地球进行 26 次观测，实际完成了 39 次；原计划对太阳观测 206 小时，实际上超出了 100 小时。

1973 年 11 月 16 日，第三批宇航员发射升空。他们是卡尔、吉布森和玻格。这次飞行计划持续的时间更长，为此带来了更多生活物品和体育锻炼物品。他们还带来了许多修理工具，以备出现故障时使用。他们为冷却系统装上了制冷剂，解决了冷却系统的泄漏问题。宇航员们还出舱更换了 6 台望远镜照相机内的胶卷，安装了尘埃和微流星、宇宙线和带电粒子测量仪，修理了空间站尾部的一个天线。宇航员们在空间站里进行了许多生物实验，研究了植物在太空中生长与在地球上生长是否不同的问题，研究了细菌在太空的生长情况。

在天文学领域，这组乘员获得了两项突出成果，一是观测到一个新彗星——科豪特克彗星。12 月 13 日，他们看到了科豪特克彗星，并立即进行了拍摄。他们共拍摄了 33 张色彩丰富、非常清晰的彗星照片，对研究彗星有重要价值。另一项重要成果是，宇航员吉布森孜孜不倦地对太阳表面进行观测，终于观测到了一次耀斑爆发时的全过程。1 月 21 日，太阳的一个活跃区出现了一个亮点并不断加强和增大。吉布森抓住了这个机会，连续拍摄了这个耀斑的全过程。这组照片被认为是最具天文学价值的。此外，拍摄的有关太阳 X 射线、紫外线、可见光谱段的照片多达 75 000 张。

在轨道上的美国第一艘空间站“天空实验室”

宇航员在“天空实验室”进行的技术实验还有：利用电炉和电子束枪进行了空间焊接实验，后来证明焊接质量优于地面；进行了晶体生长实验、半导体掺杂实验，做出的晶体长达 2 厘米，比预期的长 6 倍；制造了全新的金锗化合物，这是一种低温下的超导材料。

1974 年 2 月 8 日，宇航员卡尔、吉布森和玻格乘坐“阿波罗”飞船返回地面。他们创造了在轨时间 84 天的最新世界记录。整个“天空实验室”计划期间，9 名宇航员在轨道上生活和工作了 171 天 13 小时 14 分钟，绕地球 2 476 圈，旅程达 1 亿 1 280 万千米。他们共进行了 42 小时舱外活动，记录了 182 842 个太阳观测数据，获得了 40 286 张地球照片，完成了 16 次医学实验，初步进行了材料加工实验。

“天空实验室”计划持续 6 年，耗资 26 亿美元。美国宇航界、政界和科学界都给予极高的评价。科技人员们说：“‘天空实验室’，世界上最大的空间站，人类进入太空最长的探险，增进了我们对宇宙的了解，再次揭示了我们的地球，完成了运载工具的重要维修。这是人类、机器和精神的真正的伟大成就。”

“和平”巨人超期服役

“和平”号是苏联第三代空间站，它的功能与科研能力有极大的扩展。它成功地运行了15年，完成了大量空间科学实验和观测任务，取得了非凡的成就。

“礼炮”系列空间站采用舱段结构，所有的仪器设备只能装在舱段内和舱段外表面，外形简单，容易实现，硬件少，造价低，可以用“质子”号火箭一次发射入轨。它不需要在轨道上对接组合或装配大型系统的复杂过程，因而风险和难度都比较小，安全性较高。但它的缺点也十分明显，规模小，不易扩展，从而大大限制了有效载荷的规模；很难合理地布置站上的分系统和有效载荷，不同性质的载荷不能做到相互独立，不可避免地造成不良的影响。由于各种载荷的安装十分紧凑，也使得出现重大故障时系统很难修理或更换。为解决这些问题，开展更大规模的空间科学实验，苏联又研制了第三代“和平”号空间站。

苏联第三代空间站“和平”号在轨道建造初期

“和平”号空间站计划正式制定是在 1976 年。经过几年的论证，已确定为组合式积木结构。20 世纪 80 年代初戈尔巴乔夫上台后，极力推行“和平”号计划。

“和平”号空间站的主体仍然是一个舱段结构，总长 13.13 米，最大直径 4.2 米，总质量 20.4 吨。它由 4 个基本部分组成：球形增压转移舱、增压工作舱、不增压服务-动力舱、增压转移对接器。与“礼炮”号空间站相比，“和平”号空间站的改进十分明显。对接窗口由 2 个增加到 6 个，首次使用大面积砷化镓高效太阳能电池，站上装有 8 台计算机，它们控制各种系统和装置的工作，自动化程度很高，装有遥控机械臂，有效地解决了实验舱难以在侧向停泊对接口归位的问题，空间站可与地面实时通信，采用了积木结构，可以和 5 个大型专业实验舱对接，因而实验的规模和范围很大。整个空间站装置就位后，可为 2～6 名宇航员提供 400 立方米的有效空间。这些与“礼炮”7 号相比跃上了一个新的台阶。

1986 年 2 月 20 日凌晨，一枚三级“质子”号运载火箭将“和平”号空间站主体发射升空，后经多次机动进入一条近地点 324 千米、远地点 352 千米，倾角为 51.6 度的轨道。1986 年 3 月 13 日，“联盟”T－15 号飞船发射。宇航员基齐姆和索洛维耶夫驾驶飞船于 15 日同“和平”号对接，并成为新空间站的第一批乘员。他们对空间站进行全面检查，使用中继卫星与地面进行了通信，安装科学仪器、检验各个对接口、对地观察。5 月 5 日，两位宇航员乘“联盟”T－15 离开“和平”号，作轨道机动并与“礼炮”7 号和“宇宙”1686 号复合体对接。6 月 26 日，他们乘“联盟”T－15 再次返回“和平”号，并带来了“礼炮”7 号的 20 件仪器。在完成仪器的安装任务并进行了计算机信息系统实验后，他们于 7 月 16 日返回地面。5 月 22 日，试验型“联盟”TM－1 号飞船不载人发射，利用新的交会系统于 5 月 23 日顺利与“和平”号对接。

1987 年 2 月 5 日，“联盟”TM－2 发射，两名宇航员是罗曼年科和拉维金。除继续进行空间站全面检查外，还进行了生物医学实验、太空行走。1987 年 3 月 31 日，“质子”号火箭发射了第一个实验舱——“量子”1 号，开始了“和平”号积木空间站的正式组装工作。

建造过程中的“和平”号空间站

“量子”号实验舱共有 5 个，都呈柱形结构，质量均为 20 吨上下。“量子”1 号又称天文物理舱。“量子”2 号又称服务舱，安装的科学仪器包括电视光谱综合装置、X 射线测量仪、自动旋转平台、西格马光谱综合装置、伽马－2 视频分光计和偏光计系统等，主要用于天文观测和对地观测。“量子”3 号又名晶体舱，主要用于微重力材料生产。“量子”4 号又名光学舱，主要用于远距离探测、高层大气物理研究和天体物理学研究。“量子”5 号又名自然舱或生态学舱，主要用于生态学研究。1996 年 4 月 23 日，“和平”号第 5 个实验舱——自然舱发射，并于 3 天后与“和平”号顺利对接，组装工作全部完成。完整的“和平”号空间站全长达 87 米，质量达 123 吨，有效容积 470 立方米。它作为世界上第一个长期载人空间站，自诞生之日起，共在轨道上运行了 15 载，大大超过了 5 年的设计寿命。它绕地球飞行 8 万多圈，行程 35 亿千米，进行了 2.2 万次科学实验，完成了 23 项国际科学考察计划。共有 31 艘“联盟”号载人飞船、62 艘“进步”号货运飞船与其实现对接，还 9 次与美国航天飞机对接和联合飞行。

宇航员从这座“人造天宫”进行了 78 次太空行走，舱外活动的总时间达 359

小时12分钟。先后有28个长期考察组和16个短期考察组在上面从事考察活动,共有12个国家的135名宇航员在空间站上工作。宇航员在空间站上进行了大量生命科学、空间材料学和医学实验,取得了极为宝贵的成果和数据。拍摄了许多恒星、行星的照片,进行了基本粒子和宇宙射线的探测,大大扩展了人类对宇宙的认识,还探索了从太空预报地震、火山爆发、水灾及其他自然灾害的可能性。

"和平"号空间站创下了多个世界第一:它是在太空工作时间最长、超期服役时间最长、工作效率最高、接待各国宇航员最多、体积和质量最大的太空站。俄罗斯宇航员波利亚科夫创造了单人连续在太空飞行438天的最高记录。此外,"和平"号空间站还在试验人造月亮、空间商业化等方面进行了许多有益的探索,获得了大量数据及具有重大实用价值的成果,为开发利用太空和人类在太空长期生活积累了丰富的经验。

已经建成的"和平"号空间站

苏联通过建造和运行空间站取得了巨大成就,特别是"和平"号运行的15年时间更是成果辉煌。在医学领域,研究了在太空使用的药物处方、宇航员飞行后的体力恢复方法。在生物学领域,研究了蛋白质晶体生长、高效蛋白质精制、特殊细胞分离、特种药品制备等。在材料和空间加工领域,进行了600多种材料实验,制造了半导体、玻璃、合金等35种材料。在对地观测方面,发现了10个地点可能有稀有金属矿藏,117个地点可能有石油存在。在天文观测方面也做出了许多重大发现。此外,还开发了大量空间新技术。

近几年,"和平"号一直在与自己的工作寿命相抗争。空间站的中央计算机已老化到了必须完全更换的地步。蓄电池先后两次异常放电,分别导致"和平"

号与地面短暂失去联系和空间站局部停电。1997 年 6 月发生的货运飞船撞穿光谱舱的事故，不但使该舱被迫关闭，站内气压还曾三次下降。而 15 年来的宇宙陨石微粒撞击和空间站内部化学物品的腐蚀，已使“和平”号外壳 70%的面积遭到腐蚀，坚固性下降了约 60%。据统计，15 年来“和平”号共发生了约 1 500 次故障，近 100 处故障一直未能排除。用“遍体鳞伤”来形容“和平”号毫不过分，它日渐显露出工作寿命即将终结的迹象，再无回天之力。2001 年 1 月 5 日，俄罗斯政府总理卡西亚诺夫签署了结束“和平”号空间站工作的政府命令，准备结束它辉煌的历史使命。

2001 年 3 月 20 日，“和平”号空间站飞过了距地 220 千米的太空轨道。俄罗斯地面飞行控制中心的专家在对“和平”号的轨道参数、飞行姿态等信息进行综合分析之后，接连发出了两个制动信号，启动了与“和平”号对接的进步 M1－5 号货运飞船的发动机。在发动机的反推制动下，“和平”号的飞行速度陡然下降，巨大的空间站开始快速向下飘落，并逐渐进入了预定的坠落轨道。在“和平”号绕地球飞行的最后两圈内，地面专家发出了最后一个制动信号。刹那间，重达 137 吨的庞然大物脱离地球轨道，向着南太平洋轰然坠落……这便是俄罗斯航天专家为“和平”号精心设计的大结局。

“和平”号宇航员和航天飞机宇航员在“和平”号空间站上团聚

地球是人类的摇篮，但人类不能总生活在摇篮里。建立永久性太空城、重返月球、登临火星已成为人类美好而切合实际的理想。而“和平”号正是人类实现上述理想过程中的一个里程碑。人类在“和平”号计划中所掌握的太空舱建造、发射、对接技术，载人航天及太空行走技术，太空生命保障技术，航天医学、生物工程学、天体物理学、天文学知识以及商业航天开发经验，都正在或将在国际空间站计划及未来的太空城和月球、火星基地规划中发挥不可替代的作用。“和平”号已经大大地超额完成了任务，它的光辉业绩将永载史册。

国际空间站成新宠

国际空间站是美国、俄罗斯、欧洲、加拿大和日本的多国合作项目,1998年开始建造,现已接近完成。国际空间站的建成,将对空间科学研究、空间产品开发和空间观测发挥巨大的作用。

“天空实验室”虽然属于试验性空间站,但取得的成果却相当振奋人心。对未来空间科学研究来说,对空间站的要求也通过苏联早期空间站和“天空实验室”的经验得以明确。未来空间站规模应当更大,以完成更多的任务;结构应是积木式,以使科学研究专业性更强;各舱段应更合理布置,以使微重力环境更好;应当能与飞船或航天飞机对接,以不断扩展研究工作。美国航空航天局对这种大型永久性空间站一直在进行规划和探索。

1981年航天飞机试飞成功使美国政府和宇航界非常兴奋,对于它的未来充满了信心。1982年航空航天局局长贝格斯成立了由航空航天局权威人士组成的空间站任务组。经过一段时间的广泛研究,空间站任务组规划了未来空间站的三大基本功能:第一,作为轨道中转站,把航天运输系统发射的低轨道载荷进一步送入其他各种轨道,从而可以大大提高载荷的发射能力;第二,作为轨道服务设施,对各种航天器进行在轨修理、改进,以提高航天器的寿命和工作能力;第三,作为轨道生产设施,在轨道进行材料、药品等各种贵重物品的加工,实现空间工业化和商业化。它应是由一系列航天器组成的近地轨道系统,分系统包括载人、不载人、空间站主体、空间平台等。在分系统之间,还有轨道转移运载器、轨道运输运载器。主体装有一个应用舱、一两个实验室、两个服务舱、一个生活舱和一个多用对接舱。

初期的国际空间站,由俄罗斯“曙光”号功能舱和美国“团结”号节点舱组成

这些工作使永久空间站初现端倪,构成航空航天局呈送白宫报告的基础。1984年

1月25日，美国总统里根在国情咨文中正式提出美国将在未来10年内发展“自由”号永久空间站。1984年，航空航天局仍在忙于空间站的规划和提出研制指导思想。经过重新规划，永久空间站的应用更加具体化。它应当具有如下应用潜力：用于开发新技术和空间商品，以及进行科学研究的太空实验室；地球和宇宙空间的永久性观察站；对有效载荷和航天器进行补给、维修、改进、必要时修理的服务设施；可供有效载荷和航天器停泊、作临时处理和再次发射的太空港；拥有充裕时间工作并配备有合适设备的空间装配设施，可安装和检验大型构件；依靠空间站人力和服务设施，提供空间商品生产的制造厂；有效载荷和零部件的轨道仓库；未来的空间探索基地。

然而，美国永久性空间站计划一波三折。来自国会的批评使该计划的规模一再缩小。克林顿上台后，又几次要求对空间站进行修改，缩小规模。几年的时间过去了，前后共进行了多达8次修改。直到1993年11月，空间站计划才最终定型。这个名为“国际空间站”的修改方案，包括俄罗斯“曙光”号功能货舱。它是国际空间站的第一部分，包括推进、指挥以及控制系统；美国“团结”号连接舱，这是第一个由美国建造的舱段，该部分是国际空间站上负责联接6个舱体的主要连接舱；俄罗斯“星辰”号服务舱，包括为第一批定居于国际空间站内的宇航员提供的居住舱、电力控制和维生系统设备舱；欧空局“哥伦布”轨道设备舱，它是国际空间站上的一个实验室，它还将为国际空间站宇航员提供被称为自动迁移飞行器的往返工具；日本实验舱，日本宇宙事业开发团研制，主要用途是为国际空间站提供一个实验室以及一个可以进行10次实验的外部平台；小型硬件设备，共6种，主要用于为国际空间站运输物资，由巴西国家航天局制造；微型增压后勤供应舱，由意大利空间局研制。

逐步扩大的国际空间站

1998年11月20日，俄罗斯在拜科努尔航天发射场用一枚“质子”号重型运载火箭，成功地把国际空间站的第一个组件“曙光”号功能舱送上了太空。“曙光”号首先被送入一条近地点354千米、远地点185千米、倾角51.6度的初始轨道。12月4日，美国“奋进”号航天飞机又把“团结”号节点舱送入轨道，并对接到“曙光”号功能舱上。宇航员于12月10日首次进入新站，在站内安放了通信设备和备用服装等器材。1999年5月27日，“发现”号航天飞机执行

STS－96任务，为空间站输送了 2 吨补给品，完成太空行走任务，继续安装外部太阳能电池板。2000 年 5 月 21 日，“亚特兰蒂斯”号航天飞机与国际空间站实现对接，为空间站送去约一吨重的货物。2000 年 7 月 12 日，俄罗斯成功发射了国际空间站服务舱“星辰”号，并与空间站联合体顺利对接。这个舱段是空间站的重要组件，是一个生活起居室，为宇航员提供居住、电力控制和生保系统。2000 年 9 月 8 日上午 8 时“亚特兰蒂斯”号航天飞机发射，为空间站带去 3 吨补给品，为国际空间站迎来第一批“居民”做好后勤准备。2000 年 10 月 11 日，“发现”号航天飞机执行 STS－92 号任务，也是航天飞机总第 100 次飞行，主要任务是安装桁架结构，为团结舱安装增压适配器。

2000 年 10 月 31 日，美俄 3 名宇航员搭乘“联盟”TM－31 号飞船从拜科努尔航天发射场升空，飞向国际空间站。他们将成为国际空间站的首批长期住户。参加这次飞行的宇航员分别是美国宇航员威廉·谢泼德，俄罗斯宇航员尤

建设中期的国际空间站

里·吉德津科和谢尔盖·克里卡廖夫，其中谢泼德是站上指令长。11 月 2 日，他们正式进驻国际空间站，标志着国际空间站开始进入有人照料阶段。这是国际空间站建造的一个里程碑式的重要事件。2000 年 11 月 30 日，“奋进”号航天飞机执行 STS－97 任务，为空间站安装了大型太阳能电池板。2001 年 3 月 8 日，“发现”号航天飞机执行 STS－102 任务，运送安装了“命运”号实验舱。3 月 9 日航天飞机与空间站对接后，第二批宇航员正式进驻国际空间站。他们是指令长俄罗斯宇航员乌萨乔夫、美国女宇航员赫尔姆斯和男宇航员沃斯。

2001 年 4 月 19 日，“奋进”号执行 STS－103 任务，这次航天飞机飞行的主要任务是为空间站安装一个加拿大研制的机械臂。对接后，“奋进”号宇航员与

国际空间站上的第二批长住居民先利用空间站外的一个太空舱交换工具和其他物资。2001 年 4 月 28 日,俄罗斯"联盟"号飞船发射,载有第一位太空游客蒂托。他被称作航天史上第一位真正的太空游客,产生了极大的影响。他在空间站上停留了 8 天后,于 5 月 5 日返回地面。2001 年 8 月 10 日,航天飞机"发现"号执行 STS-105 任务,为国际空间站送去了第三批长驻宇航员,他们是指令长库尔伯森,驾驶员德祖罗夫和空间站工程师米哈伊尔·图鲁林。

截止到 2001 年,国际空间站的质量约为 73 吨,运行在近地点 379.7 千米、远地点 403.8 千米的轨道上,绕地一圈用 90 分钟。该站定于 2005—2006 年建成,届时它将由 12 个舱段组成,总质量达 450 吨左右,使用空间达 1 100 立方米,平均运行高度为 350 千米(组装后升至 460 千米高的轨道),寿命 15 年。它将成为人类在太空中长期逗留的一个前哨,可用于试验新型能源、运输技术、自动化技术和下一代遥感器,推动流体力学、燃烧学、生命保障系统、反辐射危害等研究的发展,并对未来的太空探索产生重要影响。各国在国际空间站的建设和开发上的总支出约为 1 140 亿美元,其中光建站就需要花 600 亿美元。

宇航员乘航天飞机在国际空间站上作业

在组装过程中,美俄等国至少要进行 43 次太空飞行,以便把各种组件送入轨道,其中美国航天飞机要飞行 34 次,俄罗斯方面要进行 9 次飞行。在空间站初步运行期间,计划先后派 51 名宇航员进行 17 次长期考察。在今后 15 年内,总共将有 45 个长期机组到站上生活和工作。他们将开创载人航天的新时代。国际空间站也将成为夜空中最亮的物体之一,也是惟一可用肉眼看到的人造天体,是名副其实的明星。

国际空间站的建设标志着航天发展的一个新时期——航天技术应用化发展时期的真正开始。它的建成将对空间产品的商业化、空间科研的纵深化以及天地往来的例行化都具有重要意义。国际空间站将大大推进新世纪航天技术与航天应用的发展。届时,航天技术对社会产生的影响将更加广泛而深远。

后记

飞机发明的历史从1903年美国莱特兄弟试飞成功世界第一架飞机算起，整整100年了。巧合的是，俄国的齐奥尔科夫斯基也正是在1903年建立起火箭与航天飞行理论的。

100年在整个人类的历史长河里不算很长，但航空航天技术在这100年间获得了迅速的发展。这100年，人类社会的面貌也极大地改变了——战争样式因作战飞机的发展而变得更加残酷；旅行方式因大型客机的发展而变得更加迅捷；战争机器因洲际导弹的发展而变得更加恐怖；通信手段因通信卫星的发展而变得更加方便；气象预报因气象卫星的发展而变得更加准确；宇宙观测因天文卫星的发展而变得更加深入；空间科技因空间站的发射而更加活跃……

百年航空航天技术对人类社会的政治、经济、科技、军事、文化都产生了巨大影响，引起了人类社会的巨大变革，影响到通信、气象、导航、冶金、材料、加工、医学、能源、军事、地质、矿产、农业、文化、科学探测、天文学研究等各个领域，成为社会进步的强大动力。航空航天技术是典型的知识密集和技术密集的高技术，其发达程度，已经成为衡量一个国家科学技术、国防建设和国民经济现代化水平的重要标志之一。

在新的世纪，人们将运用微电子技术、计算机技术、新材料、新工艺和新能源来发展性能更优良的各类飞行器，并扩大航空航天技术的应用范围。航空器将进一步向一体化、综合化和信息化的方向发展。在新思想、新理论的指导下，新动力、新材料、新技术的运用将大大改善飞机的性能。未来的飞机将在载重能力、高速度、机动性、适应性和经济性方面取得新的突破。未来的航空运输事业将会更普及、更安全、更经济，为人类的工作、旅游和生活带来更多的方便；通用航空将在农业、牧业、渔业、森林、探矿、气象、体育、治安和环保等领域发挥更加重要的作用。21世纪人们可以期望乘坐全新的旅客机仅用几小时时间进行洲际旅行，并且噪声低、污染小、更安全、更经济。未来的作战飞机综合性能将更加出色，空中力量仍将是战争机器的核心。在航天领域，利用太空特殊环境，将能够获得新的科学技术发现和发明；从太空中获得信息、材料和能源将更加直接地造福于人类；太空将成为人类频繁往来的新场所；航天活动将为解决人类面临的能源、生态、环境、人口等问题开辟多种新途径。总之，航空航天的新世纪充满了光明，同时技术上的难关也会层出不穷。人类既拥有发展航空航天技术的大好时机，又面临着巨大的技术、经济与文化的挑战。

对航空航天100年的发展历程进行总结是十分重要的，也是非常引人入胜的事情。北京航空航天大学出版社在航空航天百年庆典之际，策划并推出了这套丛书，是奉献给航空航天百年大庆的一份厚礼。笔者承担其中的《千年梦圆——征服天空之旅》一书，试图从历史的角度勾画出航空航天发展的基本脉络，使读者能够了解到人类千年飞行梦想的实现过程，以及百年发展历程中具有重大影响和意义的航空航天人物、事件和成就，从中能够感悟到航空航天技术发展到什么程度，产生了怎样的影响，未来会有什么样的发展趋势，从而鼓励和激发更多的航空航天爱好者投身航空事业，同时为航空航天知识的普及尽绵薄之力。

笔者在此感谢北航出版社领导和丛书主编提供此次机会，也感谢他们在本书纲目、初稿撰写过程中提出的大量宝贵意见。感谢本书责任编辑在编辑过程中付出的辛勤劳动。本书部分图片由于诸多原因，无法在出版前征得著作权人的同意，请图片作者直接与出版社联系。由于时间和笔者水平所限，书中难免存在这样或那样的问题，恳请读者给予批评指正。

李成智

2003 年 8 月于北京